Beiträge zur Numerischen Mathematik 10

Beiträge
zur Numerischen Mathematik 10

Herausgegeben von

Frieder Kuhnert und Jochen W. Schmidt

R. Oldenbourg Verlag München Wien 1981

CIP-Kurztitelaufnahme der Deutschen Bibliothek

Beiträge zur Numerischen Mathematik / hrsg. von
Frieder Kuhnert u. Jochen W. Schmidt. — München ;
Wien : Oldenbourg.

NE: Kuhnert, Frieder Hrsg.

10 (1981).
ISBN 3-486-25571-1

Printed in the German Democratic Republic
Gesamtherstellung: VEB Druckhaus „Maxim Gorki“, Altenburg
ISBN 3-486-25571-1

Inhalt

Beiträge zur Numerischen Mathematik
10 (1981), 7–13

Ein Gradientenverfahren zur Lösung linearer Gleichungssysteme

LOTHAR BERG

Zur Lösung eines reellen, linearen Gleichungssystems

$$Ax = b \tag{1}$$

mit einer zunächst beliebigen $m \times l$-Matrix A betrachten wir folgendes Iterationsverfahren, das als Verallgemeinerung des in [4] beschriebenen Verfahrens der Projektion auf Schnitträume von Hyperebenen angesehen werden kann: *Zu jedem Iterationsvektor x_n mit dem Restvektor*

$$r_n = b - Ax_n \tag{2}$$

wählen wir in einer noch festzulegenden Weise eine $k \times m$-Matrix H mit $k < m$ aus und bestimmen x_{n+1} als orthogonale Projektion von x_n auf die Lösungsmenge des Gleichungssystems

$$H(b - Ax) = 0. \tag{3}$$

Wegen $\operatorname{grad} H(b - Ax) = -HA$ bedeutet dies

$$x_{n+1} = x_n + A^{\mathsf{T}} H^{\mathsf{T}} z,$$

wobei z nach Einsetzen in (3) aus $HAA^{\mathsf{T}}H^{\mathsf{T}}z = Hr_n$ zu bestimmen ist. Mit Hilfe der Abkürzung

$$G = HA \tag{4}$$

erhalten wir hieraus, falls $\det GG^{\mathsf{T}} \neq 0$ ist, die explizite *Iterationsvorschrift*

$$x_{n+1} = x_n + G^{\mathsf{T}}(GG^{\mathsf{T}})^{-1} Hr_n. \tag{5}$$

Anschließend soll untersucht werden, unter welchen Bedingungen die hierdurch definierten Vektoren x_n gegen eine Lösung von (1) konvergieren, doch könnte man auch, falls (1) unlösbar ist, wie in [7] nach der Konvergenz gegen eine verallgemeinerte Lösung fragen. Bei Verwendung der euklidischen Norm gilt

$$\|x_{n+1} - x_n\|^2 = r_n{}^{\mathsf{T}} H^{\mathsf{T}}(GG^{\mathsf{T}})^{-1} Hr_n. \tag{6}$$

Um die rechte Seite von (6) abzuschätzen, führen wir die Bezeichnungen $F = GG^{\mathsf{T}}$

und

$$H = \begin{pmatrix} H_0 \\ h^T \end{pmatrix}, \qquad F = \begin{pmatrix} F_0 & f \\ f^T & \varphi \end{pmatrix} \tag{7}$$

ein, wobei H_0 die Teilmatrix der ersten $k - 1$ Zeilen von H bedeutet und h^T den zugehörigen letzten Zeilenvektor. Dementsprechend gilt wegen (4)

$$F_0 = H_0AA^TH_0^T, \qquad f = H_0AA^Th, \qquad \varphi = h^TAA^Th.$$

Satz 1. *Für reguläre Matrizen F der vorhergehenden Gestalt gilt stets die Ungleichung*

$$r^TH^TF^{-1}Hr \geqq r^TH_0^TF_0^{-1}H_0r. \tag{8}$$

Beweis. Analog zu (7) führen wir die Zerlegung

$$F^{-1} = \begin{pmatrix} D & d \\ d^T & \delta \end{pmatrix} \tag{9}$$

durch. Da F offenbar positiv definit ist, ist auch F_0 regulär und δ positiv. Somit können wir die in [2] beschriebene Methode des Ränderns anwenden,

$$\begin{pmatrix} F_0 & f \\ f^T & \varphi \end{pmatrix}^{-1} = \begin{pmatrix} F_0^{-1} & 0 \\ 0 & 0 \end{pmatrix} + \frac{1}{\delta} \begin{pmatrix} d \\ \delta \end{pmatrix} (d^T\delta),$$

aus der sich unmittelbar

$$r^TH^TF^{-1}Hr = r^TH_0F_0^{-1}H_0r + \frac{1}{\delta}(d^TH_0r + \delta h^Tr)^2 \tag{10}$$

und damit die Behauptung (8) ergibt.

Satz 1 besagt für $r = r_n$, daß *sich die rechte Seite von* (6) *beim Übergang von H_0 zu H nicht verkleinern kann,* und (10) gibt uns einen zumindest theoretischen Anhaltspunkt, wie bei gegebenem H_0 der Vektor h günstig zu wählen ist.

Wir kommen jetzt zur Festlegung der Matrix H aus (3) bei gegebenem Iterationsvektor x_n und betrachten zu diesem Zweck das Funktional

$$y = \sum_{i=1}^{m} |b_i - A_{i.}x|, \tag{11}$$

wobei b_i die i-te Koordinate von b und $A_{i.}$ den i-ten Zeilenvektor von A bezeichnet. Jede Minimalstelle von (11) ist entweder eine Lösung oder per definitionem eine verallgemeinerte Lösung von (1). Deuten wir (11) als Gleichung einer Hyperfläche im $(l + 1)$-dimensionalen Raum, so können wir versuchen, *vom Punkt $(x_n, y(x_n))$ entlang der Fallinie zum Minimum abzusteigen,* wobei allerdings die Knickstellen der Hyperfläche gewisse Schwierigkeiten bereiten. Um diese zu umgehen, betrachten wir zwei Varianten, bei denen wir den Vektor

$$s = \operatorname{sign} r_n \tag{12}$$

benötigen, wobei die Signumfunktion auf den Restvektor (2) koordinatenweise anzuwenden ist und beispielsweise sign 0 = 1 festgelegt wird.

Variante 1. Wir verlängern die vom Punkt $(x_n, y(x_n))$ ausgehende Fallinie geradlinig über die Knickstelle hinaus bis zur Hyperebene $y = 0$ und wählen den Fußpunkt in dieser Hyperebene als x_{n+1}. Dies bedeutet wegen $y(x_n) = s^T(b - Ax_n) = s^T r_n$, daß wir in (3) einfach $H = s^T$ wählen.

Variante 2. Wir betrachten eine Zeilenauswahlmatrix E (vgl. [1]), die aus $k - 1$ Zeilen der m-dimensionalen Einheitsmatrix besteht, und kombinieren die erste Variante mit der bereits zitierten Methode aus [4], indem wir

$$H = \begin{pmatrix} s^T \\ E \end{pmatrix} \tag{13}$$

wählen. Dies bedeutet, daß wir x_{n+1} jetzt durch orthogonale Projektion von $(x_n, y(x_n))$ längs der Hyperebene $y = s^T(b - Ax)$ auf den Schnittraum der Hyperebenen $y = 0$ und $E(b - Ax) = 0$ bestimmen.

Der Einheitlichkeit wegen sehen wir die erste Variante als Spezialfall der zweiten mit $E = 0$ an. Die genaue Festlegung von E im allgemeinen Fall lassen wir zunächst noch als Strategie offen.

Im folgenden setzen wir voraus, daß (1) *eine Lösung* x_* *besitzt*, und führen die Bezeichnung

$$u_n = x_* - x_n \tag{14}$$

ein, so daß

$$r_n = Au_n \tag{15}$$

gilt und (5) sich wegen (4) in der Form $u_{n+1} = (I - P)\, u_n$ mit der Einheitsmatrix I und $P = G^T F^{-1} G$ schreiben läßt. Da P ein orthogonaler Projektor ist und $I - P$ der dazu komplementäre orthogonale Projektor, gilt nach dem Satz des Pythagoras wegen $u_n - u_{n+1} = x_{n+1} - x_n$

$$\|u_n\|^2 = \|u_{n+1}\|^2 + \|x_{n+1} - x_n\|^2. \tag{16}$$

Aus dieser Gleichung geht hervor, daß $\|u_{n+1}\|$ um so kleiner ist, je größer (6) ist. Darüber hinaus erkennen wir mit Hilfe von Satz 1, daß *Variante* 2 *bei einem festen Iterationsschritt niemals ein schlechteres Ergebnis liefert als Variante* 1.

Von jetzt ab beschränken wir uns auf den Fall $l = m$, d. h. auf den Fall der quadratischen Matrizen.

Satz 2. *Für reguläre Matrizen* A *gelten die Abschätzungen*

$$\|s^T A\| \leqq \alpha, \qquad s^T r \geqq \frac{1}{\beta} \|u\| \tag{17}$$

mit $s = \operatorname{sign} r$, $r = Au$ *und*

$$\alpha = \Big\| \sum_i |A_{i.}| \Big\|, \qquad \beta = \operatorname*{Max}_j \|A_{.j}^{-1}\|, \tag{18}$$

wobei der Betrag eines Vektors der Vektor aus den Beträgen der Koordinaten ist und $A_{.j}^{-1}$ *den* j*-ten Spaltenvektor der zu* A *inversen Matrix bezeichnet.*

Beweis. Die erste der Ungleichungen (17) ist trivial und gilt auch ohne die Zusatzvoraussetzung über A. Um die zweite Ungleichung zu beweisen, betrachten wir die Hyperfläche $s^{\mathsf T}r = 1$ mit variablem Vektor r. Offenbar wird $\|r\|$ auf dieser Hyperfläche maximal, wenn eine der Koordinaten von r den Betrag 1 hat und alle übrigen den Wert 0. Bei der affinen Transformation $u = A^{-1}r$ kann $\|u\|$ nur an einer solchen Stelle maximal werden, wo auch $\|r\|$ maximal wird, so daß jeder der betrachteten Vektoren u mit maximaler Norm die Form $u = \pm A_{.j}^{-1}$ mit einem gewissen Index j besitzt. Hieraus ist ersichtlich, daß alle Vektoren u mit $s^{\mathsf T}Au = 1$ die Ungleichung $\|u\| \leqq \beta$ mit (18) und damit auch die Ungleichung $s^{\mathsf T}Au \geqq \frac{1}{\beta}\|u\|$ erfüllen. Da beide Seiten dieser Ungleichung in u positiv homogen sind, ist die Ungleichung auch für beliebige u erfüllt und damit der Satz bewiesen.

Satz 3. *Für reguläre Matrizen A konvergiert die durch* (5) *mit* (4) *und* (13) *erklärte Iterationsfolge x_n bei beliebigem Startvektor x_0 stets gegen die Lösung x_* von* (1).

Beweis. Es sei $r_n \neq 0$, da die Behauptung sonst trivial ist. Dann ist wegen (12) auch $s \neq 0$ und somit $GG^{\mathsf T}$ mit (4) stets regulär. Im Fall der ersten Variante $H = s^{\mathsf T}$ erhalten wir für die rechte Seite von (6) nach Satz 2 die Abschätzung

$$r_n^{\mathsf T}s(s^{\mathsf T}AA^{\mathsf T}s)^{-1}s^{\mathsf T}r_n \geqq \frac{1}{\alpha^2\beta^2}\|u_n\|^2,$$

so daß sich aus (16)

$$\|u_{n+1}\|^2 \leqq \left(1 - \frac{1}{\alpha^2\beta^2}\right)\|u_n\|^2$$

und schließlich wegen (14)

$$\|x_* - x_n\|^2 \leqq \left(1 - \frac{1}{\alpha^2\beta^2}\right)^n \|x_* - x_0\|^2 \tag{19}$$

ergibt. Da nach Satz 1 diese Ungleichung erst recht im allgemeinen Fall (13) der zweiten Variante erfüllt ist, konvergiert x_n stets gegen x_*, und der Satz ist bewiesen.

Bemerkungen. 1°. Multiplizieren wir das Gleichungssystem (1) von links mit einer positiv definiten Diagonalmatrix

$$Q = \operatorname{diag}(q_1, \ldots, q_m),$$

d. h., gehen wir von A zur Matrix QA über, so können wir versuchen, durch geeignete Wahl der q_i die Konvergenzgeschwindigkeit zu beeinflussen. Speziell für 2×2-Matrizen A sind wegen

$$(1 \quad 1)\,QA = \begin{pmatrix} q_1a_{11} + q_2a_{21} \\ q_1a_{12} + q_2a_{22} \end{pmatrix}^{\mathsf T}, \quad (1 \quad -1)\,QA = \begin{pmatrix} q_1a_{11} - q_2a_{21} \\ q_1a_{12} - q_2a_{22} \end{pmatrix}^{\mathsf T}$$

die beiden Geraden der Form $s^{\mathsf T}Q(b - Ax) = 0$ zueinander orthogonal, falls

$$q_1^2(a_{11}^2 + a_{12}^2) = q_2^2(a_{21}^2 + a_{22}^2)$$

gilt. Dies bedeutet, daß *das Iterationsverfahren* (5) *in diesem Fall spätestens nach zwei Iterationsschritten die exakte Lösung* x_* *liefert.* Die Bedingung für die q_i ist erfüllt, wenn

$$q_i = \|A_{i.}\|^{-1} \tag{20}$$

gewählt wird, da es auf einen gemeinsamen Proportionalitätsfaktor nicht ankommt. Die Normierung (20) empfiehlt sich auch bei Matrizen von größerem Format, da die Koeffizienten dann eine einheitliche Größenordnung besitzen und die einzelnen Gleichungen von (1) dann in der Hesseschen Normalform (vgl. [3]) vorliegen.

2⁰. Die Abschätzung (19) ist recht pessimistisch, da *für jede* $m \times m$*-Matrix* A die Ungleichung

$$\alpha^2\beta^2 \geqq m \tag{21}$$

gilt. Um diese Ungleichung zu beweisen, gehen wir wie in Punkt 1⁰ von A zur Matrix QA über und bestimmen diesmal die Elemente q_j so, daß das Produkt $\alpha\beta$ für die neue Matrix minimal ausfällt. Da nach diesem Übergang

$$\alpha = \left\| \sum_{i=1}^{m} q_i \, |A_{i.}| \right\|, \qquad \beta = \operatorname*{Max}_{j} \frac{1}{q_j} \|A_{.j}^{-1}\|$$

gilt, ist leicht zu sehen, daß $\alpha\beta$ für

$$q_j = \|A_{.j}^{-1}\| \tag{22}$$

minimal wird, da es wieder auf einen gemeinsamen Proportionalitätsfaktor nicht ankommt. Aus der Ungleichung

$$1 \leqq \sum_{i=1}^{m} |a_{ji}^{-1}| \cdot |a_{ij}| \leqq \sum_{i=1}^{m} \|A_{.i}^{-1}\| \cdot |a_{ij}|$$

folgt jetzt, daß alle Koordinaten des Vektors

$$\sum_{i=1}^{m} q_i \, |A_{i.}|$$

mit (22) dem Betrage nach größer oder gleich 1 sind, so daß (21) wegen $\beta = 1$ bewiesen ist.

Die Bedingung (22) läßt sich in den Anwendungen nicht ausnutzen, da A^{-1} dann unbekannt ist. Wir brauchen aber auch gar nicht (20) durch (22) zu ersetzen, da (22) nur die rechte Seite von (19) minimiert, aber nicht unbedingt auch die linke Seite.

3⁰. Abschließend soll noch etwas zur Strategie bei der zweiten Variante gesagt werden. Wählen wir $k = 2$ und setzen wir $E = e_p^{\mathsf{T}}$, wobei e_p^{T} der p-te Zeilenvektor der m-dimensionalen Einheitsmatrix ist und damit $e_p^{\mathsf{T}} A = A_{p.}$, so lautet die Matrix F aus (7) bei der Normierung (20), wenn wir QA wieder mit A bezeichnen,

$$\begin{pmatrix} F_0 & f \\ f & \varphi \end{pmatrix} = \begin{pmatrix} \|s^{\mathsf{T}} A\|^2 & s^{\mathsf{T}} A A_{p.}^{\mathsf{T}} \\ s^{\mathsf{T}} A A_{p.}^{\mathsf{T}} & 1 \end{pmatrix},$$

und mit $\Delta = F_0 - f^2$ lautet die zugehörige inverse Matrix (9)

$$F^{-1} = \frac{1}{\Delta} \begin{pmatrix} 1 & -f \\ -f & F_0 \end{pmatrix}.$$

Damit erhalten wir auf der rechten Seite von (10)

$$\frac{1}{\delta} (d^{\mathsf{T}} H_0 r_n + \delta h^{\mathsf{T}} r_n)^2 = \frac{1}{F_0 \Delta} (F_0 e_p{}^{\mathsf{T}} r_n - f s^{\mathsf{T}} r_n)^2,$$

und dieser Ausdruck soll möglichst groß werden. Gehen wir davon aus, daß bei $m \times m$-Matrizen A das Element f die Größenordnung von m und F_0 die Größenordnung von m^2 besitzt, so haben in $F_0 e_p{}^{\mathsf{T}} r_n - f s^{\mathsf{T}} r_n$ zwar beide Summanden die gleiche Größenordnung, aber der erste Summand dürfte überwiegen, sofern für $e_p{}^{\mathsf{T}} r_n$ eine Komponente von r_n mit möglichst großer Länge gewählt wird. Entsprechend wird es zweckmäßig sein, im Fall $k > 2$ für $E r_n$ jetzt $k - 1$ *Komponenten von* r_n *mit möglichst großer Länge zu wählen*, wobei dieses Vorgehen mit der in [5] beschriebenen Strategie der großen Projektionen verwandt ist. Besitzt r_n keine Komponenten, die wesentlich größer als alle übrigen Komponenten sind, oder erscheint der Aufwand für diese Festlegung von E als zu hoch, so kann man E natürlich wie in [4] und [7] nach einer vorgegebenen zyklischen oder wie in [6] nach einer beliebigen stochastischen Strategie festlegen.

Nachtrag vom 15. 5. 1980. Inzwischen wurden von B. Griefahn [8] numerische Testrechnungen durchgeführt, über die hier kurz berichtet werden soll, wobei auch weitere Varianten herangezogen wurden. Eine Möglichkeit besteht darin, in (11) Gewichte einzuführen, so daß (12) beispielsweise durch $s = r_n$ ersetzt wird. Diese Variante besitzt zu dem in [4] auf S. 77 behandelten Gradientenverfahren eine große Ähnlichkeit. Eine andere Möglichkeit besteht darin, die Zeilenauswahlmatrix E in (13) durch eine allgemeinere Matrix zu ersetzen.

Alle diese Varianten zeigen aber, von einigen Anfangsschritten und sehr seltenen Zwischenschritten abgesehen, eine sehr langsame Konvergenz, wobei die Konvergenzfaktoren dem aus (19) zu entnehmenden Wert nahekommen. Obwohl Variante 2, wie zuvor bewiesen wurde, bei jedem festen Schritt bessere Werte als Variante 1 liefert, kann nach mehreren Schritten durchaus auch wieder Variante 1 besser werden als Variante 2.

Den Testergebnissen ist zu entnehmen, daß eine praktische Anwendung der betrachteten Projektionsverfahren nur dann sinnvoll ist, wenn diese mit geeigneten Verfahren zur Konvergenzbeschleunigung gekoppelt werden. Wiederholen sich die Matrizen H aus (4) und (5) nach einem Zyklus der Länge j, so darf man für die Iterierten x_n ein asymptotisches Verhalten der Form

$$x_n = x_* + \lambda^n \tilde{x}_i + o(\lambda^n)$$

mit $n \equiv i \bmod j$ erwarten, und der Lösungsvektor x^* läßt sich aus drei Iterationsvektoren x_n, x_{n+j}, x_{n+2j} in bekannter Weise extrapolieren.

Literatur

[1] Berg, L., Zur stabilen Auflösung großer linearer Gleichungssysteme, Rostock. Math. Kolloquium **12** (1979), 49–58.

[2] Faddejew, D. K., und W. N. Faddejewa, Numerische Methoden der linearen Algebra, 5. Aufl., VEB Deutscher Verlag der Wissenschaften, Berlin / R. Oldenbourg Verlag, München 1978 (Übersetzung aus dem Russischen).

[3] Keller, O.-H., Analytische Geometrie und lineare Algebra, 3. Aufl., VEB Deutscher Verlag der Wissenschaften, Berlin 1968.

[4] Kiesewetter, H., und G. Maess, Elementare Methoden der numerischen Mathematik, Akademie-Verlag, Berlin / Springer-Verlag, Wien—New York 1974.

[5] Krutzke, W., Konvergenzverbesserung der Spaltenapproximation bei der Anwendung auf lineare Gleichungssysteme, Wiss. Z. Univ. Rostock **24** M (1975), 1257–1260.

[6] Maess, G., Ein stochastischer Projektionsalgorithmus zur iterativen Lösung linearer Gleichungssysteme. Rostock. Math. Kolloquium **4** (1977), 47–54.

[7] Peters, W., Lösung linearer Gleichungssysteme durch Projektion auf Schnitträume von Hyperebenen und Berechnung einer verallgemeinerten Inversen, Beitr. Numer. Math. **5** (1976), 129–146.

[8] Griefahn, B., Ein Projektionsverfahren zur Lösung linearer Gleichungssysteme und Methoden zur Konvergenzverbesserung, Diplomarbeit, Wilhelm-Pieck-Universität Rostock 1980.

Manuskripteingang: 22. 5. 1979

VERFASSER:

Prof. Dr. Lothar Berg, Sektion Mathematik der Wilhelm-Pieck-Universität Rostock

Beiträge zur Numerischen Mathematik
10 (1981), 15–21

Zur Approximation einer Variationsungleichung zur Greenschen Funktion

Klaus Beyer

1. Einleitung

Sei Ω ein beschränktes Gebiet des R^N und G die Greensche Funktion des Dirichletproblems für den Laplaceoperator $-\Delta$. Wir betrachten in dieser Arbeit das Variationsproblem

$$\int_\Omega f(x)\,(Gf)\,(x)\,dx \to \mathrm{Min} \tag{1.1}$$

unter den Nebenbedingungen

$$-1 \leqq f(x) \leqq 0 \quad \text{f. ü. in } \Omega, \qquad \int_\Omega f(x)\,\psi(x)\,dx = s$$

und leiten für seine Approximation über Teilräumen stückweise konstanter Funktionen die Fehlerabschätzung (3.3) her. Der Parameter s und die Funktion $\psi \in H^1(\Omega)$ werden hierbei fest vorgegeben; ψ sei harmonisch und positiv über Ω. Die im Sinne von [5] zu (1.1) duale Aufgabe steht in enger Beziehung zu den in [2] zur Beschreibung von Strömungen in porösen Medien betrachteten Variationsprinzipien. Neben der obigen konvexen Aufgabe ist auch das (1.1) entsprechende Maximumproblem für die Anwendungen von Interesse (s. [1]). Wir gehen indessen hier auf diese Zusammenhänge nicht ein.

Ist $N = 1$, so lassen sich die Extremalen f^* von (1.1) nach einer einfachen, sich an Satz 1 anschließenden Überlegung explizit angeben. Unter einem anderen Gesichtspunkt werden eindimensionale Maximum- und Minimumprobleme des Typs (1.1) in [7] betrachtet.

2. Das Variationsproblem

Ω sei ein beschränktes Gebiet des R^N; $x = (x_1, \ldots, x_N)$, $dx = dx_1 \cdots dx_N$ und $V = H_0^1(\Omega)$ der Sobolewraum der über Ω meßbaren reellen Funktionen mit quadratisch summierbaren ersten Ableitungen und Randwerten null. In üblicher Weise fassen wir den Raum $L_2(\Omega)$ als Teilraum des zu V dualen Raums $V' = H^{-1}(\Omega)$ auf: $V \subset L_2(\Omega) \subset V'$. Sind

$$(u, v)_1 = \int_\Omega \nabla u\, \nabla v\, dx,$$

$(\cdot, \cdot)$, $(\cdot, \cdot)_{-1}$ die Skalarprodukte in V, $L_2(\Omega)$ bzw. V' und bezeichnen wir mit $\langle f, u\rangle$

den Wert des linearen Funktionals $f \in V'$ in $u \in V$, so gilt

$$(u, v)_1 = \langle -\Delta u, v \rangle, \qquad (f, g)_{-1} = \langle g, Gf \rangle;$$

G ist die Greensche Funktion des Dirichletproblems für den Laplaceoperator $-\Delta$. Mit $\psi \in H^1(\Omega)$ sei schließlich eine über Ω positive harmonische Funktion bezeichnet.

In V' betrachten wir die beschränkte konvexe Menge

$$K = \{f \in L_2(\Omega) \mid -1 \leqq f(x) \leqq 0 \quad \text{f. ü. in } \Omega\} \tag{2.1}$$

und stellen das Variationsproblem

$$\frac{1}{2} \|f\|_{-1}^2 \to \underset{f \in K \cap E_s}{\text{Min}} \tag{2.2}$$

über dem Durchschnitt von K mit der L_2-Hyperebene

$$E_s\colon (f, \psi) = s.$$

Der Parameter s ist hierbei aus dem Intervall

$$-\int_\Omega \psi(x)\, dx < s < 0 \tag{2.3}$$

fest vorzuschreiben. Die Abgeschlossenheit des Durchschnitts sichert die Existenz einer Minimale f^* zu (2.2). Im übrigen ist f^* eindeutig bestimmt.

Bemerkung. *$K \cap E_s$ ist auch in V' abgeschlossen.*

Beweis. Längs einer gegen $f \in V'$ konvergenten Folge $f_n \in K \cap E_s$ gilt

$$|\langle f, u \rangle| = |\lim \langle f_n, u \rangle| \leqq |\Omega|^{1/2} \|u\| \quad \text{für} \quad u \in V.^{1)}$$

Deshalb läßt sich das Funktional f stetig auf $L_2(\Omega)$ fortsetzen, also

$$\langle f, u \rangle = \int_\Omega f(x)\, u(x)\, dx, \qquad f(\cdot) \in L_2(\Omega).$$

Über der in $L_2(\Omega)$ dichten Menge V gilt daher

$$\lim \langle f_n, u \rangle = \int_\Omega f(x)\, u(x)\, dx. \tag{2.4}$$

Wegen (2.1) sind die L_2-Normen der Funktionen f_n beschränkt; nach einem bekannten Sachverhalt folgt hieraus die Gültigkeit von (2.4) auch für $u \in L_2(\Omega)$. Man entnimmt (2.4) jetzt die Zugehörigkeit von f zu $K \cap E_s$.

Die Minimale f^* unseres Variationsproblems wird, wie der nachfolgende Hilfssatz zeigt, durch die Ungleichungen

$$\langle g - f^*, Gf^* \rangle + \lambda (g - f^*, \psi) \geqq 0 \tag{2.5}$$

für alle $g \in K$ charakterisiert.

---

[1]) $|\Omega|$ = Maß von Ω.

Hilfssatz 1. *$J(u)$ sei ein über dem reellen Hilbertraum X konvexes differenzierbares Funktional, $K \subseteqq X$ konvex und L Linearform über X. Gibt es Vektoren $u_1, u_2 \in K$ mit*

$$L(u_1) < s < L(u_2), \tag{2.6}$$

so wird eine Minimale u^* des Variationsproblems

$$J(u) \to \min_{u \in K, L(u)=s}$$

durch die Variationsungleichung

$$\langle J'(u^*), v - u^* \rangle + \lambda L(v - u^*) \geqq 0 \quad \textit{für alle } v \in K$$

beschrieben.

Beweis. Der Beweis beruht auf Standardüberlegungen (s. [6]). Zunächst gilt für alle $v \in K$ mit $L(v) = s$

$$\langle J'(u^*), v - u^* \rangle \geqq 0. \tag{2.7}$$

Infolge (2.7) besitzt die konvexe Hülle der durch

$$A = \{(x, y) \in R^2 \mid x = \langle J'(u^*), v - u^* \rangle,\ y = L(v - u^*);\ v \in K\}$$

bestimmten Teilmenge A des R^2 einen leeren Durchschnitt mit der negativen x-Achse. Die beiden Mengen lassen sich daher trennen: Es existieren Zahlen $\lambda_1, \lambda_2, |\lambda_1| + |\lambda_2| \neq 0$, $\lambda_1 \geqq 0$ mit der Eigenschaft

$$\lambda_1 x + \lambda_2 y \geqq 0 \quad \text{für alle } (x, y) \in A. \tag{2.8}$$

In (2.8) ist $\lambda_1 > 0$, denn die Annahme $\lambda_1 = 0$ führte auf die zu (2.6) widersprüchliche Beziehung $\lambda_2 L(v - u^*) \geqq 0$ für alle $v \in K$.

Über den Charakter der Extremalen f^* gibt der folgende Satz Aufschluß.

Satz 1. *Der Lagrangesche Multiplikator λ in (2.5) ist eindeutig bestimmt; es ist $\lambda > 0$. Ferner gilt*

$$u^* = Gf^* + \lambda\psi \geqq 0 \ \textit{in } \Omega$$

und

$$f^* = -\chi_{\Omega^+}; \tag{2.9}$$

hierbei ist χ_{Ω^+} die charakteristische Funktion der offenen Menge

$$\Omega^+ = \{x \in \Omega \mid u^*(x) > 0\}.$$

Beweis. Nach bekannten Regularitätssätzen besitzt die Funktion Gf^* zu jeder Potenz $p \geqq 1$ lokal summierbare zweite Ableitungen, woraus nach den Sobolewschen Einbettungssätzen ihre Stetigkeit folgt. Insbesondere ist Ω^+ offen.

Zerlegt man Ω in die (bis auf Nullmengen bestimmten) meßbaren Teilmengen

$$E = \{x \in \Omega \mid -1 < f^*(x) < 0\},$$

$$E^- = \{x \in \Omega \mid f^*(x) = -1\}, \qquad E^+ = \{x \in \Omega \mid f^*(x) = 0\},$$

so gilt infolge (2.5)

$$u^* = 0 \text{ längs } E, \quad u^* \geqq 0 \text{ längs } E^- \quad \text{und} \quad u^* \leqq 0 \text{ längs } E^+.$$

Wir schließen hieraus, daß u^* über jeder Komponente der offenen Menge $\Omega^- = \{x \in \Omega \mid u^*(x) < 0\}$ harmonisch ist. Wegen $\lambda > 0$ ist $u^* \geqq 0$ längs $\partial\Omega$, also $\Omega^- = \emptyset$ nach dem Maximumprinzip. (2.9) folgt jetzt aus der wegen $u^* \in H^2(\Omega)$ längs der zu Ω^+ komplementären Teilmenge $\{x \in \Omega \mid u^*(x) = 0\}$ gültigen Beziehung

$$0 = -\Delta u^*(x) = f^*(x).$$[1]

Setzt man $g = 0$ in (2.5), so findet man

$$-\lambda s \geqq \langle f^*, Gf^* \rangle > 0,$$

also $\lambda > 0$ (man beachte (2.3)). Durch (2.9) ist schließlich Ω^+ und damit auch der Parameter λ eindeutig bestimmt.

3. Approximation

Bei der Approximation der Aufgabe (2.2) setzen wir der Einfachheit halber voraus, daß $\Omega = \{x = (x_1, \ldots, x_N) \mid a_i < x_i < b_i \ (i = 1, \ldots, N)\}$ ein Quader des R^N ist. Ω wird in Teilquader

$$\Omega_\nu = \{x \mid a_i + (\nu_i - 1)\, h_i < x_i < a_i + \nu_i h_i \ (i = 1, \ldots, N)\},$$

$$\nu = (\nu_1, \ldots, \nu_N), \quad 1 \leqq \nu_i \leqq n_i; \quad h_i = \frac{b_i - a_i}{n_i}$$

zerlegt; es sei $h = \operatorname{Max}(h_1, \ldots, h_N)$. Über dem von den charakteristischen Funktionen der Teilquader Ω_ν erzeugten Teilraum $V^h \subset L_2(\Omega)$ betrachten wir die folgende Approximation von (2.2):

$$\frac{1}{2} \|f\|_{-1}^2 \to \underset{f \in K^h \cap E_s}{\operatorname{Min}}, \qquad K^h = K \cap V^h. \tag{3.1}$$

Ist f^h Lösung von (3.1), so gilt (s. [3])

$$\|f^* - f^h\|_{-1}^2 \leqq (f^* - g^h, f^* - f^h)_{-1} + (f^* - g^h, f^*)_{-1} \tag{3.2}$$

für alle $g^h \in K^h \cap E_s$.

Satz 2. *Für den Fehler der Approximation* (3.1) *gilt in der Norm des Raums* $H^{-1}(\Omega)$

$$\|f^* - f^h\|_{-1} = O(h^{1/2}). \tag{3.3}$$

Wir benötigen zum Beweis dieser Abschätzung neben (3.2) zwei einfache Hilfssätze.

Hilfssatz 2. *Ist P die orthogonale Projektion $L_2(\Omega) \to V^h$, so gilt*

$$\|(I - P)\, f\|_{-1} \leqq \sqrt{\frac{N}{2}}\, h\, \|f\|.$$

---

[1]) Man vgl. zu dieser Schlußweise [4], S. 69.

Beweis. Nach der Poincaréschen Ungleichung gilt für $u \in H^1(\Omega_\nu)$

$$\int\limits_{\Omega_\nu} |u|^2 \, dx \leqq \frac{1}{h_1 \cdots h_N} \left(\int\limits_{\Omega_\nu} u \, dx \right)^2 + \frac{N}{2} h^2 \int\limits_{\Omega_\nu} |\nabla u|^2 \, dx .$$

Ersetzt man hierin u durch $(I - P) u$, so erhält man nach Summation über die Teilquader

$$\|(I - P) u\|^2 \leqq \frac{N}{2} h^2 \|u\|_1^2. \tag{3.4}$$

Die Behauptung folgt nun aus den Beziehungen

$$\|(I - P) f\|_{-1} = \sup_{0 \neq u \in V} \frac{|((I-P) f, u)|}{\|u\|_1} = \sup_{0 \neq u \in V} \frac{|(f, (I - P) u)|}{\|u\|_1}$$

$$\leqq \|f\| \cdot \|(I - P) u\| \cdot \|u\|_1^{-1} \leqq \sqrt{\frac{N}{2}} \, h \, \|f\| .$$

Hilfssatz 3. *Bezeichnen wir mit $\mathcal{P}$ bzw. $\mathcal{Q}$ die L_2-Projektionen auf K^h bzw. $K^h \cap E_s$, so gilt bei festem s*

$$\|\mathcal{Q} f^* - \mathcal{P} f^*\| = O(h) . \tag{3.5}$$

Beweis. Nach Hilfssatz 1 wird $\mathcal{Q} f^*$ durch die Ungleichungen

$$(\mathcal{Q} f^* - f^*, g^h - \mathcal{Q} f^*) - \mu(\psi, g^h - \mathcal{Q} f^*) \geqq 0 \tag{3.6}$$

für alle $g^h \in K^h$ charakterisiert. Dies zeigt, daß $\mathcal{Q} f^*$ Projektion der Funktion $f^* + \mu\psi$ auf K^h ist,

$$\mathcal{Q} f^* = \mathcal{P}(f^* + \mu\psi) . \tag{3.7}$$

Wir entnehmen (3.7): Der Lagrangesche Multiplikator μ in (3.6) ist durch die Gleichung

$$\big(\mathcal{P}(f^* + \mu\psi), \psi\big) = s \tag{3.8}$$

bestimmt, und es ist

$$\|\mathcal{Q} f^* - \mathcal{P} f^*\| = \|\mathcal{P}(f^* + \mu\psi) - \mathcal{P} f^*\| \leqq |\mu| \, \|\psi\| .$$

Zur Herleitung von (3.5) genügt es deshalb, $|\mu_s| = O(h)$ für die Lösungen μ_s von (3.8) nachzuweisen.

Wir notieren zu diesem Zweck zunächst einige Eigenschaften der durch (3.8) definierten Funktion

$$H(\mu) = \big(\mathcal{P}(f^* + \mu\psi), \psi\big) = \sum_\nu \int\limits_{\Omega_\nu} \psi \mathcal{P}(f^* + \mu\psi) \, dx .$$

1. H ist eine stückweise lineare und stetige Funktion. Ihre rechts- und linksseitigen Ableitungen $D_r H$, $D_l H$ werden durch

$$\begin{aligned} D_r H(\mu) &= \sum_{\nu \in I_{-1} \cup I} \int\limits_{\Omega_\nu} \psi P \psi \, dx , \\ D_l H(\mu) &= \sum_{\nu \in I_0 \cup I} \int\limits_{\Omega_\nu} \psi P \psi \, dx \end{aligned} \tag{3.9}$$

gegeben; in (3.9) ist über die Indexmengen

$$I_{-1} = \{\nu \mid P(f^* + \mu\psi) = -1 \text{ in } \Omega_\nu\},$$
$$I = \{\nu \mid -1 < P(f^* + \mu\psi) < 0 \text{ in } \Omega_\nu\},$$
$$I_0 = \{\nu \mid P(f^* + \mu\psi) = 0 \text{ in } \Omega_\nu\}$$

zu summieren. Insbesondere gilt

$$D_r H(\mu) - D_l H(\mu) = \sum_{\nu \in I_{-1}} \int_{\Omega_\nu} \psi P\psi \, dx - \sum_{\nu \in I_0} \int_{\Omega_\nu} \psi P \psi \, dx.$$

Offenbar ist $I_0 = \emptyset$ für $\mu < 0$ und $I_{-1} = \emptyset$ für $\mu > 0$; H verläuft also längs $\mu < 0$ konvex, längs $\mu > 0$ dagegen konkav.

2. Es ist

$$H\left(-\frac{2\,|\Omega|}{s}\right) \geqq \frac{s}{2}, \tag{3.10}$$

$$H\left(-2\,|\Omega| \left(s + \int_\Omega \psi \, dx\right)^{-1}\right) \leqq \frac{1}{2}\left(s - \int_\Omega \psi \, dx\right). \tag{3.11}$$

Zum Beweis von (3.10) berücksichtige man die Beziehungen

$$\mathscr{P}(f^* + \mu\psi) = \mathscr{P}P(f^* + \mu\psi) \geqq \mathscr{P}(-1 + \mu P\psi) \geqq -1$$

und unterscheide zwischen Quadern $\Omega_{\nu'}$ der Zerlegung, über denen $P\psi \geqq -s/2\,|\Omega|$, und $\Omega_{\nu''}$, worüber $P\psi < -s/2\,|\Omega|$ gilt. Man erhält

$$H\left(-\frac{2\,|\Omega|}{s}\right) \geqq \sum_{\nu'} \int_{\Omega_{\nu'}} \psi \mathscr{P}\left(-1 - \frac{2\,|\Omega|}{s} P\psi\right) dx - \sum_{\nu''} \int_{\Omega_{\nu''}} \psi \, dx = -\sum_{\nu''} \int_{\Omega_{\nu''}} \psi \, dx$$
$$> \sum_{\nu''} \frac{s\,|\Omega_{\nu''}|}{2\,|\Omega|} \geqq \frac{s}{2\,|\Omega|} \sum_{\nu} |\Omega_\nu| = \frac{s}{2}.$$

(3.11) wird ähnlich bewiesen.

(3.10) und die Konkavität der Funktion implizieren

$$H(\mu) \geqq H(0) - \frac{s}{2\,|\Omega|}\left(\frac{s}{2} - H(0)\right)\mu \qquad \text{für } \mu \geqq 0.$$

Man entnimmt dem die für nichtnegative Lösungen μ_s von (3.8) gültige Abschätzung

$$|\mu_s| \leqq -\frac{2\,|\Omega|}{s} \frac{s - H(0)}{s/2 - H(0)} = -\frac{2\,|\Omega|}{s} \frac{\big((I - \mathscr{P})\,f^*, \psi\big)}{\big((I - \mathscr{P})\,f^*, \psi\big) - s/2}.$$

Wir dürfen hierbei $\mathscr{P}f^*$ wegen $f^* \in K$ durch die orthogonale Projektion Pf^* von f^* auf V^h ersetzen. Infolgedessen wird, wie behauptet,

$$|\mu_s| = O\big(\big|((I - P)\,f^*, \psi)\big|\big) = O\big(\big|(f^*, (I - P)\,\psi)\big|\big) = O\big(\|(I - P)\,\psi\|\big) = O(h);$$

man beachte (3.4).

Negative Lösungen μ_s lassen sich nach (3.11) in ähnlicher Weise abschätzen.

Beweis von Satz 2. Wählt man in (3.2) $g^h = \mathcal{Q}f^*$, dann wird

$$\|f^* - f^h\|_{-1}^2 \leqq (f^* - \mathcal{Q}f^*, f^* - f^h)_{-1} + (f^* - \mathcal{Q}f^*, f^*)_{-1}$$
$$\leqq \|f^* - \mathcal{Q}f^*\|_{-1} (\|f^* - f^h\|_{-1} + \|f^*\|_{-1}). \tag{3.12}$$

Da nach den Hilfssätzen 2 und 3

$$\|f^* - \mathcal{Q}f^*\|_{-1} \leqq \|f^* - \mathcal{P}f^*\|_{-1} + \|\mathcal{P}f^* - \mathcal{Q}f^*\|_{-1}$$
$$\leqq \|f^* - \mathcal{P}f^*\|_{-1} + \text{const} \cdot \|\mathcal{P}f^* - \mathcal{Q}f^*\| = O(h)$$

gilt, erhält man aus (3.12)

$$\|f^* - f^h\|_{-1}^2 = O(h) (\|f^* - f^h\|_{-1} + \|f^*\|_{-1}).$$

Die Fehlerabschätzung (3.3) folgt hieraus nach quadratischer Ergänzung.

Literatur

[1] AUCHMUTY, J. F. G., Existence of axisymmetric equilibrium figures. J. Rat. Mech. Anal. **65** (1977), 249–261.
[2] BAIOCCHI, C., V. COMINCIOLI, E. MAGENES and G. A. POZZI, Free boundary problems in the theory of fluid flow through porous media. Ann. Mat. Pura Appl. **97** (1973), 1–82.
[3] BREZZI, F., W. W. HAGER and P. A. RAVIART, Error estimates for the finite element solution of variational inequalities I. Num. Math. **28** (1977), 431–443.
[4] MORREY, C. B., Multiple integrals in the calculus of variations. Springer-Verlag, Berlin–Heidelberg–New York 1966.
[5] MOSCO, U., Dual variational inequalities. J. Math. Analysis Appl. **40** (1972), 102–106.
[6] PŠENIČNYJ, B. N., Notwendige Optimalitätsbedingungen. BSB B. G. Teubner Verlagsgesellschaft, Leipzig 1972 (Übersetzung aus dem Russischen).
[7] VOLLMANN, T. E., Inequalities for integral bilinear forms with applications to mechanical systems. Indiana Univ. Math. J. **26** (1977), 847–867.

Manuskripteingang: 18. 7. 1979

VERFASSER:
Prof. Dr. KLAUS BEYER, Sektion Mathematik der Wilhelm-Pieck-Universität Rostock

Beiträge zur Numerischen Mathematik
10 (1981), 23–35

Inverse Interpolation zur global konvergenten Nullstellenberechnung

Herbert Cornelius

Es werden einige Klassen von Iterationsverfahren zur Berechnung einer reellen Nullstelle x^* einer reellen Funktion f vorgestellt, die auf einer Hermite-Interpolation der Umkehrfunktion f^{-1} von f beruhen. Die Bestimmung von x^* verläuft über Intervallschachtelungen, die bei Kenntnis von a-priori-Schranken für f' und einer höheren Ableitung von f^{-1} stets durchführbar und global mindestens überlinear konvergent sind. Benutzt man in allen Rechnungen eine Maschinenintervallarithmetik, so sind alle auftretenden Rundungsfehler mit erfaßt. Abschließend werden einige Beispiele von numerischen Ergebnissen gegeben.

1. Einleitung

In dieser Arbeit beschäftigen wir uns mit der Bestimmung einer einfachen Nullstelle x^* einer reellen Funktion f. Dazu werden wir mehrere Klassen von Iterationsverfahren angeben, welche die gesuchte Nullstelle x^* durch Intervallschachtelungen berechnen. Man bekommt damit in jedem Iterationsschritt neue Fehlerabschätzungen für die Näherungen von x^*, sowie ein neues Einschließungsintervall für x^*. Alle Verfahren sind stets durchführbar und global konvergent, sobald man eine gewisse a-priori-Abschätzung der 1. Ableitung f' von f und einer höheren Ableitung der Umkehrfunktion f^{-1} von f kennt. (Unter unseren Voraussetzungen wird f^{-1} immer existieren.) Im Falle der Durchführbarkeit der Verfahren liegt stets mindestens überlineare Konvergenz vor. Da die Verfahren auf einer Hermite-Interpolation beruhen, werden in jedem Iterationsschritt neben Funktionswerten von f eventuell auch Funktionswerte gewisser Ableitungen von f benötigt.

J. Herzberger stellt in [4] mehrere Klassen von Intervalliterationsverfahren vor, welche auf einer Hermite-Interpolation der gegebenen Funktion f basieren. Um die Nachteile dieser Verfahren zu umgehen, nehmen wir in dieser Arbeit eine Hermite-Interpolation von f^{-1} vor. (Unter den Voraussetzungen in [4] existiert f^{-1}.) Einzelheiten in diesem Zusammenhang wurden in [3] betrachtet. Benutzt man in allen anfallenden Rechnungen eine Maschinenintervallarithmetik, so werden alle auftretenden Rundungsfehler mit berücksichtigt.

Im weiteren machen wir von der reellen Intervallrechnung Gebrauch, verweisen aber für Einzelheiten auf das Buch [1]. Insbesondere sei auf den Begriff der *intervallmäßigen Auswertung* einer Funktion hingewiesen, deren Eigenschaften in [1, Abschnitt 3] beschrieben sind. Fortan seien die reellen (nichtleeren) kompakten Intervalle mit großen Buchstaben $A, B, \ldots, X, Y, Z$ bezeichnet sowie reelle Zahlen mit kleinen Buchstaben $a, b, \ldots, x, y, z$ oder $\alpha, \beta, \gamma, \ldots$ Weiter bezeichne N die natürlichen Zahlen, N_0 die natürlichen Zahlen mit Null und R die reellen Zahlen. Dann sei $I(R)$ die Menge aller reellen (nichtleeren) kompakten Intervalle aus R. Bekanntlich definiert man dann

$$X * Y := \{x * y \mid x \in X, y \in Y\}, \qquad X, Y \in I(R)$$

für $* \in \{+, -, \cdot, /\}$ und $0 \notin Y$ bei der Division. Es gilt dabei die sogenannte *Teilmengeneigenschaft*, die besagt:

$$A, B, X, Y \in I(R), \quad * \in \{+, -, \cdot, /\}, \quad A \subseteqq X, B \subseteqq Y \Rightarrow A * B \subseteqq X * Y.$$

Speziell mit $x \in X$, $y \in Y$ bekommt man damit die Beziehung

$$x * y \in X * Y \quad \text{für} \quad * \in \{+, -, \cdot, /\} \quad \text{und} \quad X, Y \in I(R).$$

Des weiteren bezeichne

$A \subseteqq B$ bzw. $A \supseteqq B$:	A Teil- bzw. Obermenge von B
$A \subset B$ bzw. $A \supset B$:	A echte Teil- bzw. Obermenge von B
$I(y_0, y_1, \ldots, y_m)$:	minimales aufspannendes Intervall der reellen Zahlen y_i $(i = 0(1)m)$, d. h. $I(y_0, \ldots, y_m) := \left[\min_i y_i, \max_i y_i\right]$
P_n:	Menge aller reellen Polynome höchstens vom Grade n.
$C^{(k)}(X, R)$, $k \in N$:	Menge aller k-mal stetig differenzierbaren Funktionen von $X \in I(R)$ in die reellen Zahlen.

Außerdem sei mit $X := [x_1, x_2] \in I(R)$

$m(X) := (x_1 + x_2)/2$:	Mittelpunkt von X,
$d(X) := x_2 - x_1$:	Durchmesser von X,
$\lvert X\rvert := \max\{\lvert x_1\rvert, \lvert x_2\rvert\}$:	Betrag von X.

Für die Rechenregeln mit diesen Größen sei auf [1, Abschnitt 2] verwiesen.

2. Die Verfahren

Gegeben sei eine (vorerst) hinreichend oft stetig differenzierbare Funktion $f: X \to R$ mit $X \in I(R)$, welche in X nur eine einfache Nullstelle x^* besitzt. Des weiteren erfülle f über X die folgende Schrankenbedingung (I):

$$\exists\, S = [s_1, s_2] \in I(R), \quad s_1 s_2 > 0 \quad \forall x \in X: f'(x) \in S. \tag{I}$$

Da x^* nur einfache Nullstelle von f ist, gilt (I) theoretisch immer. Zur praktischen Durchführung der Verfahren muß S aber explizit angegeben werden. Existiert etwa die intervallmäßige Auswertung $f'(X)$, so kann man im Falle von $0 \notin f'(X)$ zur Erfüllung von (I) $S := f'(X)$ setzen. Aus (I) folgt nun mit [2, Satz 8.33, S. 129], daß die Umkehrfunktion f^{-1} von f über $Y := \{y \in R \mid y = f(x), x \in X\}$ existiert. Setzt man weiter $f \in C^{(r)}(X, R)$, $r \in N$, voraus, so folgt mit [2, Satz 11.3, S. 179] wegen $X \in I(R)$ auch $Y \in I(R)$ und $f^{-1} \in C^{(r)}(Y, R)$. Bekanntlich gilt dann

$$f^{-1}(f(x)) = x \qquad \forall x \in X \quad \text{und} \quad f(f^{-1}(y)) = y \qquad \forall y \in Y. \tag{1}$$

Des weiteren seien eine natürliche Zahl $n \in N$ gegeben sowie $n + 1$ nichtnegative ganze Zahlen $m_0, \ldots, m_n$ mit $m_0 m_n \neq 0$. Wir definieren dann die Zahl r durch $r := \sum_{i=0}^{n} m_i$. Wegen $m_0 m_n \neq 0$ gilt hierbei $r \in N$ und $r > 1$. Diese Zahl r ist in gewisser Weise charakteristisch für die einzelnen Verfahren.

Außerdem nehmen wir an, daß f^{-1} die folgende Schrankenbedingung (II) erfüllt:

$$\exists L = [l_1, l_2] \in I(R) \qquad \forall y \in Y: (f^{-1})^{(r)}(y) \in L. \tag{II}$$

Das Intervall L darf dabei jedes Einschließungsintervall für den Wertebereich von $(f^{-1})^{(r)}$ über Y sein. Im Falle der Existenz der intervallmäßigen Auswertung $(f^{-1})^{(r)}(Y)$ kann man $L := (f^{-1})^{(r)}(Y)$ setzen. Auch L muß bei der praktischen Durchführung explizit bekannt sein. Eine Möglichkeit, die Ableitungen von f^{-1} rekursiv zu berechnen, wird am Ende noch angegeben.

Um die Durchführbarkeit der Hermite-Interpolation zu sichern, nehmen wir eine sogenannte „Startrechnung" vor, welche im Schritt (ST) beschrieben wird. Ein Verfahren ist dann durch die Zahlen $n, m_0, \ldots, m_n$ eindeutig bestimmt und besteht aus dem Schritt (ST) und der Hintereinanderausführung der Schritte (H 1), (H 2), (H 3) für $k \geqq n$, wobei $k \in N$ der Iterationsindex sei. Die einzelnen Schritte lauten:

(ST) $\quad X^{(0)} := X \quad \text{und} \quad x_0 := m(X^{(0)}),$

$$k = 0(1)\,n-1 \begin{cases} X^{(k+1)} := \left\{x_k - \dfrac{f(x_k)}{S}\right\} \cap X^{(k)}, \\ x_{k+1} := m(X^{(k+1)}). \blacktriangledown \end{cases}$$

(H 1) $\quad x_k = m(X^{(k)}),$

$$Z^{(k+1)} := \left\{x_k - \frac{f(x_k)}{S}\right\} \cap X^{(k)}. \blacktriangledown$$

(H 2) Für $f(x_k) = 0$ fahre gleich mit (H 3) fort. Ansonsten berechne den Funktionswert $q_k(0)$ von q_k an der Stelle Null, wobei $q_k \equiv q_{(m_0,\ldots,m_n)}\big(\cdot\,; f(x_k), \ldots, f(x_{k-n})\big) \in P_{r-1}$ das eindeutig bestimmte Hermite-Interpolationspolynom von f^{-1} sei mit den Interpolationsbedingungen

$$q_k^{(j)}\big(f(x_{k-i})\big) = (f^{-1})^{(j)}\big(f(x_{k-i})\big) \quad \text{für} \quad i = 0(1)n,\ j = 0(1)\,m_i - 1.$$

(Für $m_i = 0$ seien die Bedingungen leer, und es sei $f^{-1} \equiv (f^{-1})^{(0)}$.) $\blacktriangledown$

(H 3)

$$X^{(k+1)} := \begin{cases} \left\{q_k(0) + (-1)^r \cdot \dfrac{L}{r!} \prod_{i=0}^{n} f(x_{k-i})^{m_i}\right\} \cap Z^{(k+1)} & \text{für} \quad f(x_k) \neq 0, \\ Z^{(k+1)} & \text{sonst}. \end{cases}$$

$x_{k+1} := m(X^{(k+1)}). \blacktriangledown$

Bemerkung. In den Schritten (ST) und (H 1) wird das vereinfachte intervallmäßige Newton-Verfahren benutzt, dessen Eigenschaften in [1, Abschnitt 7] beschrieben sind. Für $x_k \neq x^*$ $(k \in N)$ gilt damit nach (H 3) die Kontraktion $d(X^{(k+1)}) < \frac{1}{2} d(X^{(k)})$ und die Beziehung $m(X^{(k)}) = x_k \notin X^{(k+1)}$. Die Eindeutigkeit der Interpolationspolynome q_k entnehme man etwa [7, Seite 54—58].

Satz 1 gibt die Eigenschaften des eben vorgestellten Verfahrens wieder.

Satz 1

Vor.: *Gegeben seien eine natürliche Zahl* $n \in N$ *und* $n + 1$ *nichtnegative ganze Zahlen* $m_0, m_1, \ldots, m_n$ *mit* $m_0 m_n \neq 0$. *Die Zahl* r *sei definiert durch* $r := \sum_{i=0}^{n} m_i$. *Weiter besitze die reelle Funktion* $f \in C^{(r)}(X, R)$ *im Intervall* $X \in I(R)$ *nur eine einfache Nullstelle* x^*. *Außerdem erfülle* f *über* X *die Schrankenbedingung* (I) *sowie* f^{-1} *über* $Y := \{y \mid y = f(x), x \in X\}$ *die Schrankenbedingung* (II).

Beh.: *Für die nach der Vorschrift* (ST) *und für* $k \geqq n$, $k \in N$, *mit den Schritten* (H 1), (H 2), (H 3) *berechnete Folge* $\{X^{(k)}\}_{k=0}^{\infty}$ *von Intervallen gilt:*

(a) $x^* \in X^{(k)}$ *für* $k = 0, 1, 2, \ldots$

(b) $X^{(0)} \supset X^{(1)} \supset \cdots \supset X^{(k)} \supset \cdots$ *mit* $\lim_{k\to\infty} X^{(k)} = x^*$, *oder die Folge kommt nach endlich vielen Schritten mit* $[x^*, x^*]$ *zum Stillstand.*

(c) $d(X^{(k+1)}) \leqq \beta \cdot \prod_{i=0}^{n} d(X^{(k-i)})^{m_i}$ *für* $k \geqq n$ *mit* $\beta \geqq 0$, $\beta \in R$ *unabhängig von* k. *Die Konvergenzordnung des Verfahrens ist größer gleich* $\underline{t}$, *wobei* $\underline{t}$ *die eindeutig bestimmte positive Lösung der Gleichung* $t^{n+1} - \sum_{i=0}^{n} m_i t^{n-i} = 0$ *ist.* ■

Beweis von Satz 1. Wie bereits bemerkt, existiert unter den Voraussetzungen die Funktion f^{-1} über Y mit $f^{-1} \in C^{(r)}(Y, R)$. Da mit (I) außerdem $0 \notin S$ gilt, sind die vereinfachten intervallmäßigen Newton-Schritte stets durchführbar.

Sollte für ein $\underline{k} \in N_0$ einmal $x_{\underline{k}} = x^*$ gelten (also $f(x_{\underline{k}}) = 0$), so bekommt man unmittelbar die Beziehung $X^{(\underline{k}+i)} = [x^*, x^*]$ für alle $i \in N$. Damit käme die Folge der $X^{(k)}$ mit der gesuchten Nullstelle zum Stillstand.

Ad (a): Wegen $x^* \in X = X^{(0)}$ folgt mit (ST) $x^* \in X^{(k)}$ für $k = 0(1)n$. Die restliche Behauptung zeigt man durch Induktion über k $(k \geqq n)$: Mit dem Obigen gilt $x^* \in X^{(k)}$ für $k = n$. Für ein $k \in N$, $k \geqq n$, gelte nun $x^* \in X^{(k)}$ und daß die Punkte x_{k-i} $\big(i = 0(1)n\big)$ paarweise verschieden sind. Dieses ist der Fall, wenn $x_{k-i} \neq x^*$ $\big(i = 0(1)n\big)$ gilt, denn in (H 1) wird das Intervall $X^{(k)}$ in diesem Fall mehr als halbiert. Anderenfalls gilt wegen $x_{k-\underline{i}} = x^*$ $(0 \leqq \underline{i} \leqq n)$ mit dem Obigen die Behauptung (a). Der Schritt (H 1) liefert nun $x^* \in Z^{(k+1)}$. Mit [8, Formel (4—6), Seite 61] bekommen wir die folgende Fehlerdarstellung für die benutzte Hermite-Interpolation von f^{-1} in (H 2):

$$\forall y \in Y \; \exists \eta = \eta(y) \in Y: (f^{-1})\,(y) - q_k(y) = \frac{(f^{-1})^{(r)}(\eta)}{r!} \prod_{i=0}^{n} \big(y - f(x_{k-i})\big)^{m_i}, \tag{2}$$

wobei genauer $\eta \in I\big(y, f(x_k), \ldots, f(x_{k-n})\big)$ gilt. Nach (1) gilt weiter $f^{-1}(0) = f^{-1}\big(f(x^*)\big) = x^*$, woraus wegen $0 \in Y$ (da $x^* \in X$) für $y = 0$ mit (2) folgt:

$$\exists \eta_0 \in Y: f^{-1}(0) - q_k(0) = \frac{(f^{-1})^{(r)}(\eta_0)}{r!} \prod_{i=0}^{n} \left(0 - f(x_{k-i})\right)^{m_i}.$$

Die Wahl von r liefert dann

$$x^* = q_k(0) + (-1)^r \cdot \frac{(f^{-1})^{(r)}(\eta_0)}{r!} \prod_{i=0}^{n} f(x_{k-i})^{m_i} \quad \text{mit} \quad \eta_0 \in Y. \tag{3}$$

Sodann bekommt man aus (II) die Aussage $(f^{-1})^{(r)}(\eta_0) \in L$, welche, in (3) angewandt, folgendes liefert:

$$x^* \in \left\{q_k(0) + (-1)^r \cdot \frac{L}{r!} \prod_{i=0}^{n} f(x_{k-i})^{m_i}\right\}. \tag{4}$$

Mithin gilt wegen $x^* \in X^{(k)}$ und (H 3) dann auch $x^* \in X^{(k+1)}$. Damit ist Behauptung (a) bewiesen.

Ad (b): Für $k = 0(1)n$ gilt $X^{(k)} \supseteqq X^{(k+1)}$, wobei $X^{(k+1)} = [x^*, x^*]$ für $x_k = x^*$ ist, womit die Folge der $X^{(k)}$ zum Stillstand käme. Ansonsten hat man $X^{(k)} \supset X^{(k+1)}$ für $x_k \neq x^*$. Für $k \geqq n$ gilt weiter $X^{(k)} \supseteqq Z^{(k+1)}$, also $X^{(k)} \supseteqq X^{(k+1)}$. Hier gilt ebenfalls für $x_k \neq x^*$ die Beziehung $X^{(k)} \supset Z^{(k+1)} \supseteqq X^{(k+1)}$ sowie $X^{(k+1)} = [x^*, x^*]$ für $x_k = x^*$. Zusammen bekommt man mit $k \in N_0$

$$X^{(k)} \supset X^{(k+1)} \qquad \text{für } x_k \neq x^*,$$
$$X^{(k+i)} = [x^*, x^*] \qquad \text{für } x_k = x^*,\ i \in N.$$

Es bleibt also nur noch die Konvergenz zu zeigen. Dazu liefern die Schritte (ST) und (H 1) die Abschätzungen

$$d(X^{(k+1)}) \leqq \frac{1}{2}\, d(X^{(k)}) \quad \text{für} \quad k \in N_0 \tag{5}$$

mit

$$d(X^{(k+1)}) < \frac{1}{2}\, d(X^{(k)}) \quad \text{für} \quad x_k \neq x^*.$$

Wiederholte Anwendung von (5) ergibt

$$d(X^{(k+1)}) \leqq \left(\frac{1}{2}\right)^k d(X^{(0)}) \quad \text{für} \quad k \in N_0, \tag{6}$$

woraus unmittelbar $\lim\limits_{k\to\infty} d(X^{(k)}) = 0$ folgt. Dieses hat aber mit Behauptung (a) $\lim\limits_{k\to\infty} X^{(k)} = x^*$ zur Folge, womit Behauptung (b) bewiesen wäre. Wegen $x_k \in X^{(k)}$ gilt außerdem $\lim\limits_{k\to\infty} x_k = x^*$.

Ad (c): Haben wir erst einmal die behauptete Ungleichung bewiesen, so folgt mit der Definition der Konvergenzordnung in [1] sofort die Behauptung über die Konvergenzordnung des Verfahrens.

Für $k \geqq n$ bekommen wir mit (H 3) die Abschätzung

$$d(X^{(k+1)}) \leqq d\left(q_k(0) + (-1)^r \cdot \frac{L}{r!} \prod_{i=0}^{n} f(x_{k-i})^{m_i}\right),$$

und weiter

$$d(X^{(k+1)}) \leqq \frac{1}{r!}\, d(L) \prod_{i=0}^{n} |f(x_{k-i})|^{m_i}. \tag{7}$$

Gilt nun $x_{k-j} = x^*$ für ein j $(0 \leqq j \leqq n)$, so gilt die behauptete Ungleichung sicherlich. Für $x_{k-i} \neq x^*$ $\big(i = 0(1)n\big)$ liefert der Mittelwertsatz der Differentialrechnung (wegen $r > 1$ ist f mindestens aus $C^{(1)}(X, R)$):

$$f(x_{k-i}) = f'(\theta_i) \cdot (x_{k-i} - x^*) \quad \text{mit} \quad \theta_i \in I(x_{k-i}, x^*) \subseteqq X, \qquad i = 0(1)n.$$

Mit $0 \notin S$ bekommt man aus (I)

$$0 < |f'(\theta_i)| \leqq |S| \quad \text{für} \quad i = 0(1)n,$$

und man erhält unter Berücksichtigung von (7) die Aussage

$$d(X^{(k+1)}) \leqq \frac{d(L)}{r!} \cdot |S|^r \cdot \prod_{i=0}^{n} |x_{k-i} - x^*|^{m_i} \quad \text{für} \quad k \geqq n.$$

Da man nun $x_k = m(X^{(k)})$ gewählt hat, liefert Behauptung (a)

$$|x_{k-i} - x^*| \leqq \frac{1}{2}\, d(X^{(k-i)}) \quad \text{für} \quad i = 0(1)n,$$

womit man

$$d(X^{(k+1)}) \leqq \frac{d(L)}{r!}\, |S|^r \cdot \left(\frac{1}{2}\right)^r \cdot \prod_{i=0}^{n} d(X^{(k-i)})^{m_i} \quad \text{für} \quad k \geqq n \tag{8}$$

bekommt. Setzt man also $\beta := \dfrac{d(L)}{r!}\, |S|^r \cdot \left(\dfrac{1}{2}\right)^r$, so hat man

$$d(X^{(k+1)}) \leqq \beta \cdot \prod_{i=0}^{n} d(X^{(k-i)})^{m_i} \quad \text{für} \quad k \geqq n, \tag{9}$$

welches die behauptete Ungleichung darstellt. Mit dem am Anfang Gesagten ist Behauptung (c) bewiesen.

Mithin ist Satz 1 vollständig bewiesen. ■

Der Vorteil der Verfahren aus Satz 1 gegenüber den Verfahren aus [4] liegt darin, daß man die vorgenommenen Hermite-Interpolationen in jedem Iterationsschritt (außer in (ST)) effektiv benutzen kann, es sei denn, man ist schon fertig. Außerdem kann man prinzipiell auch größere Werte für r wählen als in [4], ohne auf ein erneutes Nullstellenproblem zu kommen, wie es in [4] im Teilschritt (S 2) der Fall ist. Daß man aber auch hier nur relativ kleine Werte von r (z. B. $r = 2, 3, 4$) bei der praktischen Durchführung gebrauchen kann, liegt an der relativ unhandlichen Formel zur Berechnung der Ableitungen von f^{-1}.

Betrachtet man im Beweis von Behauptung (c) in Satz 1 die Aussage (8) etwas genauer, so kann man vermuten, daß sich eine Steigerung der Konvergenzordnung erreichen läßt, wenn man statt des Intervalls L immer neuere Intervalle $L^{(k)}$ benutzt. Diese Vermutung wird sich bestätigen, wenn die intervallmäßigen Auswertungen $(f^{-1})^{(r)}\big(I(0, f(x_k), \ldots, f(x_{k-n}))\big)$ für $k \geqq n+1$ existieren. Um das modifizierte Verfahren zu beschreiben, definieren wir die neuen Teilschritte (H 2⁺) und (H 3⁺) wie folgt:

(H 2⁺) Für $f(x_k) = 0$ fahre gleich mit (H 3⁺) fort. Ansonsten verfahre wie in (H 2). ▼

(H 3⁺) $L^{(n)} := L$ aus (II),

$$L^{(k)} := (f^{-1})^{(r)}\big(I(0, f(x_k), \ldots, f(x_{k-n}))\big) \cap L \quad \text{für} \quad k \geqq n+1,$$

$$X^{(k+1)} := \begin{cases} \left\{q_k(0) + (-1)^r \cdot \dfrac{L^{(k)}}{r!} \prod\limits_{i=0}^{n} f(x_{k-i})^{m_i}\right\} \cap Z^{(k+1)} & \text{für} \quad f(x_k) \neq 0, \\ Z^{(k+1)} & \text{sonst}, \end{cases}$$

$$x_{k+1} := m(X^{(k+1)}). \ ▼$$

Im Falle der Existenz der Intervalle $L^{(k)}$ $(k \geqq n)$ sind diese aus $I(R)$. Satz 2 spiegelt die Eigenschaften dieses modifizierten Verfahrens wieder.

Satz 2.

Vor.: *Es gelten die gleichen Voraussetzungen wie in Satz 1, und zusätzlich sollen die intervallmäßigen Auswertungen $f(A)$ und $(f^{-1})^{(r)}(B)$ für alle $A \subseteq X$, $B \subseteq Y$ mit $A, B \in I(R)$ existieren.*

Beh.: *Für die mit* (ST) *und für $k \geqq n$ mit* (H 1), (H 2⁺), (H 3⁺) *berechnete Folge $\{X^{(k)}\}_{k=0}^{\infty}$ von Intervallen gilt:*

(a) *$x^* \in X^{(k)}$ für $k = 0, 1, 2, \ldots$*

(b) *$X^{(0)} \supset X^{(1)} \supset \cdots \supset X^{(k)} \supset \cdots$ mit $\lim\limits_{k\to\infty} X^{(k)} = x^*$, oder die Folge kommt nach endlich vielen Schritten mit $[x^*, x^*]$ zum Stillstand.*

(c) *$d(X^{(k+1)}) \leqq \gamma \cdot d(X^{(k-n)}) \cdot \prod\limits_{i=0}^{n} d(X^{(k-i)})^{m_i}$ für $k \geqq n$ mit $\gamma \geqq 0$, $\gamma \in R$ unabhängig von k. Die Konvergenzordnung des Verfahrens ist größer gleich $\underline{t}$, wobei $\underline{t}$ die eindeutig bestimmte positive Lösung der Gleichung $t^{n+1} - \sum\limits_{i=0}^{n-1} m_i \cdot t^{n-i} - (m_n + 1) = 0$ ist.* ■

Beweis von Satz 2.

Ad (a): Analog wie im Beweis von Behauptung (a) in Satz 1 zeigt man auch hier $x^* \in X^{(k)}$ für $k = 0(1)n$ und $x^* \in Z^{(k+1)}$ für $k \geqq n$. Da in (2) bereits

$$\eta_0 = \eta(0) \in I\big(0, f(x_k), \ldots, f(x_{k-n})\big)$$

gilt, bekommt man aus (3) mit (H 3⁺) für $k \geqq n$

$$x^* \in \left\{q_k(0) + (-1)^r \cdot \frac{L^{(k)}}{r!} \prod_{i=0}^{n} f(x_{k-i})^{m_i}\right\}. \tag{10}$$

Sodann hat man für $x_k \neq x^*$ wegen der Durchschnittsbildung $x^* \in X^{(k+1)}$, wenn $x^* \in X^{(k)}$ gilt. Diese Aussage liefert durch Induktion über k die gewünschte Behauptung. Für $x_k = x^*$ sind wir sowieso fertig.

Ad (b): Genauso wie im Beweis von Satz 1 zeigt man auch hier die Behauptung (b), denn wegen der Durchschnittsbildung gilt auch hier (5), d. h.

$$d(X^{(k+1)}) \leqq \frac{1}{2}\, d(X^{(k)}) \qquad \text{für } k \in N_0$$

mit

$$d(X^{(k+1)}) < \frac{1}{2}\, d(X^{(k)}) \qquad \text{für } x_k \neq x^*.$$

Des weiteren hat man ebenfalls für $k \in N_0$ die Aussagen

$$X^{(k)} \supset X^{(k+1)} \qquad \text{für } x_k \neq x^*$$

und

$$X^{(k+i)} = [x^*, x^*] \qquad \text{für } x_k = x^*,\ i \in N.$$

Mithin gilt $\lim\limits_{k\to\infty} d(X^{(k)}) = 0$, also $\lim\limits_{k\to\infty} X^{(k)} = x^*$ wegen Behauptung (a).

Ad (c): Völlig analog wie im Beweis von Satz 1, Behauptung (c), zeigt man hier für $k \geqq n$

$$d(X^{(k+1)}) \leqq \frac{d(L^{(k)})}{r!}\, |S|^r \cdot \left(\frac{1}{2}\right)^r \cdot \prod_{i=0}^{n} d(X^{(k-i)})^{m_i}. \tag{11}$$

Aus der intervallmäßigen Auswertbarkeit von $(f^{-1})^{(r)}$ folgt mit [2, Satz 5, Seite 40] die Aussage

$$\exists c_1 \geqq 0\ \forall B \subseteqq Y, B \in I(R)\colon d\big((f^{-1})^{(r)}(B)\big) \leqq c_1 \cdot d(B).$$

Setzen wir also $B := I\big(0, f(x_k), \ldots, f(x_{k-n})\big) \in I(R)$, so ist $B \subseteqq Y$ und weiter

$$d(L^{(k)}) \leqq c_1 \cdot d\Big(I\big(0, f(x_k), \ldots, f(x_{k-n})\big)\Big) \qquad \text{für } k \geqq n. \tag{12}$$

Aus Behauptung (a) und (b) bekommt man außerdem $f(x_{k-i}) \in f(X^{(k-n)})$ für $i = 0(1)n$ und $0 \in f(X^{(k-n)})$. Damit ergibt sich $I\big(0, f(x_k), \ldots, f(x_{k-n})\big) \subseteqq f(x^{(k-n)})$. Da auch f intervallmäßig auswertbar ist, folgt mit dem gleichen Argument wie oben:

$$\exists c_2 \geqq 0\ \forall A \subseteqq X, A \in I(R)\colon d\big(f(A)\big) \leqq c_2 \cdot d(A).$$

Setzt man jetzt $A := X^{(k-n)}$, so ist $d\big(f(X^{(k-n)})\big) \leqq c_2 \cdot d(X^{(k-n)})$ für $k \geqq n$, und (12) liefert weiter

$$\begin{aligned} d(L^{(k)}) &\leqq c_1 \cdot d\Big(I\big(0, f(x_k), \ldots, f(x_{k-n})\big)\Big) \leqq c_1 \cdot d\big(f(X^{(k-n)})\big) \\ &\leqq c_1 \cdot c_2 \cdot d(X^{(k-n)}). \end{aligned} \tag{13}$$

Insgesamt hat man schließlich $d(L^{(k)}) \leqq c \cdot d(X^{(k-n)})$ für $k \geqq n$ mit $c := c_1 \cdot c_2 \geqq 0$ unabhängig von k. Mit (11) gilt daher

$$d(X^{(k+1)}) \leqq \frac{c}{r!}\, |S|^r \cdot \left(\frac{1}{2}\right)^r \cdot d(X^{(k-n)}) \prod_{i=0}^{n} d(X^{(k-i)})^{m_i},$$

woraus mit $\gamma := \dfrac{c}{r!}\, |S|^r \cdot \left(\dfrac{1}{2}\right)^r$ die behauptete Ungleichung folgt für $k \geqq n$. Mit den gleichen Argumenten wie im Beweis von Behauptung (c) in Satz 1 folgt auch hier die Aussage über die Konvergenzordnung des Verfahrens.

Mithin ist Satz 2 vollständig bewiesen. ∎

Satz 1 und Satz 2 zeigen, daß man bei gleicher Wahl der Parameter n und $m_0, \ldots, m_n$ wie in [4] genau die gleichen Konvergenzordnungen bekommt, wie sie in [4] angegeben wurden. Daß die Konvergenzordnung in Satz 2 größer ist als in Satz 1, ist unmittelbar einsichtig.

Die Ergebnisse von Satz 2 dürften aber nur von theoretischem Interesse sein. Trotz der Steigerung der Konvergenzordnung ist die Effizienz dieser Verfahren klein, denn man muß in jedem Iterationsschritt die Funktion $(f^{-1})^{(r)}$ intervallmäßig auswerten, welches für $r \geqq 3$ im allgemeinen schon zu aufwendig ist. Dieser Sachverhalt wurde auch in [4] für die dort ähnlich modifizierten Verfahren bemerkt.

Betrachtet man nun den Fall $n \in N$ und $m_0 = m_1 = \cdots = m_n = 1$, nimmt man also nur eine gewöhnliche Polynominterpolation der Funktion f^{-1} vor, so kann man nach der bekannten Tabelle 1 damit Verfahren mit einer Konvergenzordnung zwischen 1 und 2 erzeugen, wenn man $\underline{t}$ aus Satz 1 nimmt. Diese Verfahren benötigen in jedem Iterationsschritt nur einen neuen Funktionswert von f.

Tabelle 1. $m_0 = \cdots = m_n = 1$ und $\underline{t}$ aus Satz 1

n	1	2	3	4	5	6
$\underline{t}$	1.618	1.839	1.928	1.966	1.983	1.991

Des weiteren könnte der Fall $n = 1$ und $m_0 = m_1 = 2$ interessant sein, denn für dieses Verfahren braucht man in jedem Iterationsschritt einen Funktionswert von f und f', hat jedoch eine Konvergenzordnung von mindestens 2.732 vorzuliegen. Die zugehörige Zahl r hat dabei den Wert 4, welches in [4] zur Bestimmung einer Nullstelle eines Polynoms 3. Grades führen würde.

Zur Berechnung des Funktionswertes $q_k(0)$ läßt sich sagen, daß im Falle von $m_i \in \{0, 1\}$ für $i = 0(1)\, n$, $n \in N$, der Wert $q_k(0)$ mit dem Aitken- oder Neville-Algorithmus berechnet werden kann (siehe etwa [6, Abschnitt 2.1.2, Seite 33—37]). Eine Möglichkeit, den Wert $q_k(0)$ bei der allgemeinen Hermite-Interpolation zu berechnen, wird in [9, Kapitel 1, § 3, Seite 34—39] angegeben. Dort werden die Koeffizienten a_j $\big(j = 0(1)\, r - 1\big)$ des Hermite-Interpolationspolynoms der Form

$$q_k(y) = \sum_{j=0}^{r-1} a_j y^j \in P_{r-1}$$

rekursiv berechnet. Dabei gilt dann $q_k(0) = a_0$, wobei man aber beachten muß, daß nicht f, sondern f^{-1} mit seinen Ableitungen interpoliert wird. Dazu braucht man im allgemeinen auch Funktionswerte der Ableitungen von f^{-1}, deren Berechnung auf folgende Weise geschehen kann. Eventuell kann das folgende Lemma auch zur Berechnung der Intervalle L bzw. $L^{(k)}$ benutzt werden. Folgt man den Ausführungen in [5, Kapitel 2, Seite 20—22], so gilt das folgende Lemma, welches [5] entnommen ist.

Lemma ([5, Kapitel 2, Seite 20—22]).

Vor.: *Die reelle Funktion* $f\colon X \to R$, $x \in I(R)$, *sei über* X *hinreichend oft stetig differenzierbar, und es gelte* $f'(x) \neq 0$ *für alle* $x \in X$. *Im weiteren sei* $y = f(x)$ *mit* $x \in X$ *und* $y \in Y := \{y \mid y = f(x), x \in X\}$ *sowie* $\frac{d}{dx}(g)$ *die Ableitung von* g *nach* x.

Beh.: *Mit* $p_1 \equiv 1$ *auf* X *gilt für die Ableitungen* $(f^{-1})^{(r)}$ *von* f^{-1} $(r \in N)$ *folgende Rekursionsformel:*

$$(f^{-1})^{(r)}(y) = (f^{-1})^{(r)}\big(f(x)\big) = \frac{P_r(x; f', f'', \ldots, f^{(r)})}{[f'(x)]^{2r-1}} \quad \text{für} \quad r \geqq 1, \tag{*}$$

wobei für $r \geqq 2$ *weiter gilt:*

$$P_r \equiv \frac{d}{dx}(p_{r-1}) \cdot f' - \big(2(r-1) - 1\big) \cdot p_{r-1} \cdot f''. \tag{**}$$

Hierbei ist p_r *ein Polynom in* $f', \ldots, f^{(r-1)}$ *und* $f^{(r)}$. ∎

Den Beweis des Lemmas entnehme man [5, Seite 20—22] oder [3, Seite 78—81].

Mit (*) und (**) kann man nun für ein vorgegebenes $r \in N$ die Ableitung $(f^{-1})^{(r)}$ in Abhängigkeit von $f', \ldots, f^{(r)}$ berechnen. Für größere Werte von r dürfte deshalb eine Berechnung von $(f^{-1})^{(r)}$ in jedem Iterationsschritt im allgemeinen zu aufwendig sein.

Unter den Voraussetzungen des Lemmas erhält man für $r = 1, 2, 3, 4$

$p_1 \equiv 1,$ $\qquad (f^{-1})'(y) = 1/f'(x),$

$p_2 \equiv -f'',$ $\qquad (f^{-1})''(y) = -f''(x)/[f'(x)]^3,$

$p_3 \equiv -f' \cdot f''' + 3[f'']^2,$ $\qquad (f^{-1})'''(y) = (-f'f'' + 3[f'']^2)/[f'(x)]^5.$

$p_4 \equiv -[f']^2 \cdot f^{(4)} + 10f'f'' \cdot f'''15[f'']^3,$ $\qquad (f^{-1})^{(4)}(y) = p_4(x; f', f'', f''', f^{(4)})/[f'(x)]^7.$

3. Beispiele

Zum Abschluß wollen wir noch einige numerische Ergebnisse aufzeigen. Dazu betrachten wir das Verfahren aus Satz 1 mit den Parametern $n = 1$ und $m_0 = m_1 = 1$, welches mindestens die Konvergenzordnung 1.618 besitzt. Hier sei es mit (IHI) bezeichnet. Des weiteren sei

(IN): intervallmäßiges Newton-Verfahren,

(VIN): vereinfachtes intervallmäßiges Newton-Verfahren,

(IS): Verfahren (IS) aus [4] mit $n = 1$ und $m_0 = m_1 = 1$.

Die Rechnungen wurden mit einer Maschinenintervallarithmetik auf der CDC 6500 der TU Berlin durchgeführt. Bei der normalen Gleitpunktrechnung stehen pro Wort (= 60 Bits) für die Mantisse 48 Bits und für den Exponenten 11 Bits zur Verfügung. Die Basis der Darstellung ist 2, womit sich etwa 13 bis 14 gültige Stellen ergeben.

Wir setzen nun voraus, daß die intervallmäßigen Auswertungen von f, f' und f'' über den entsprechenden Intervallen existieren. Die Schrankenbedingungen (I) und (II) werden dann durch die Intervalle

$$S := f'(X) \quad \text{für} \quad 0 \notin f'(X)$$

und

$$L := -f'(X)/(S^3)$$

erfüllt. Außerdem definieren wir für $X \in I(R)$ und $r(x)$ als stetige einstellige Operation in R gemäß [1, Abschnitt 1]

$$r(X) := \left[\min_{x \in X} r(x), \max_{x \in X} r(x)\right].$$

Zu den einstelligen Operationen in R zählen z. B.

$$x^n \ (n \in N),\ e^x,\ \ln x,\ \sin x,\ \cos x.$$

Als Abbruchkriterium wählen wir die Bedingung $X^{(k+1)} = X^{(k)}$.

Wir betrachten nun mehrere Funktionenklassen, welche zum Teil auch in [4] angegeben werden. Die dazugehörigen Tabellen 2 bis 4 enthalten jeweils die Anzahl der benötigten Iterationen bis zum Abbruch der Verfahren.

Tabelle 2

n	2	4	6	8	10	12	14	16	18	20
(IN)	6	8	7	8	8	9	8	9	9	9
(VIN)	26	33	31	34	33	34	34	34	34	34
(IS)	9	13	19	24	13	34	39	42	14	14
(IHI)	10	10	12	11	13	13	12	12	13	13

Tabelle 3

n	2	4	6	8	10	12	14	16	18	20
(IN)	7	5	6	7	8	7	8	9	9	10
(VIN)	37	22	16	31	39	23	31	45	38	36
(IS)	10	12	20	25	30	33	34	38	43	47
(IHI)	10	9	10	13	18	14	17	24	25	26

Tabelle 4

n	2	6	10	14	18	22	26	30	34	38
(IN)	5	9	10	8	10	11	10	10	12	12
(VIN)	11	50	51	50	52	51	50	50	50	49
(IHI)	11	14	16	12	16	17	35	15	17	18

1. $f(x) = 2xe^{-n} + 1 - 2e^{-nx}$ mit $n = 2(2)20$ und dem Startintervall $X = [0, 1]$ (vgl. Tab. 2).
2. $f(x) = (x - 1) \cdot e^{-nx} + x^n$ mit $n = 2(2)20$ und dem Startintervall $X = [0, 1]$ (vgl. Tab. 3).
3. $f(x) = (nx - 1)/\big((n - 1)\,x\big)$ mit $n = 2(4)38$ und dem Startintervall $X = [0.01, 1]$ (vgl. Tab. 4).

Tabelle 5

K	(IN)	(IHI)
0	.99 E+00	.99 E+00
1	.49 E+00	.49 E+00
2	.25 E+00	.25 E+00
3	.12 E+00	.12 E+00
4	.33 E−01	.18 E−01
5	.87 E−02	.69 E−03
6	.12 E−03	.87 E−04
7	.30 E−08	.28 E−05
8	.89 E−15	.12 E−05
9	.89 E−15	.81 E−09
10	—	.12 E−10
11	—	.56 E−11
12	—	.18 E−14
13	—	.89 E−15
14	—	.89 E−15

Es folgen nun noch zwei Beispiele für den Verlauf der Iterationen von (IN) und (IHI) mit $f(x) = (16x - 1)/(15x)$. Dabei werden aber nur die Durchmesser der Einschließungsintervalle angegeben, die auf zwei Stellen gerundet sind (vgl. Tab. 5). Ferner ist

$$m(X^{(9)}) = .625000000000000\ \mathrm{E}{-01} \qquad \text{bei (IN)},$$

$$m(X^{(14)}) = .625000000000000\ \mathrm{E}{-01} \qquad \text{bei (IHI)}.$$

Literatur

[1] Alefeld, G., und J. Herzberger, Einführung in die Intervallrechnung, Bibliographisches Institut, Mannheim—Wien—Zürich, Reihe Informatik 12, 1974.

[2] Blatter, C., Analysis I, HT Bd. 151, Springer-Verlag, Berlin—Heidelberg—New York, 1974.

[3] Cornelius, H., Intervallrechnung und Nullstellenbestimmung, Diplomarbeit am Fachbereich Mathematik der TU Berlin 1979 (nicht erhältlich).

[4] Herzberger, J., Global konvergente Interpolationsmethoden zur Nullstelleneinschließung, Beiträge Numer. Math. 7 (1979), 65—74.

[5] Ostrowski, A. M., Solution of Equations in Euclidian and Banach Spaces, Academic Press, New York—London 1973.

[6] STOER, J., Einführung in die numerische Mathematik I, HT Bd. 105, Springer-Verlag, Berlin—Heidelberg—New York 1972.
[7] STUMMEL, F., und K. HAINER, Praktische Mathematik, B. G. Teubner, Stuttgart 1971.
[8] TRAUB, J. F., Iterative Methods for the Solution of Equations, Prentice Hall, Englewood Cliffs 1964.
[9] WERNER, H., und R. SCHABACK, Praktische Mathematik II, Springer-Verlag, Berlin—Heidelberg—New York 1972.

Manuskripteingang: 11. 7. 1979

VERFASSER:

Dipl.-Math. HERBERT CORNELIUS, Fachbereich Mathematik der Technischen Universität Berlin (West)

Beiträge zur Numerischen Mathematik
10 (1981), 37–45

Optimale Konvergenzaussagen für ein Differenzenverfahren zur Lösung einer Klasse von Variationsungleichungen

STEFFEN DOMSCHKE und WILFRIED WEINELT

Der Beitrag beurteilt eine Differenzenapproximation einer Variationsungleichung mit einseitiger Nebenbedingung. Es erweist sich, daß sowohl die in [1] gegebene $O(h^2)$-Abschätzung für den eindimensionalen Fall in der C-Norm als auch die $O(h^{3/2})$-Abschätzung für den mehrdimensionalen Fall in der W_2^1-Norm ([2, 3]) optimal sind.

1. Einleitung

Zur Begründung von Näherungsverfahren ist es wichtig, Aussagen über die Konvergenzgeschwindigkeit zu geben. Da theoretisch erhaltene Abschätzungen mitunter recht grob sein können, erscheint es günstig, deren Schärfe durch numerische Resultate praktisch zu bestätigen oder, wenn möglich, deren Optimalität nachzuweisen. Dieses Ziel verfolgt die vorliegende Arbeit im Zusammenhang mit der weiter unten genannten Differenzenapproximation für folgende Aufgabenstellung.

Gesucht ist eine Funktion

$$u = u(x), \quad x \in \Omega \subset R_n, \tag{1}$$

die die Randbedingungen 1. Art

$$u(x) = \mu(x), \quad x \in \Gamma = \partial\Omega, \quad \mu \geqq 0, \tag{2}$$

die Nebenbedingung

$$u(x) \geqq 0, \quad x \in \Omega \tag{3}$$

und die Differentialungleichung

$$\begin{aligned} &Lu - f(x) \geqq 0, \quad Lu = -\operatorname{div}\big(k(x) \operatorname{grad} u(x)\big) + q(x)\, u(x), \\ &k(x) \geqq k_0 > 0, \quad q(x) \geqq 0, \quad f(x) \leqq 0, \quad x \in \Omega, \end{aligned} \tag{4}$$

in dem Sinne erfüllt, daß die Ungleichung (4) in eine Gleichung überall dort übergeht, wo $u(x) > 0$ ist:

$$u(x)\,\big(Lu - f(x)\big) = 0, \quad x \in \Omega. \tag{5}$$

Die Aufgabe (1)—(5) besitzt die verallgemeinerte Formulierung in Gestalt einer Variationsungleichung (vgl. [4, 5])

$$\left.\begin{aligned} &u \in K = \{u \mid u \in W_2^1(\Omega),\, u\,|_\Gamma = \mu,\, u(x) \geqq 0 \quad (x \in \Omega)\},\\ &a(u, v - u) \geqq (f, v - u)\ \forall v \in K,\ \text{wobei } (\cdot,\cdot) = (\cdot,\cdot)_{L_2(\Omega)},\\ &a(v, w) = \int\limits_\Omega \left(k(x) \sum_{j=1}^n \frac{\partial v}{\partial x_j}\frac{\partial w}{\partial x_j} + q(x)\, v(x)\, w(x)\right) dx. \end{aligned}\right\} \tag{6}$$

Unter der Voraussetzung, daß die eindeutige Lösung von (6) — zur Existenz und Unität vgl. etwa [4] — hinreichend regulär in den Teilgebieten $\Omega^\pm$ ist ($\Omega^- = \{x \mid x \in \Omega,\ u(x) = 0\}$, $\Omega^+ = \Omega \setminus \Omega^-$), wurden in [1, 2, 3] Abschätzungen der Konvergenzordnung einer Differenzenapproximation angegeben.

Im Falle, daß Ω ein Parallelepiped darstellt, lautet das die Aufgabe (1)—(5) auf einem gleichmäßigen Gitter $\overline{\omega}$ approximierende Differenzenschema wie folgt ([2, 3]; zur Bezeichnungsweise vgl. etwa [6]):

$$y = y(x), \quad x \in \overline{\omega}, \tag{7}$$

$$y(x) = \mu(x), \quad x \in \gamma = \overline{\omega} \cap \Gamma, \tag{8}$$

$$y(x) \geqq 0, \quad x \in \omega = \overline{\omega} \cap \Omega, \tag{9}$$

$$\left.\begin{aligned} &\Lambda y - f(x) \geqq 0, \quad \Lambda y = -\sum_{j=1}^n \left(k_j(x)\, y_{\bar{x}_j}\right)_{x_j} + q(x)\, y,\\ &k_j(x) = k(x^{-0.5j}), \quad x \in \omega, \end{aligned}\right\} \tag{10}$$

$$y(x)\left(\Lambda y - f(x)\right) = 0, \quad x \in \omega. \tag{11}$$

Die Untersuchungen in [1] beziehen sich auf den Fall $n = 1$, wobei anstelle (2) Randbedingungen 3. Art zugelassen sind. Dabei wurde in der diskreten C-Norm eine Abschätzung der Konvergenzgeschwindigkeit mit $O(h^2)$ erhalten, deren Schärfe sich durch numerische Tests praktisch bestätigte.

Desgleichen zeigte sich, daß die in [2, 3] für den mehrdimensionalen Fall nachgewiesene Konvergenzgeschwindigkeit $O(h^{3/2})$ in der diskreten W_2^1-Norm optimal ist.

Im Abschnitt 2 bringen wir die Konvergenzaussagen sowohl in der C- als auch in der W_2^1-Norm für den Fall $n = 1$ und für Randbedingungen 1. Art.

Abschnitt 3 enthält dann zur praktischen Bestätigung der Konvergenzaussagen numerische Ergebnisse für einige solcher eindimensionalen Beispiele, für die die exakte Lösung bekannt ist und sich der Fehler der Näherungslösungen somit (in den erwähnten Normen und in relativ weiten Bereichen des Diskretisierungsparameters h) direkt beobachten läßt. Hierzu ist noch zu erwähnen, daß wir die diskreten Aufgaben (7)—(11) mittels einer Kombination von Straf- und Iterationsverfahren (vgl. [7, 8, 9]) jeweils so genau näherungsweise lösen, daß die auftretenden zusätzlichen Fehler klein gegen den Diskretisierungsfehler bleiben. Überdies wird gezeigt (Satz 3), daß die Abschätzungen optimal sind.

2. Zwei Konvergenzaussagen

Wir betrachten ab jetzt die Aufgabe (1)—(5) mit $n = 1$, $\Omega = (a, b)$ $(a < b)$ und mit hinreichend glatten Eingangsdaten

$$k \in C^3[a, b], \quad q \in C^2[a, b], \quad f \in C^2[a, b].$$

Aus dem Maximumprinzip folgt (vgl. auch [1, 7]), daß die Koinzidenzmenge

$$\Omega^- = \{x \mid x \in \Omega, u(x) = 0\} \tag{12}$$

entweder ein Intervall $[\xi_1, \xi_2] \subset \bar{\Omega}$ $(\xi_1 \leqq \xi_2)$ oder leer ist. Für die Lösungsfunktion u der Aufgabe (1)—(5) hat man sodann

$$u \in C^1[a, b] \cap C^4(\Omega^-) \cap C^4\left(\overline{\Omega^+}\right), \quad \Omega^+ = \Omega \setminus \Omega^-.^{1)} \tag{13}$$

Ferner bemerken wir, daß (7)—(11) eindeutig lösbar ist (siehe z. B. [7]).

Satz 1. *Die Ordnung der Konvergenzgeschwindigkeit bezüglich der diskreten $W_2{}^1$-Norm des Fehlers $z(x) = y(x) - u(x)$ $(x \in \bar{\omega})$ beträgt mindestens 3/2, d. h. $\|z\|_1 = O(h^{3/2})$.*

Beweis. Zunächst stellen wir fest, welchem im Vergleich zu (7)—(11) benachbarten Ungleichungssystem die Werte der exakten Lösung $u(x)$ $(x \in \bar{\omega})$ genügen.

Integration von (4) in der Form $Lu - f - g = 0$, $g \geqq 0$, über das Intervall $H(x) = (x - h/2, x + h/2)$, $x \in \omega$, ergibt nach Division mit h:

$$W_x(x) + \frac{1}{h}\int\limits_{H(x)} \left(q(\bar{x})\, u(\bar{x}) - f(\bar{x}) - g(\bar{x})\right) d\bar{x} = 0, \quad x \in \omega,$$

$$W(x) = -k_1(x)\, u'(x^{-0.5}), \quad k_1(x) = k(x^{-0.5}). \tag{14}$$

Hier kann man abschätzen:

$$\frac{1}{h}\int\limits_{H(x)} \left(q(\bar{x})\, u(\bar{x}) - f(\bar{x})\right) d\bar{x} = q(x)\, u(x) - f(x) - \psi^*(x), \quad \psi^*(x) = O(h^2), \tag{15}$$

$$W(x) = -k_1(x)\, u_{\bar{x}}(x) - \bar{\eta}(x), \quad \bar{\eta}(x) = \begin{cases} O(h), & x \in \bar{\gamma}_0, \\ O(h^2), & x \in \omega \setminus \bar{\gamma}_0, \end{cases} \tag{16}$$

wobei $\bar{\gamma}_0$ die Menge der (höchstens zwei) Gitterpunkte x bedeutet, für die in $(x - h, x)$ ein Randpunkt des Koinzidenzintervalls Ω^- liegt.

Aus (14)—(16) folgt nunmehr

$$\Lambda u(x) - \left(f(x) + \bar{\psi}(x)\right) = \frac{1}{h}\int\limits_{H(x)} g(\bar{x})\, d\bar{x} \geqq 0,$$

$$\bar{\psi}(x) = \bar{\eta}_x(x) + \psi^*(x), \quad x \in \omega. \tag{17}$$

Überdies gilt

$$u(x)\left(\Lambda u(x) - f(x) - \bar{\psi}(x)\right) = 0, \quad x \in \omega \setminus \gamma_0, \tag{18}$$

---

1) Im folgenden Satz 1 benötigen wir innerhalb der Teilgebiete $\Omega^\pm$ nur die Zugehörigkeit zu C^3.

wo $\gamma_0 \subset \Omega^+$ die Menge derjenigen Gitterpunkte x bedeutet, für die $H(x) \cap \Omega^- \neq \emptyset$ und

$$G(x) = \frac{1}{h} \int\limits_{H(x)} g(\bar{x})\, d\bar{x} > 0.$$ [1]

Es sei nun $\xi \in \gamma_0$. Bei genügend kleinem h gibt es dann einen benachbarten Gitterpunkt $x^- \in \Omega^-(x^- \in S'(\xi),\ S'(\xi) = S(\xi) \setminus \{\xi\},\ S(\xi)$ — Differenzenstern in ξ). Wir bilden dann die Gitterfunktion

$$\tilde{\eta}(x, \xi) = hG(\xi)\, e\delta_{x\bar{\xi}}, \quad e = \pm 1 \quad \text{für} \quad x^- \gtrless \xi, \quad \bar{\xi} = \xi + \frac{1+e}{2}\, h$$

mit δ als dem Kroneckersymbol. Die Gitterfunktion

$$\tilde{\eta}(x) = \sum_{\xi \in \gamma_0} \tilde{\eta}(x, \xi) \tag{19}$$

hat dann die Eigenschaften, daß

$$\tilde{\eta}_x(x) = \begin{cases} G(\xi), & x = \xi \in \gamma_0, \\ -G(\xi), & x = \xi + eh, \\ 0 & \text{sonst} \end{cases} \tag{20}$$

und

$$\tilde{\eta}(x) = \begin{cases} O(h), & x \in S(\gamma_0), \\ 0 & \text{sonst}. \end{cases} \tag{21}$$

Folglich genügt $u(x)$ $(x \in \bar{\omega})$ dem Differenzenschema

$$\begin{gathered} \Lambda u(x) - \big(f(x) + \psi(x)\big) \geqq 0, \quad \psi(x) = \eta_x(x) + \psi^*(x), \quad \eta(x) = \bar{\eta}(x) + \tilde{\eta}(x), \\ u(x)\big(\Lambda u(x) - \big(f(x) + \psi(x)\big)\big) = 0, \quad u(x) \geqq 0 \quad (x \in \omega); \\ u(x) = \mu(x) \quad (x \in \gamma). \end{gathered} \tag{22}$$

Aufgrund der Stabilität des Differenzenschemas (vgl. [7, 2, 3]) gilt die Abschätzung

$$\|y - u\|_1 \leqq C\, \|\psi\|_{-1} \leqq C \left(\Big(\sum_{x \in \omega \cup \gamma^+} h\eta^2(x) \Big)^{1/2} + \Big(\sum_{x \in \omega} h\psi^{*2}(x) \Big)^{1/2} \right)$$

mit C als von h unabhängiger Konstante, γ^+ als dem rechten Gitterrandpunkt von $\bar{\omega}$ und

$$\|w\|_1^2 = \sum_{x \in \omega \cup \gamma^+} h w_{\bar{x}}^2(x) + \sum_{x \in \omega} h w^2(x).$$

Mit (15), (16), (21) und (22) folgt die Behauptung des Satzes.

Satz 2. *Die Ordnung der Konvergenzgeschwindigkeit des Verfahrens* (7)—(11) *beträgt bezüglich der diskreten C-Norm des Fehlers* $z(x) = y(x) - u(x)$ $(x \in \bar{\omega})$ *mindestens* 2:

$$\|z\|_C = O(h^2).$$

---

[1] γ_0 ist damit auch leer, wenn Ω^- nur aus einem Punkt besteht. Im allgemeinen gilt für $x \in \gamma_0$, daß $u(x) > 0$ und $0 < G(x) = O(1)$ ist, so daß (18) für diese x nicht gelten kann.

Beweis. Es sei $u(a) = \mu_1 > 0$ und $u(b) = \mu_2 > 0$.[1]) Es werden zwei Fälle unterschieden:

1. Für die Lösung $u(x)$ von (1)—(5) gelte $Lu = f(x)$, $x \in (a, b)$.
2. Die Lösung $u(x)$ erfüllt nicht überall in Ω die Gleichung $Lu = f(x)$, d. h., $\Omega = (a, b)$ zerfällt hier in drei echte Teilintervalle $(a, \xi_1) \cup (\xi_2, b) = \Omega^+$, $[\xi_1, \xi_2] = \Omega^-$, $\xi_1 < \xi_2$.[2])

Zu Fall 1. Für die Lösung $\tilde{y}$ von $\Lambda\tilde{y} = f(x)$, $x \in \omega$, $\tilde{y}(a) = \mu_1$, $\tilde{y}(b) = \mu_2$ gilt $\|\tilde{y} - u\|_C = O(h^2)$ (vgl. [6]). Falls $\tilde{y} \geqq 0$, so ist $\tilde{y}$ Lösung von (7)—(11). Falls $\tilde{y}(x)$ auch negative Werte annimmt, so kann man mit Hilfe des Maximumprinzips (vgl. [1]) zeigen, daß $\|\tilde{y} - y\|_C = O(h^2)$ gilt, womit sich auch $\|y - u\|_C = O(h^2)$ ergibt.

Zu Fall 2. Es bezeichne $\omega^- = \{x \mid x \in \omega, y(x) = 0\}$ die diskrete Koinzidenzmenge. Entweder ist nun $\omega^- = \emptyset$, oder (wegen $f(x) \leqq 0$ und des Maximumprinzips) $\omega^- \subset \omega$ ist eine zusammenhängende Gitterpunktmenge.

Fall 2.1. Sei $\omega^- = \emptyset$. Dann verletzt die Lösung $\tilde{u}$ der Aufgabe $L\tilde{u} = f$, $\tilde{u}(a) = \mu_1$, $\tilde{u}(b) = \mu_2$ die Nebenbedingung $u \geqq 0$ um höchstens $O(h^2)$, denn $y \geqq 0$ ist Differenzennäherungslösung für $\tilde{u}$ mit einem Fehler $O(h^2)$. Es gilt also $\tilde{u}(x) \geqq -c_1h^2$ für ein gewisses $c_1 > 0$, speziell für alle $x \in \Omega^- = [\xi_1, \xi_2]$. Mit Hilfe des Maximumprinzips ergibt sich sodann $u(x) - \tilde{u}(x) = O(h^2)$, $x \in (a, b)$, so daß $\|y - u\|_C = O(h^2)$ ist.

Fall 2.2. Für $\omega^- \neq \emptyset$ betrachten wir die zwei „positiven Äste" y^1 und y^2 der Lösung y:

$$\Lambda y^1 = f(x) \quad \left(x \in \omega_1^+ = \left\{x \in \omega,\, x < \eta_1 = \min_{x' \in \omega^-} x'\right\}\right), \quad y^1(a) = \mu_1,\, y^1(\eta_1) = 0;$$

$$\Lambda y^2 = f(x) \quad \left(x \in \omega_2^+ = \left\{x \in \omega,\, x > \eta_2 = \max_{x' \in \omega^-} x'\right\}\right), \quad y^2(\eta_2) = 0,\, y^2(b) = \mu_2.$$

Wir zeigen, daß $y^1(x) - u(x) = O(h^2)$ für $x \in \overline{\omega} \cap [a, \varphi_1]$ gilt, wobei

$$\varphi_1 = \min\{\xi_1^*, \eta_1\}, \quad \xi_1^* = \max_{x \in \omega, x < \xi_1 + h} x$$

ist. Analog erhält man $y^2(x) - u(x) = O(h^2)$ für $x \in \overline{\omega} \cap [\varphi_2, b]$, wobei $\varphi_2 = \max\{\xi_2^*, \eta_2\}$, $\xi_2^* = \min\limits_{x \in \omega,\, x > \xi_2 - h} x$ ist, und schließlich liefert das Maximumprinzip $y(x) - u(x) = O(h^2)$ auch für die restlichen Gitterpunkte von $\overline{\omega}$.

Fall 2.2.1. Es sei $\eta_1 \geqq \xi_1$. Hier betrachten wir die zwei Hilfsfunktionen $\tilde{u}$ und $\tilde{\tilde{u}}$ als Lösungen von

$$\begin{aligned} L\tilde{u} &= f(x) \quad \big(x \in (a, \eta_1)\big), & \tilde{u}(a) &= \mu_1, & \tilde{u}(\eta_1) &= 0; \\ L\tilde{\tilde{u}} &= f(x) \quad \big(x \in (a, \xi_1^*)\big), & \tilde{\tilde{u}}(a) &= \mu_1, & \tilde{\tilde{u}}(\xi_1^*) &= 0. \end{aligned} \tag{23}$$

Wir bemerken, daß $\xi_1^* \geqq \xi_1$, und für genügend kleine h gilt $\xi_1^* \in \Omega^-$. Es ist

$$\max_{x \in \overline{\omega} \cap [a, \eta_1]} |\tilde{u}(x) - y^1(x)| = O(h^2),$$

---

[1]) Für $u(a) = u(b) = 0$ wird mit $u = 0$ und $y = 0$ die Behauptung des Satzes trivial erfüllt, während für $u(a)\,u(b) = 0$, $u^2(a) + u^2(b) > 0$ die folgende Fallunterscheidung so vereinfacht wird, daß im zweiten Fall nur ein „positiver Lösungsast" auftritt.

[2]) Für $\xi_1 = \xi_2$ ist wegen $u \in C^1[a, b]$ der Fall 1 realisiert.

$$\max_{x\in[a,\xi_1^*]} |\tilde{\tilde{u}}(x) - \tilde{u}(x)| = O(h^2),$$

$$\max_{x\in[a,\xi_1^*]} |\tilde{\tilde{u}}(x) - u(x)| = O(h^2).$$

Die erste dieser Beziehungen beschreibt die Konvergenz der Differenzennäherungslösung y^1 gegen die exakte Lösung $\tilde{u}$ der Randwertaufgabe (23). Zum Nachweis der zweiten kann man zunächst feststellen, daß die Beziehungen

$$\tilde{u}(\xi_1^*) - \tilde{\tilde{u}}(\xi_1^*) = \tilde{u}(\xi_1^*) \leqq 0, \qquad y^1(\xi_1^*) - \tilde{u}(\xi_1^*) = O(h^2)$$

gelten und somit $\tilde{u}(\xi_1^*) = O(h^2)$ ausfällt. Das Maximumprinzip ergibt dann die Behauptung sowie auch $\tilde{\tilde{u}} \geqq \tilde{u}$ in $[a, \xi_1^*]$. Die dritte Aussage erhält man über

$$\tilde{\tilde{u}}(\xi_1) - u(\xi_1) = \tilde{\tilde{u}}(\xi_1) \leqq 0, \qquad \tilde{\tilde{u}}(\xi_1) \geqq \tilde{u}(\xi_1),$$
$$y^1(\xi_1^* - h) - \tilde{u}(\xi_1^* - h) = O(h^2),$$
$$\tilde{u}(\xi_1^* - h) \geqq -c_2h^2, \qquad \tilde{u}(\xi_1) = O(h^2) \quad \text{und} \quad \tilde{\tilde{u}}(\xi_1) = O(h^2)$$

sowie mittels des Maximumprinzips nebst $\tilde{\tilde{u}}(\xi_1^*) = u(\xi_1^*) = 0$. Insgesamt ist damit für diesen Fall

$$y^1(x) - u(x) = O(h^2), \qquad x \in \overline{\omega} \cap [a, \varphi_1], \qquad \varphi_1 = \xi_1^*,$$

und es verbleibt letztlich zu untersuchen der

Fall 2.2.2. $\eta_1 < \xi_1$. Hier seien $\bar{y}$ und $\bar{u}$ zwei Hilfsfunktionen als Lösungen von

$$\Lambda\bar{y} = f(x) \left(x \in \omega \cap (a, \xi_1^{**}),\ \xi_1^{**} = \max_{x\in\omega, x<\xi_1} x\right), \qquad \bar{y}(a) = \mu_1, \quad \bar{y}(\xi_1^{**}) = 0;$$

$$L\bar{u} = f(x) \left(x \in (a, \xi_1^{**})\right), \qquad \bar{u}(a) = \mu_1, \quad \bar{u}(\xi_1^{**}) = 0.$$

Es gelten die Beziehungen

$$\max_{x\in\overline{\omega}\cap[a,\xi_1^{**}]} |\bar{u}(x) - \bar{y}(x)| = O(h^2),$$

$$\max_{x\in[a,\xi_1^{**}]} |\bar{u}(x) - u(x)| = O(h^2),$$

$$\max_{x\in\overline{\omega}\cap[a,\eta_1]} |\bar{y}(x) - y^1(x)| = O(h^2).$$

Die erste Beziehung drückt aus, daß $\bar{y}$ Näherungslösung mit einer Abweichung $O(h^2)$ von $\bar{u}$ ist; die zweite folgt aus dem Maximumprinzip unter Berücksichtigung der Tatsache, daß $u(\xi_1^{**}) = O(h^2)$ gilt wegen $u'(\xi_1) = 0$. Die dritte Aussage erhält man, indem man $\bar{y}(\eta_1) - y^1(\eta_1) = O(h^2)$ nachweist und das Maximumprinzip anwendet. Es ist

$$\bar{y}(\eta_1) - y^1(\eta_1) = \bar{y}(\eta_1) \leqq 0,$$
$$u(\eta_1) - \bar{y}(\eta_1) = (u - \bar{u})(\eta_1) + (\bar{u} - \bar{y})(\eta_1) = O(h^2),$$

woraus wegen $u(\eta_1) \geqq 0$ das Gewünschte folgt. Somit gilt auch in diesem Fall

$$y^1(x) - u(x) = O(h^2), \qquad x \in \overline{\omega} \cap [a, \varphi_1], \quad \varphi_1 = \eta_1.$$

Der Satz ist damit bewiesen.

3. Die Optimalität der Konvergenzaussagen. Numerische Testergebnisse

Die folgenden zwei Beispiele geben eine praktische Bestätigung der Schärfe der oben nachgewiesenen Konvergenzgeschwindigkeit bzw. beweisen deren Optimalität. Wir betonen, daß dies offenbar auch bezüglich der Aussagen [2, 3] für den mehrdimensionalen Fall zutrifft, denn die Lösungen der eindimensionalen Beispiele können als Lösungen entsprechend spezieller mehrdimensionaler Probleme aufgefaßt werden.

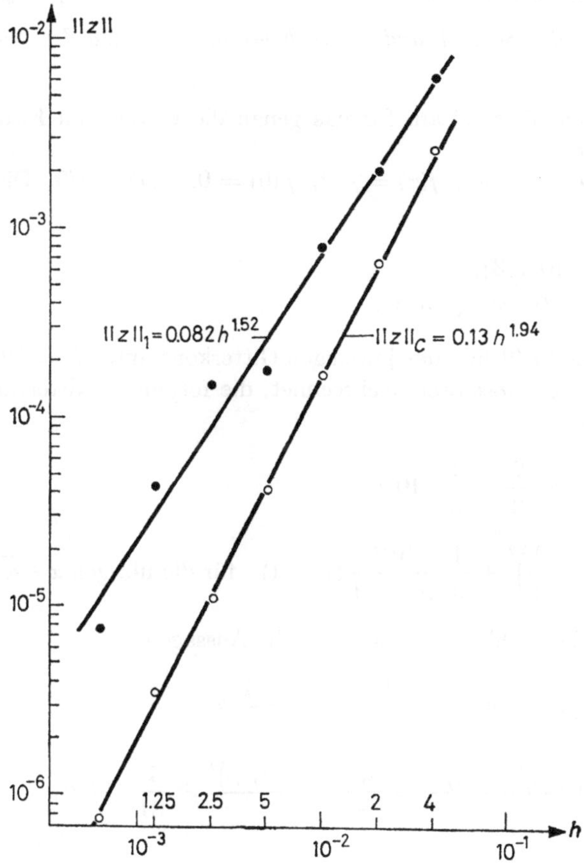

Abb. 1

Im ersten Beispiel sind die Fehler $z(x) = y(x) - u(x)$ der Differenzennäherungslösung $y(x)$ in Abhängigkeit vom Gitterparameter $h = 0.04 \cdot 2^{-m}$ ($m = 0, 1, 2, 3, 4, 5, 6$) bezüglich der Normen $\|z\|_C$ und $\|z\|_1$ beobachtet worden (Abb. 1).

In der Aufgabe waren im einzelnen $\Omega = (0, 1)$, $Lu = -u''$, $f(x) = -e^x$ und die exakte Lösung

$$u(x) = \begin{cases} e^x - 1.157636243x - 0.988181212, & x \in [0, \xi_1], \\ 0, & x \in [\xi_1 = 0.146380204, \ \xi_2 = 0.28047755], \\ e^x - 1.323761824x - 0.95247635, & x \in [\xi_2, 1]. \end{cases}$$

Aus dem Ansatz für den Fehler

$$\|z\| = c \cdot h^{\varkappa}$$

wurden die Konvergenzparameter c und $\varkappa$ mittels linearer Regression durch die Methode der kleinsten Quadrate in der logarithmierten Form

$$\ln \|z\| = \ln c + \varkappa \ln h$$

geschätzt. Die entsprechenden Werte für c und $\varkappa$ sind in Abb. 1 eingetragen.

Satz 3. *Die Angaben der Sätze* 1 *und* 2 *zur Konvergenzordnung des Näherungsverfahrens sind optimal.*

Beweis. Wir geben ein Beispiel an, für das genau die bewiesenen Konvergenzordnungen realisiert werden.

Es sei $\Omega = (0, 1)$, $Lu = -u''$, $f(x) = -2$, $\mu(0) = 0$, $\mu(1) = 1/9$. Die exakte Lösung von (1)—(5) lautet

$$u(x) = \begin{cases} 0, \; x \in [0, 2/3], \\ (x - 2/3)^2, \; x \in [2/3, 1]. \end{cases}$$

Auf der Folge von Gittern $\omega^{(i)}$ mit der jeweiligen Gitterkonstanten $h = h^{(i)} = 10^{-i}$ $(i = 1, 2, \ldots)$ sind, wie man unschwer nachrechnet, die folgenden Gitterfunktionen Lösungen von (7)—(11):

$$y^{(i)}(x) = \begin{cases} 0, \; x \leqq \dfrac{2}{3} + \dfrac{1}{3} \cdot 10^{-i}, \\ \left(x - \dfrac{2}{3}\right)^2 + \dfrac{1}{3} \dfrac{10^{-i}}{10^i - 1} (x - 1) \quad \text{für die übrigen } x \in \overline{\omega^{(i)}}. \end{cases}$$

Daraus erhält man für den Fehler $z^{(i)} = y^{(i)} - u$ die Aussagen

$$\|z^{(i)}\|_C = \max_j |y_j^{(i)} - u(x_j)| = \frac{1}{9} \cdot 10^{-2i} = \frac{1}{9} h^2,$$

$$\|z^{(i)}\|_1^2 \geqq \sum_{j=1}^{10^i} 10^{-i} \frac{\left(y_j^{(i)} - y_{j-1}^{(i)} - u(x_j) + u(x_{j-1})\right)^2}{10^{-2i}} \geqq \frac{1}{81} \cdot 10^{-3i},$$

d. h. $\|z^{(i)}\|_1 \geqq \dfrac{1}{9} h^{3/2}$. Der Satz ist damit bewiesen.

Literatur

[1] Domschke, St., Konvergenzuntersuchungen des Differenzenverfahrens bei eindimensionalen Randwertproblemen 3. Art mit freiem Rand, Diplomarbeit, THK 1979.

[2] Вайнельт, В., К численному решению вариационных неравенств, ,,Дифференциальные Уравнения“ (в печати).

[3] Weinelt, W., Zur näherungsweisen Lösung von Variationsungleichungen, Tagungsberichte 7. TMP, Karl-Marx-Stadt 1979, S. 73—82.
[4] Lions, J.-L., and G. Stampacchia, Variational inequalities, Comm. Pure Appl. Math. **20** (1967), 493—519.
[5] Лионс, Ж.-Л., Некоторые методы решения краевых задач, Москва, ,,Мир'', 1972 г.
[6] Самарский, А. А., Теория разностных схем, Москва, ,,Наука'', 1977 г.
[7] Вайнельт, В., Об использовании разностных схем при решении краевых задач для дифференциальных неравенств, Журн. Выч. Мат. и Мат. Физ. **18** (1978), 642—652.
[8] Weinelt, W., und G. Helmert, Iterative Lösung spezieller nichtlinearer Differenzenschemata, Beitr. Numer. Math. **7** (1979), 139—158.
[9] Weinelt, W., On the numerical solution of a variational inequality. Proc. Intern. Summer School "Theory of Nonlinear Operators", Berlin 1977, Abhandl. d. Akad. d. Wiss. d. DDR **6** N (1978), 405—407.

Manuskripteingang: 13. 2. 1980

VERFASSER:

Dipl.-Math. Steffen Domschke, Doz. Dr. Wilfried Weinelt, Sektion Mathematik der Technischen Hochschule Karl-Marx-Stadt

Beiträge zur Numerischen Mathematik
10 (1981), 47–56

Über die Quadraturformelmethode zur Lösung singulärer Integralgleichungen[1])

ROLF HAFTMANN

Die vorliegende Arbeit beschäftigt sich mit der näherungsweisen Lösung der singulären Integralgleichung

$$Vg = Sg + Kg = r \tag{1}$$

mit

$$Sg = \int_a^b g(y) \frac{p(y)}{y - x} \, dy \quad \text{und} \quad Kg = \int_a^b g(y) \, k(x, y) \, p(y) \, dy .$$

Dabei sei $[a, b]$ ein endliches Intervall, der Kern $k(x, y)$ sei eine bezüglich beider Variablen über $[a, b]$ stetige Funktion. Die numerische Lösung der Gleichung (1) erfolgt mit der Quadraturformelmethode. Dabei werden Näherungswerte für die Lösung $g(x)$ in den Stützstellen der auf das Gewicht $p(x)$ bezogenen Gaußschen Quadraturformel gesucht, während die Erfüllung der Gleichung (1) in solchen Kollokationsstellen gefordert wird, in denen die gewöhnliche Gaußformel auch auf das Cauchysche Hauptwertintegral anwendbar ist.

1. Voraussetzungen und Eigenschaften der Gleichung

Zunächst wollen wir einige generelle Voraussetzungen an die Gewichtsfunktion $p(x)$ stellen:

a) $p(x)$ sei über dem Intervall (a, b) nichtnegativ und summierbar.

b) Es existiert eine aus einer endlichen oder unendlichen Anzahl von Teilintervallen des Intervalls (a, b) gebildete Menge

$$M = \cdots \cup (a_k, b_k) \cup (a_{k+1}, b_{k+1}) \cup \cdots \qquad (a_k < b_k < a_{k+1}),$$

für die $p(x) = 0$ bei $x \notin \overline{M}$ gilt.

---

[1]) Bei dieser Arbeit handelt es sich im wesentlichen um eine Wiedergabe des Kapitels 4 der an der Technischen Hochschule Karl-Marx-Stadt eingereichten Dissertation [9] des Verfassers. Gutachter: Prof. Dr. KUHNERT, Prof. Dr. PORATH, Prof. Dr. RUMPEL, Prof. Dr. SILBERMANN.

c) Fast überall in M existiert das Cauchysche Hauptwertintegral Sf $\big(f(y) \equiv 1\big)$, und es gilt $Sf = cx + d$. Eine Zahl $\varkappa$ sei definiert durch

$$\varkappa = \begin{cases} -1, & c \neq 0, \\ 0, & c = 0, \quad d \neq 0, \\ 1, & c = 0, \quad d = 0. \end{cases}$$

d) Es existiert eine Zahl $r > 1$, für die die Funktionen $p(x)$ und

$$q(x) = \begin{cases} \dfrac{1}{p(x)}, & x \in M, \\ 0, & x \notin M, \end{cases}$$

zu $L_r(a, b)$ gehören.

Mit $\{P_n(x)\}_{n=0}^{\infty}$ sei eine Folge bezüglich des Gewichts $p(x)$ orthogonaler Polynome n-ten Grades bezeichnet, durch

$$Q_n(x) = -(SP_n)(x)$$

seien *Funktionen zweiter Art* definiert. Im Falle $\varkappa = -1$ vereinbaren wir die Bezeichnung

$$Q_{-1}(x) \equiv 1.$$

ACHIEZER [1] beweist die folgenden beiden Sätze:

Satz 1. *$\{Q_N(x)\}_{N=\varkappa}^{\infty}$ ist ein System bezüglich des Gewichts $q(x)$ über dem Intervall (a, b) orthogonaler Polynome $(N - \varkappa)$-ten Grades. Für $N \geqq \max\{0, \varkappa\}$ gilt*

$$\int_a^b Q_N(y) \frac{q(y)}{y - x} \, dy = P_N(x).$$

Satz 2. *Der Operator S ist im Raumpaar*

$$\big(L_2(p(x)), L_2(q(x))\big) \tag{2}$$

für $\varkappa = 1$ nur beschränkt rechtsinvertierbar mit $\ker S = \{C : C \in (-\infty, \infty)\}$,
für $\varkappa = 0$ beschränkt invertierbar und
für $\varkappa = -1$ nur beschränkt linksinvertierbar mit $\operatorname{coker} S = \{C : C \in (-\infty, \infty)\}$.
Darüber hinaus gilt

$$\|Sg\|_{q(x)} = \|g\|_{p(x)},$$

wobei im Falle $\varkappa = 1$

$$\int_a^b g(y)\, p(y) \, dy = 0$$

gefordert werden muß.

Der Operator K ist im Raumpaar (2) auf Grund der Stetigkeitsvoraussetzung an seinen Kern vollstetig. Mit dem Satz 2 folgt daraus, daß für die Gleichung (1) im Falle $\varkappa = 0$ die Fredholmsche Alternative gilt.

2. Das Näherungssystem und ein äquivalentes Problem

Die näherungsweise Lösung der Integralgleichung (1) soll mit der Quadraturformelmethode erfolgen. Als Stützstellen, in denen die Lösung gesucht wird, wählen wir die Knoten $y_i^{(N)}$ $\left(i = 1(1)N\right)$ der Gaußformel

$$\int_a^b g(y)\, p(y)\, dy \approx \sum_{i=1}^{N} A_i^{(N)} g(y_i^{(N)}). \tag{3}$$

Die Erfüllung der Gleichung fordern wir aber nicht in diesen Punkten, sondern in den Nullstellen $x_k^{(N)}$ $\left(k = 1(1)N - \varkappa\right)$ der Funktion $Q_N(x)$. Durch diese Wahl der Kollokationsstellen ergibt sich die Möglichkeit, die besonders einfache Quadraturformel für das Cauchysche Hauptwertintegral

$$(Sg)\,(x_k^{(N)}) \approx \sum_{i=1}^{N} \frac{A_i^{(N)}}{y_i^{(N)} - x_k^{(N)}}\, g(y_i^{(N)}) \qquad \left(Q_N(x_k^{(N)}) = 0\right) \tag{4}$$

zu nutzen, die die Struktur der üblichen Gaußquadraturformel (3) und den algebraischen Genauigkeitsgrad $2N$ hat (siehe [10]).

Der Gedanke, die Kollokationsstellen in dieser Weise zu wählen, findet sich für einen Spezialfall bereits bei Brakhage [3] und Borja/Brakhage [2]. Unbewußt wird der damit verbundene Vorteil in den Arbeiten von Erdogan/Gupta [5] und Erdogan/Gupta/Cook [6] genutzt. Darauf machen Theocaris/Ioakimidis [16] aufmerksam.

Für den vollstetigen Anteil der Integralgleichung (1) verwenden wir die Formel (3). Das Näherungssystem lautet somit

$$\left.\begin{aligned} \sum_{i=1}^{N} A_i^{(N)} g(y_i^{(N)}) \left[\frac{1}{y_i^{(N)} - x_k^{(N)}} + k(x_k^{(N)}, y_i^{(N)})\right] &= r(x_k^{(N)}) \\ (k = 1(1)N - \varkappa). \end{aligned}\right\} \tag{5}$$

Wir bezeichnen mit $\tilde{S}_N$, $\tilde{K}_N$ und $\tilde{V}_N$ die Matrixoperatoren

$$\tilde{S}_N = \left[\frac{A_i^{(N)}}{y_i^{(N)} - x_k^{(N)}}\right]_{k=1,\ i=1}^{N-\varkappa\ \ N}, \qquad \tilde{K}_N = \left[A_i^{(N)} k(x_k^{(N)}, y_i^{(N)})\right]_{k=1,\ i=1}^{N-\varkappa\ \ N}$$

und $\tilde{V}_N = \tilde{S}_N + \tilde{K}_N$. Weiterhin seien $\hat{D}_N$ und D_N die Diskretisierungsoperatoren,

$$\hat{D}_N g = \{g(y_i^{(N)})\}_{i=1}^{N} \quad \text{und} \quad D_N g = \{g(x_k^{(N)})\}_{k=1}^{N-\varkappa},$$

und $\hat{F}_N$ und F_N die Interpolationsoperatoren,

$$(\hat{F}_N \mathfrak{v})\,(y) = \sum_{n=0}^{N-1} c_n P_n(y) \quad \text{mit} \quad (\hat{F}_N \mathfrak{v})\,(y_i^{(N)}) = \mathfrak{v}_i \qquad \left(i = 1(1)N\right)$$

und

$$(F_N v)(x) = \sum_{n=\varkappa}^{N-1} c_n Q_n(x) \quad \text{mit} \quad (F_N v)(x_k^{(N)}) = v_k \qquad \left(k = 1(1)N - \varkappa\right),$$

wobei $\hat{v} = \{\hat{v}_i\}_{i=1}^{N}$ und $v = \{v_k\}_{k=1}^{N-\varkappa}$ sei. Bezeichnet $\tilde{h}_N$ den gesuchten Näherungsvektor für $\{g(y^{(N)})\}_{i=1}^{N}$, so kann man das Gleichungssystem (5) in der Form

$$\tilde{V}_N \tilde{h}_N = \tilde{S}_N \tilde{h}_N + \tilde{K}_N \tilde{h}_N = D_N r \tag{6}$$

schreiben. Es bezeichne noch $\hat{L}_N$ die lineare Hülle von $\{P_n(x)\}_{n=0}^{N-1}$ und L_N die lineare Hülle von $\{Q_n(x)\}_{n=\varkappa}^{N-1}$.

Wir führen nun ein zum Gleichungssystem (6) äquivalentes Problem ein, dessen Lösung sich im Gegensatz zu der des Problems (6) leicht mit der Lösung der Gleichung (1) vergleichen läßt. Hierzu definieren wir den Operator $V_N\colon \hat{L}_N \to L_N$ durch

$$V_N h_N = F_N \tilde{V}_N \hat{D}_N h_N .$$

Zur Gegenüberstellung mit der Gleichung (1) betrachten wir das Problem

$$V_N h_N = S_N h_N + K_N h_N = F_N D_N r . \tag{7}$$

Die Operatoren S_N und K_N seien dabei analog V_N definiert. Für jede Lösung h_N der Aufgabe (7) ist $\tilde{h}_N = \hat{D}_N h_N$ Lösung des Systems (6), für jede Lösung $\tilde{h}_N$ dieses Systems ist die Funktion $h_N = \hat{F}_N \tilde{h}_N$ Lösung der Aufgabe (6).

Da die Quadraturformel (4) für $h_N \in \hat{L}_N$ exakt ist, gilt

$$S h_N = S_N h_N . \tag{8}$$

Unter Berücksichtigung dieses Umstands kann man sich leicht davon überzeugen, daß das Verfahren (7) als Methode der mechanischen Quadratur im Sinne von [8] und [14] interpretierbar ist. Bei dieser Methode wird die Lösung in der Form

$$\sum_{n=0}^{N-1} c_n \varphi_n(x) ,$$

wobei $\{\varphi_n(x)\}_{n=0}^{\infty}$ ein im Urbildraum dichtes, linear unabhängiges Funktionensystem ist, gesucht, und es wird gefordert, daß die Gleichung (1) in gewissen Kollokationsstellen erfüllt ist. Dabei werden die exakten Werte von $S\varphi_n$ verwendet, während die Werte von $K\varphi_n$ durch Quadratur näherungsweise ermittelt werden. Bei den in [8] und [14] untersuchten konkreten Verfahren wurden die Kollokationsstellen und Quadraturformeln auf andere als die am Beginn dieses Abschnitts beschriebene Weise gewählt, so daß die zu diesen speziellen Verfahren äquivalenten Gleichungssysteme der Quadraturformelmethode nicht die einfache Struktur des Systems (5) haben.

3. Zur Konvergenz des Näherungsverfahrens

In den am Anfang des Abschnitts 2 erwähnten Arbeiten fehlen jegliche Konvergenzaussagen. Auf diesen Umstand weisen Theocaris/Ioakimidis [17] hin, ohne allerdings einen Konvergenzbeweis anzugeben. Ein Ansatz für einen solchen Beweis durch Vergleich der Probleme (1) und (7) findet sich bei KRENK [12]. Allerdings wird der Beweis in dieser Arbeit nicht durchgeführt. Hier soll nun unter gewissen Voraussetzungen bewiesen werden, daß die Interpolation $\hat{F}_N\bar{h}_N$ über der Lösung $\bar{h}_N$ des Näherungssystems (6) in der Norm des Raumes $L_2(p(x))$ gegen die Lösung der Gleichung (1) konvergiert. Dabei verwenden wir eine Vorgehensweise, die von GABDULCHAEV/DUŠKOV [8] für den Beweis der Konvergenz einer speziellen Methode der mechanischen Quadratur genutzt wurde.

Für die weiteren Überlegungen benötigen wir die folgenden beiden Sätze:

Satz 3 (siehe z. B. [13]). *Es sei $l_i^{(N)}(y)$ das Polynom $(N-1)$-ten Grades, das in dem Knoten $y_i^{(N)}$ der Gaußformel (3) den Wert 1, in allen anderen Knoten aber den Wert 0 annimmt. Dann gilt für $i \neq k$*

$$\int_a^b l_i^{(N)}(y)\, l_k^{(N)}(y)\, p(y)\, dy = 0.$$

Weiterhin ist

$$\sum_{i=1}^{N} \int_a^b [l_i^{(N)}(y)]^2\, p(y)\, dy = \int_a^b p(y)\, dy.$$

Es sei $R(p)$ der Raum aller über dem Intervall $[a, b]$ beschränkten Funktionen, für die das Riemann-Stieltjes-Integral

$$\int_a^b f(y)\, d\bar{p}(y) \quad \text{mit} \quad \bar{p}(y) = \int_a^y p(x)\, dx$$

existiert. Ferner bezeichne $\bar{P}_N(y)$ das zu einer Funktion $f(y) \in C[a, b]$ gehörende Polynom N-ten Grades, für das

$$E_N(f) = \max_{y \in [a,b]} \|f(y) - \bar{P}_N(y)\|$$

minimal wird.

Satz 4 (ERDÖS/TURÁN [4], siehe [13] und [15]). *Ist $g(y) \in R(p)$, so gilt*

$$\lim_{N \to \infty} \|(\hat{F}_N \hat{D}_N g)(y) - g(y)\|_{L_2(p(y))} = 0,$$

ist darüber hinaus $g(y) \in C[a, b]$, so gilt die Abschätzung

$$\|(\hat{F}_N \hat{D}_N g)(y) - g(y)\|_{L_2(p(y))} \leqq 2E_{N-1}(g) \sqrt{\int_a^b p(y)\, dy}.$$

Jetzt sollen die Operatoren V und V_N aus den Problemen (1) und (7) verglichen und hierzu $\|V_N h_N - V h_N\|_{q(x)}$ für $h_N \in \hat{L}_N$ abgeschätzt werden. Unter $\hat{F}_{Ny}$ und $\hat{D}_{Ny}$ werden die Operatoren $\hat{F}_N$ und D_N in Anwendung auf die Variable y verstanden.

Die Funktion $(\hat{F}_{Ny}\hat{D}_{Ny}k(x, y))\, h_N(y)$ ist ein Polynom höchstens $(2N-2)$-ten Grades in y. Daher gilt

$$F_N \tilde{K}_N \hat{D}_N h_N = F_N D_N \left(\int_a^b (\hat{F}_{Ny}\hat{D}_{Ny} k(x, y))\, h_N(y)\, p(y)\, dy \right). \tag{9}$$

Unter Verwendung der Schwarzschen Ungleichung erhält man

$$\max_{x\in[a,b]} \left| \int_a^b \left(\hat{F}_{Ny}\hat{D}_{Ny}k(x, y)\right) h_N(y)\, p(y)\, dy - (Kh_N)\,(x) \right| \leqq \frac{A_N}{\sqrt{\int_a^b q(x)\, dx}} \|h_N\|_{p(x)}$$

mit

$$A_N = \sqrt{\int_a^b q(x)\, dx} \max_{x\in[a,b]} \left(\int_a^b \left[\left(\hat{F}_{Ny}\hat{D}_{Ny}k(x, y)\right) - k(x, y)\right]^2 p(y)\, dy \right)^{1/2}.$$

Aus den Sätzen 1 und 3 folgt, daß für die Funktion

$$k_N(x) = \int_a^b \left(\hat{F}_{Ny}\hat{D}_{Ny}k(x, y)\right) h_N(y)\, p(y)\, dy - (Kh_N)\,(x)$$

die Abschätzung

$$\|F_N D_N k_N\|_{q(x)}^2 = \int_a^b \left[\sum_{k=1}^{N-\varkappa} k_N(x_k^{(N)})\; l_k^{(N-\varkappa)}(x) \right]^2 q(x)\, dx$$

$$\leqq \max_{x\in[a,b]} |k_N(x)|^2 \int_a^b q(x)\, dx \leqq A_N^2\, \|h_N\|_{p(x)}^2$$

gilt. Berücksichtigt man die Beziehung (9), so ergibt sich die Ungleichung

$$\|K_N h_N - F_N D_N K h_N\|_{q(x)} \leqq A_N\, \|h_N\|_{p(x)}. \tag{10}$$

Da die Funktionen

$$\int_a^b k(x, y)\, h_N(y)\, dy \quad \text{und} \quad \int_a^b \left(F_{Nx}D_{Nx}k(x, y)\right) h_N(y)\, dy$$

in den Punkten $x_k^{(N)}$ $\left(k = 1(1)N - \varkappa\right)$ übereinstimmen, gilt

$$\|F_N D_N K h_N - K h_N\|_{q(x)} = \left\| \int_a^b \left[\left(F_{Nx}D_{Nx}k(x, y)\right) - k(x, y)\right] h_N(y)\, p(y)\, dy \right\|_{q(x)}.$$

Unter Verwendung der Schwarzschen Ungleichung erhält man

$$\|F_N D_N K h_N - K h_N\|_{q(x)} \leqq B_n\, \|h_N\|_{p(x)} \tag{11}$$

mit

$$B_N = \left(\int_a^b \int_a^b \left[\left(F_{Nx}D_{Nx}k(x, y)\right) - k(x, y)\right]^2 p(y)\, q(x)\, dy\, dx \right)^{1/2}.$$

Der Kern $k(x, y)$ ist bezüglich beider Variablen stetig. Deshalb kann zur Abschätzung von A_N und nach Satz 1 auch zur Abschätzung von B_N der Satz 4 angewendet werden.

Aus den Beziehungen (8), (10) und (11) folgt dann, daß für $h_N \in \hat{L}_N$ die Abschätzung

$$\left.\begin{aligned} &\|V_N h_N - V h_N\|_{q(x)} \leqq C_N \|h_N\|_{p(x)} \\ \text{mit}\quad &C_N \leqq 2\left[\max_{x\in[a,b]} E_{(N-1)y} k(x,y) + \max_{y\in[a,b]} E_{(N-\varkappa-1)x} k(x,y)\right] \\ &\times \sqrt{\int_a^b p(x)\,dx \int_a^b q(x)\,dx} \end{aligned}\right\} \tag{12}$$

gilt.

Wir fordern nun noch $\varkappa = 0$, d. h. $Q_0(x) \equiv \text{const} \neq 0$. Dann bildet der Operator V_N den N-dimensionalen Raum $\hat{L}_N$ in den N-dimensionalen Raum L_N ab, und für den Operator V gilt, wie im Abschnitt 1 bemerkt, die Fredholmsche Alternative.

In der Arbeit [7] wird der folgende Satz bewiesen:

Satz 5. *Die im Raumpaar* (H_1, H_2) *mit den Normen* $\|\cdot\|_1$ *und* $\|\cdot\|_2$ *gegebene Gleichung*

$$Vg = r$$

werde durch die Gleichung

$$V_N h_N = r_N$$

approximiert, wobei der Operator V_N *einen N-dimensionalen Teilraum* $\hat{L}_N$ *von* H_1 *in einen Teilraum* L_N *von* H_2 *gleicher Dimension abbilde. Wenn dann der lineare Operator* V^{-1} *existiert und für den über* $\hat{L}_N$ *definierten Operator* $\Delta_N V = V_N - V$

$$p_N = \|\Delta_N V\|\,\|V^{-1}\| < 1 \tag{13}$$

gilt, so ist die Näherungsgleichung eindeutig lösbar für jede rechte Seite, und es gilt

$$\|g - h_N\|_1 \leqq \|r - r_N\|_2 + p_N\,\|r\|_2\,\frac{\|V^{-1}\|}{1 - p_N}. \tag{14}$$

Diesen Satz kann man zum Vergleich der Lösung der Gleichung (1) mit der des Näherungsproblems (7) bzw. der des Gleichungssystems (6) verwenden. Hierzu wird $r_N = F_N D_N r$ gesetzt. Ist $r(x) \in R(q)$, so gilt nach Satz 4

$$\|r - r_N\|_{q(x)} \to 0 .$$

Für die Norm des Operators $\Delta_N V$ über dem Raum $\hat{L}_N$ gilt wegen der Beziehung (12) nach dem Weierstraßschen Approximationssatz

$$\Delta_N V \xrightarrow[N\to\infty]{} 0 .$$

Somit ist der folgende Satz bewiesen:

Satz 6. *Es sei* (a, b) *ein endliches Intervall, und die Gewichtsfunktion* $p(x)$ *genüge den Voraussetzungen des Abschnitts 1 mit* $\varkappa = 0$. *Mit den Beziehungen* (12) *und* (13) *gilt dann von einem gewissen* N_0 *an*

$$p_N \leqq C_N \|V^{-1}\| < 1 .$$

Von N_0 an ist das Gleichungssystem (5) *eindeutig lösbar, und für die Interpolation über seine Lösung $\tilde{h}_N$ gilt im Falle $r(x) \in C[a, b]$, daß*

$$\left.\begin{aligned} &\|g(x) - (\hat{F}_N \tilde{h}_N)(x)\|_{p(x)} \\ &\leqq \left[2 \sqrt{\int_a^b q(x)\, dx}\, E_{N-1}(r) + \|V^{-1}\|\, C_N\, \|r\|_{q(x)}\right] \frac{\|V^{-1}\|}{1 - \|V^{-1}\|\, C_N} \end{aligned}\right\} \tag{15}$$

für $N \to \infty$ gegen 0 *konvergiert. Ist nur $r(x) \in R(q)$, so liegt ebenfalls Konvergenz vor, ohne daß die Abschätzung* (15) *gilt.*

Im Falle $\varkappa = 1$ kann man die Gleichung (1) im Raumpaar

$$\big(L_{2,0}(p(x)),\, L_2(q(x))\big) \tag{16}$$

behandeln, wobei $L_{2,0}(p(x))$ der Teilraum der Funktionen $g(x) \in L_2(p(x))$ sei, für die

$$\int_a^b g(y)\, p(y)\, dy = 0 \tag{17}$$

gilt. Da der Operator S nach Satz 2 im Raumpaar (16) stetig invertierbar und der Operator K in diesem Raumpaar vollstetig ist, gilt auch in diesem Falle für die Gleichung (1) die Fredholmsche Alternative. Nimmt man die der Bedingung (17) entsprechende Gleichung

$$\sum_{i=1}^{N} A_i^{(N)} g(y_i^{(N)}) = 0 \tag{18}$$

zu dem im Falle $\varkappa = 1$ unterbestimmten Gleichungssystem (5) hinzu, so kann man den Operator V_N über der linearen Hülle $\hat{L}_{N,0}$ von $\{P_n(x)\}_{n=1}^{N-1}$ betrachten. Das Problem (7) ist im Raumpaar $(\hat{L}_{N,0}, L_N)$ dem Gleichungssystem $\{(5), (18)\}$ äquivalent. Daraus ergibt sich, daß auch in diesem Falle die Aussage des Satzes 6 gilt.

Genügen sowohl die r-ten Ableitungen des Kerns $k(x, y)$ gleichmäßig bezüglich beider Variablen als auch die r-te Ableitung der rechten Seite $r(x)$ über dem Intervall $[a, b]$ einer Hölderbedingung mit dem Exponenten η, so folgt aus den Abschätzungen (12) und (15) nach dem bekannten Satz von JACKSON (siehe z. B. [13])

$$\|g(x) - (\hat{F}_N \tilde{h}_N)(x)\|_{p(x)} \leqq c_1 N^{-r-\eta}.$$

Die Gewichtsfunktionen $p(x) = \sqrt{\frac{b - x}{x - a}}$ und $p(x) = \sqrt{\frac{x - a}{b - x}}$ erfüllen die Voraussetzungen des Abschnitts 1 mit $\varkappa = 0$, die Gewichtsfunktion $p(x) = \frac{1}{\sqrt{(b - x)(x - a)}}$ erfüllt sie mit $\varkappa = 1$. Unter Berücksichtigung von Abschätzungen für die Jacobipolynome (siehe [13]) kann in diesen Fällen auf demselben Wege wie in [11, Abschnitt XIV.4.3.] gezeigt werden, daß für $r + \eta > \frac{3}{2} - \varkappa$ in der Maximumnorm

$$\|g(x) - (\hat{F}_N \tilde{h}_N)(x)\|_C \leqq c_2 N^{\frac{3}{2} - \varkappa - r - \eta}$$

gilt. Für die beiden zuerst genannten Gewichtsfunktionen gilt außerdem bei $r + \eta > \frac{1}{2}$

$$\left\| \sqrt{b - x} \left(g(x) - (\hat{F}_N \tilde{h}_N)(x) \right) \right\|_C \leqq c_3 N^{\frac{1}{2} - r - \eta}.$$

bzw.

$$\left\| \sqrt{x - a} \left(g(x) - (\hat{F}_N h_N)(x) \right) \right\|_C \leqq c_3 N^{\frac{1}{2} - r - \eta}.$$

Über numerische Ergebnisse der Quadraturformelmethode (5) wird in der Dissertation [9] berichtet.

Literatur

[1] Ахиезер, Н. И., О некоторых формулах обращения сингулярных интегралов, Изв. Ак. наук СССР, Сер. мат., **9** (1945) 4, 275—290.

[2] Borja, M., und H. Brakhage, Zur numerischen Behandlung der Tragflächengleichung, Zs. f. Flugwiss. **16** (1968) 10, 349—356.

[3] Brakhage, H., Bemerkungen zur numerischen Behandlung und Fehlerabschätzung bei singulären Integralgleichungen, ZAMM **41** (1961), Sonderheft, T12—T14.

[4] Erdös, P., and P. Turán, On interpolation, I, Annals of Math., Second Series, **38** (1937) 1, 142—155.

[5] Erdogan, F., and G. D. Gupta, On the numerical solution of singular integral equations, Quart. Appl. Math. **29** (1972) 4, 525—534.

[6] Erdogan, F., G. D. Gupta, and T. S. Cook, Numerical solution of singular integral equations. In: Methods of Analysis and Solutions of Crack Problems, ed. by G. C. Sih, Noordhoff, Leyden 1973, p. 368—425.

[7] Габдулхаев, Б. Г., Некоторые вопросы теории приближенных методов, IV, Изв. высш. уч. зав., Мат. 1971/6, 15—23.

[8] Габдулхаев, Б. Г., и П. Н. Душков, О прямых методах решения сингулярных интегральных уравнений первого рода, Изв. высш. уч. зав., Мат. 1973/7, 12—24.

[9] Haftmann, R., Numerische Behandlung einer singulären Integralgleichung aus der Strömungsmechanik, Dissertation, TH Karl-Marx-Stadt.

[10] Haftmann, R., Quadraturformeln vom Gaußtyp für singuläre Integrale, Beitr. Numer. Math. **9** (1981) 63—71.

[11] Канторович, Л. В., и Г. П. Акилов, Функциональный анализ, 2. Aufl., Наука, Москва 1977.

[12] Krenk, S., On quadrature formulas for singular integral equations of the first and the second kind, Quart. Appl. Math. **33** (1975) 3, 225—232.

[13] Natanson, I. P., Konstruktive Funktionentheorie, Akademie-Verlag, Berlin 1955 (Übersetzung aus dem Russischen).

[14] Prössdorf, S., und B. Silbermann, Projektionsverfahren und die näherungsweise Lösung singulärer Gleichungen, BSB B. G. Teubner Verlagsgesellschaft, Leipzig 1977.

[15] SZEGÖ, G., Orthogonal Polynomials, New York 1959. Russ. Übers.: СЕГЁ, Г., Ортогональные многочлены, Гос. изд-во физ.-мат. лит., Москва 1962.
[16] THEOCARIS, P. S., and N. I. IOAKIMIDIS, Numerical integration methods for the solution of singular integral equations, Quart. Appl. Math. **35** (1977) 1, 173–183.
[17] THEOCARIS, P. S., and N. I. IOAKIMIDIS, On the numerical solution of Cauchy type singular integral equations and the determination of stress intensity factors in case of complex singularities, ZAMP **28** (1977) 6, 1085–1098.

Manuskripteingang: 6. 2. 1979

VERFASSER:

Dr. rer. nat. ROLF HAFTMANN, Sektion Mathematik der Technischen Hochschule Karl-Marx-Stadt

Beiträge zur Numerischen Mathematik
10 (1981), 57–69

Zur Effektivität mehrstufiger Brown-Brent-Verfahren

Wolfgang Hoyer

A class of Brown-Brent-type methods involving a multi-stage refinement process per iteration in the solution of nonlinear systems of equations is investigated. Local convergence results including order and efficiency properties for secant-type choices of the discretization parameters are obtained and the optimal number of refinement stages is determined. A comparison with other well-known methods indicates the superiority of this class of methods. Finally, the case of mixed linear-nonlinear systems leads to a simple modification requiring less computational effort. Some numerical examples are given.

1. Einleitung

Auf Brown [2] und Brent [1] (siehe auch [8, 12]) geht eine Klasse von effektiven Verfahren zur Lösung endlichdimensionaler nichtlinearer Gleichungssysteme

$$F(x) = 0, \qquad F = (f_1, \ldots, f_n)^{\mathrm{T}} : D \subset R^n \to R^n \tag{1}$$

zurück, bei denen es durch eine geeignete Verflechtung der Linearisierung mit dem Eliminationsprozeß in Verbindung mit einer sachgemäßen Diskretisierung gelingt, den Aufwand an Funktionswerten gegenüber dem gewöhnlichen diskretisierten Newton-Verfahren bei gleicher Konvergenzordnung etwa auf die Hälfte zu reduzieren. In [12] wird für die dort eingeführte allgemeine Klasse der Verfahren vom Brown-Brent-Typ eine lokale Konvergenzanalyse durchgeführt, die sich an Brent [1] orientiert und dessen Ergebnisse in verschiedener Richtung erweitert. Nach dem Vorbild früherer Autoren hat Brent [1] in seinem Verfahren an jeden Iterationsschritt eine mehrstufige Nachverbesserung angeschlossen und damit eine weitere wesentliche Erhöhung der Effektivität erzielt. Die vorliegende Mitteilung, in die die Ergebnisse einer 1978 abgeschlossenen Diplomarbeit von Richter [10] eingehen, schließt nun unmittelbar an die Arbeiten [12] und [13] an und überträgt die dort durchgeführten Untersuchungen auf diesen mehrstufigen Fall. Auf der Grundlage eines allgemeinen Konvergenzsatzes (§ 3) wird im § 4 die Konvergenzordnung des Verfahrens für Diskretisierungsschrittweiten vom Sekantentyp bestimmt. Insbesondere ergibt sich bei einer Wahl nach (10) die R-Ordnung (11). Über den Ostrowskischen Effektivitätsindex wird die optimale Anzahl der Nachverbesserungsstufen ermittelt. Außerdem werden die Effektivitätskenngrößen einiger konkurrierender Verfahren gegenübergestellt. An numerischen Beispielen wird gezeigt, daß die gewonnenen asymptotischen Aussagen realistische Hinweise für die Rechenpraxis liefern.

Im folgenden bezeichnen R^n die Menge der n-dimensionalen Spaltenvektoren, e_j $(j = 1, \ldots, n)$ die Koordinateneinheitsvektoren und I die (n,n)-Einheitsmatrix. Als Norm $\|\cdot\|$ auf R^n verwenden wir die euklidische Norm. Die zugeordnete Matrixnorm ist die Spektralnorm.

2. Die Verfahrensklasse

Wir beschreiben das allgemeine Brown-Brent-Verfahren mit m-stufiger Nachverbesserung $(m \geqq 0)$ in Anlehnung an [1] und [12]. Diese Darstellung läßt zwar die Motivierung des Verfahrens nicht unmittelbar erkennen, auch die konkrete Implementierung bleibt hier im Hintergrund, sie erlaubt jedoch eine knappe, übersichtliche Angabe der wesentlichen Teilschritte.

Liegen eine Näherung $x_i \in R^n$ für eine Lösung von (1), eine Diskretisierungsschrittweite $h_i \in R^1$, $h_i \neq 0$, und eine reguläre (n,n)-Matrix Q_i vor, so lautet die Vorschrift für den $(i + 1)$-ten Iterationsschritt $(i = 0, 1, \ldots)$:

Stufe 0: Setze $R_{1,i} = Q_i$ und $y_{1,0,i} = x_i$ und führe für $k = 1, \ldots, n$ die Anweisungen (I), (II), (III) aus:

(I) Berechne $a_{k,i} \in R^n$ mit

$$e_l^{\mathsf{T}} a_{k,i} = \begin{cases} 0 & \text{für } l = 1, \ldots, k-1 \\ [f_k(y_{k,0,i} + h_i R_{k,i} e_l) - f_k(y_{k,0,i})]/h_i & \text{für } l = k, \ldots, n \end{cases}$$

(II) Bestimme eine reguläre (n,n)-Matrix $P_{k,i}$ mit $P_{k,i} e_l = e_l$ und $e_l^{\mathsf{T}} P_{k,i} = e_l^{\mathsf{T}}$ $(l = 1, \ldots, k-1)$ sowie eine Zahl $s_{k,i} \in R^1$ derart, daß $P_{k,i}^{\mathsf{T}} a_{k,i} = s_{k,i} e_k$ gilt, und setze $R_{k+1,i} = R_{k,i} P_{k,i}$.

(III) $$y_{k+1,0,i} = y_{k,0,i} - \frac{f_k(y_{k,0,i})}{s_{k,i}} R_{k+1,i} e_k.$$

Stufe j: $y_{1,j,i} = y_{n+1,j-1,i}$;

(IV) $$y_{k+1,j,i} = y_{k,j,i} - \frac{f_k(y_{k,j,i})}{s_{k,i}} R_{n+1,i} e_k \quad (k = 1, \ldots, n;\ j = 1, \ldots, m).$$

Setze $x_{i+1} = y_{n+1,m,i}$ und wähle $h_{i+1} \neq 0$ sowie eine reguläre Matrix Q_{i+1}.

Als spezielle Realisierungen dieser allgemeinen Verfahrensvorschrift erhält man das Verfahren von BRENT [1] und ein analoges, auf BROWN [2] zurückgehendes Verfahren (siehe z. B. [8]). Das Brent-Verfahren verwendet für die Matrizen $P_{k,i}$ elementare Orthogonaltransformationen (Householder-Matrizen oder Produkte von Givens-Rotationen), während das Brown-Verfahren mit stabilisierten elementaren Ähnlichkeitstransformationen arbeitet, wie sie vom Gaußschen Eliminationsprozeß her bekannt sind. Eine ausführliche Darstellung dieser Varianten findet man in [8, 12] und [16].

Für den folgenden Konvergenzsatz haben die im Verfahren verwendeten Matrizen $P_{k,i}$ und Q_i ($k = 1, \ldots, n$; $i = 0, 1, \ldots$) die Forderungen

$$\|P_{k,i}\| \leqq \gamma, \quad \|P_{k,i}^{-1}\| \leqq \gamma, \quad \|Q_i\| \leqq \delta, \quad \|Q_i^{-1}\| \leqq \delta \tag{2}$$

mit von i unabhängigen Konstanten $\gamma, \delta > 0$ zu erfüllen. Daraus ergibt sich, daß beim Brent-Verfahren die algorithmisch günstige Variante

$$Q_0 = I, \quad Q_i = R_{n+1,i-1} \qquad (i = 1, 2, \ldots) \tag{3}$$

gewählt werden kann. (2) gilt dann z. B. für $\gamma = \delta = 1$. Beim Brown-Verfahren ist diese Möglichkeit nicht gegeben. Man setzt hier z. B.

$$Q_i = I \qquad (i = 0, 1, 2, \ldots). \tag{4}$$

Bei der Wahl der Diskretisierungsschrittweiten h_i beschränken wir uns auf solche vom Sekanten- (Regula-falsi-) Typ. Sie haben sich einerseits als praktikabel erwiesen und lassen andererseits Aussagen über die überlineare Konvergenzordnung der Verfahren zu. Eine Schrittweitenwahl nach dem Steffensen-Prinzip, etwa $|h_i| = \|F(x_i)\|$, besitzt schwerwiegende numerische Nachteile; sie ist insbesondere nicht invariant gegenüber Skalierungen des Systems (1).

Eine Eigenart der Brown-Brent-Verfahren besteht darin, daß jeweils nur einzelne Komponenten des Funktionswertvektors benötigt werden, und zwar in unterschiedlicher Anzahl. Die Anwendung eines solchen Verfahrens empfiehlt sich also besonders dann, wenn der Aufwand zur Berechnung einer einzelnen Komponente wesentlich geringer als der für den gesamten Funktionswertvektor ist und die Gleichungen so angeordnet sind, daß einfache Funktionen am Anfang und die aufwendigsten Funktionen am Schluß des Systems stehen. Man wird also lineare Gleichungen stets an den Anfang stellen, was dann sogar noch weitergehende Einsparungen ermöglicht (vgl. Abschnitt 5). Für den Fall, daß zweckmäßigerweise jeweils ein ganzer Block von Funktionswertkomponenten $f_k(x), \ldots, f_{k+p}(x)$ ($p \geqq 1$) gleichzeitig berechnet wird, hat Martínez [6] eine dementsprechende Verallgemeinerung der Brown-Brent-Verfahren angegeben.

3. Lokaler Konvergenzsatz

Der folgende Satz charakterisiert die lokalen Konvergenzeigenschaften des im Abschnitt 2 formulierten Grundalgorithmus in Abhängigkeit von der verwendeten Schrittweitenfolge (h_i). Der Beweis orientiert sich an Brent [1] und folgt der Darstellung in [12].

Satz. *Die Vektorfunktion $F = (f_1, \ldots, f_n)^T : D \subset R^n \to R^n$ besitze eine Nullstelle $x^* \in \operatorname{Int}(D)$: $F(x^*) = 0$. In $S = \{x \in R^n : \|x - x^*\| < \varrho\} \subset D$ sei die Fréchet-Ableitung F' vorhanden und stetig, es gelte $\|F'(x) - F'(x^*)\| \leqq L\,\|x - x^*\|$ für alle $x \in S$, und $F'(x^*)^{-1}$ existiere mit $\|F'(x^*)^{-1}\| \leqq \beta$. Wird dann $\varepsilon > 0$ so gewählt, daß mit den*

Konstanten

$$c_0 = \frac{1}{2} L\varrho + \|F'(x^*)\|, \qquad c_1 = (1 + 2\beta\gamma^{2n}\delta^2 c_0)^n,$$

$$c_2 = Lc_1^2\left(1 + \gamma^{n-1}\sqrt{n}\right), \qquad c_3 = (n+1)\sqrt{n}\, c_2,$$

$$c_4 = \beta(Lc_1^2 + c_3), \qquad C = c_4^{m+1}$$

die Ungleichungen

$$2c_1\varepsilon < \varrho \quad und \quad 2c_4\varepsilon < 1$$

erfüllt sind, so erzeugt das Verfahren für jeden Startvektor $x_0 \in R^n$ mit $\|x_0 - x^*\| \leqq \varepsilon$ und jede Schrittweitenfolge (h_i) mit $0 < |h_i| \leqq \varepsilon$ $(i = 0, 1, 2, \ldots)$ eine gegen x^* konvergente Näherungsfolge (x_i), deren Konvergenzgeschwindigkeit durch

$$\|x_{i+1} - x^*\| \leqq C(\|x_i - x^*\| + |h_i|)^{m+1} \|x_i - x^*\| \tag{5}$$

$(i = 0, 1, 2, \ldots)$ *beschrieben wird.*

Für den Beweis dieses Satzes werden zunächst einige Hilfsmittel bereitgestellt. Unter den angegebenen Voraussetzungen gilt:

Lemma 1 (siehe etwa [16]).

$$\|F(x) - F(y) - F'(x^*)(x - y)\| \leqq \frac{L}{2}(\|x - x^*\| + \|y - x^*\|)\,\|x - y\|$$

für alle $x, y \in S$.

Lemma 2. *$|f_k(y)| \leqq c_0 \|y - x^*\|$ für $k = 1, \ldots, n$ und alle $y \in S$.*

Zum Beweis kann hier auf [1, 12, 16] verwiesen werden.

Da der i-te Iterationsschritt des in [12] behandelten Verfahrens ohne Nachverbesserungsstufen $(m = 0)$ mit der Grundstufe $(j = 0)$ des m-stufigen Verfahrens für $m \geqq 1$ übereinstimmt, können folgende Teilergebnisse übernommen werden:

Lemma 3. *Im Falle $\|x_i - x^*\| \leqq \varepsilon$, $|h_i| \leqq \varepsilon$ gilt*

(i) $$|s_{k,i}| \geqq \frac{1}{2\beta\gamma^n\delta} \qquad (k = 1, \ldots, n);$$

(ii) $$\left.\begin{array}{r}|s_{k,i} - e_k^{\mathsf T} F'(x^*) R_{k+1,i} e_k| \\ |e_r^{\mathsf T} F'(x^*) R_{k+1,i} e_k|\end{array}\right\} \leqq \sqrt{n}\,\gamma^{2n-1}\delta L c_1(\|x_i - x^*\| + |h_i|)$$
$$(r = 1, \ldots, k-1;\; k = 1, \ldots, n);$$

(iii) $y_{k,0,i} \in S$ $(k = 1, \ldots, n)$ *und*

$$\|y_{n+1,0,i} - x^*\| \leqq c_4(\|x_i - x^*\| + |h_i|)\,\|x_i - x^*\|.$$

Wir formulieren nun analog zu [12] einen Hilfssatz über den $(i + 1)$-ten Iterationsschritt, der die Grundlage für den eigentlichen Konvergenznachweis bildet. Zur Abkürzung wird im Beweis bei mehrfach indizierten Größen der feste Index i unterdrückt.

Hilfssatz. *Es sei* $\|x_i - x^*\| \leqq \varepsilon$ *und* $0 < |h_i| \leqq \varepsilon$. *Dann ist der* $(i+1)$*-te Iterationsschritt durchführbar, und es gilt*

$$\|y_{n+1,j,i} - x^*\| \leqq c_4^{j+1}(\|x_i - x^*\| + |h_i|)^{j+1} \|x_i - x^*\| \quad (j = 0, \ldots, m). \tag{6}$$

Der Beweis wird durch Induktion geführt. Für $j = 0$ liefert Lemma 3 die Gültigkeit von (6). Aus der entsprechenden Ungleichung für $j - 1$ gewinnen wir bei $j \geqq 1$ wiederum induktiv für $k = 1, \ldots, n$ die Beziehungen

(a) $\quad y_{k,j} \in S$ und $\|y_{k+1,j} - x^*\| \leqq (1 + 2c_0\beta\gamma^{2n}\delta^2)^k \|y_{1,j} - x^*\|$,

(b) $\quad |f_k(y_{k+1,j})| \leqq c_2(\|x_i - x^*\| + |h_i|) \|y_{1,j} - x^*\|$,

(c) $\quad |f_r(y_{k+1,j}) - f_r(y_{r+1,j})| \leqq (k-1)\, c_2(\|x_i - x^*\| + |h_i|) \|y_{1,j} - x^*\|$

$(r = 1, \ldots, k)$,.

Zum Beweis von $y_{k,j} \in S$ in (a) hat man für $k = 1$

$$\begin{aligned} \|y_{1,j} - x^*\| &= \|y_{n+1,j-1} - x^*\| \leqq c_4^j(\|x_i - x^*\| + |h_i|)^j \|x_i - x^*\| \\ &\leqq (2c_4\varepsilon)^j \|x_i - x^*\| < \|x_i - x^*\| \leqq \varepsilon < \varrho \end{aligned} \tag{7}$$

und im Induktionsschritt

$$\|y_{k,j} - x^*\| \leqq (1 + 2c_0\beta\gamma^{2n}\delta^2)^{k-1} \|y_{1,j} - x^*\| \leqq c_1\varepsilon < \varrho$$

zu beachten. Der Nachweis der weiteren Ungleichungen erfolgt unter Benutzung von Lemma 1, 2 und 3 völlig analog zum Fall $m = 0$, der in [12] im Detail ausgeführt ist.

Aus (b) und (c) erhält man dann weiter

$$\begin{aligned} |f_r(y_{n+1,j})| &\leqq |f_r(y_{n+1,j}) - f_r(y_{r+1,j})| + |f_r(y_{r+1,j})| \\ &\leqq nc_2(\|x_i - x^*\| + |h_i|) \|y_{1,j} - x^*\| \end{aligned}$$

und damit

$$\|F(y_{n+1,j})\| \leqq c_3(\|x_i - x^*\| + |h_i|) \|y_{1,j} - x^*\|.$$

Nun kann Ungleichung (6) unmittelbar bestätigt werden: Es ist unter Beachtung von (a)

$$\begin{aligned} \|y_{n+1,j} - x^*\| &\leqq \|F'(x^*)^{-1}\| \{\|F(y_{n+1,j}) - F(x^*) - F'(x^*)(y_{n+1,j} - x^*)\| \\ &\quad + \|F(y_{n+1,j})\|\} \\ &\leqq \beta \left\{\frac{L}{2} \|y_{n+1,j} - x^*\|^2 + \|F(y_{n+1,j})\|\right\} \\ &\leqq \beta \left\{\frac{L}{2} c_1^2 \|y_{1,j} - x^*\| + c_3(\|x_i - x^*\| + |h_i|) \|y_{1,j} - x^*\|\right\} \end{aligned}$$

und schließlich wegen (7) und der Induktionsannahme

$$\begin{aligned} \|y_{n+1,j} - x^*\| &\leqq \beta(Lc_1^2 + c_3)(\|x_i - x^*\| + |h_i|) \|y_{n+1,j-1} - x^*\| \\ &\leqq c_4^{j+1}(\|x_i - x^*\| + |h_i|)^{j+1} \|x_i - x^*\|. \end{aligned} \tag{8}$$

Damit ist der Beweis des Hilfssatzes erbracht. Die Aussage des Konvergenzsatzes ergibt sich nun sofort über die Beziehung

$$\|x_i - x^*\| \leqq (2c_4\varepsilon)^i \varepsilon,$$

die man durch eine einfache Induktion nachweisen kann. Aus (8) entnimmt man ferner die Monotonieeigenschaft

$$\|y_{n+1,j} - x^*\| \leqq \|y_{n+1,j-1} - x^*\| \qquad (j = 1, \ldots, m). \tag{9}$$

4. Konvergenzgeschwindigkeit und Effektivität

Die Voraussetzungen des Konvergenzsatzes seien im folgenden stets erfüllt. Als Ausgangspunkt für die Ermittlung der Konvergenzgeschwindigkeit für eine konkrete Schrittweitenwahl kann dann die Ungleichung (5) dienen. Ihr ist unmittelbar zu entnehmen, daß für hinreichend kleine Schrittweiten ($|h_i| \leqq \varepsilon$) die Konvergenz mindestens Q-linear, im Falle $h_i \to 0$ Q-überlinear erfolgt. (Für die Theorie der Konvergenzordnungen wird auf [9, 16] verwiesen.) Gilt von einem Index i_0 an

$$0 < |h_i| \leqq \|x_i - x_{i-1}\| \leqq \varepsilon,$$

so ergibt sich mindestens die R-Ordnung $\varkappa = \frac{1}{2}\left(1 + \sqrt{4m + 5}\right)$. Mit (5) erhält man nämlich

$$\begin{aligned}\|x_{i+1} - x^*\| &\leqq C(\|x_i - x^*\| + \|x_i - x_{i-1}\|)^{m+1} \|x_i - x^*\| \\ &\leqq C(2\|x_i - x^*\| + \|x_{i-1} - x^*\|)^{m+1} \|x_i - x^*\|,\end{aligned}$$

woraus sich wegen $\|x_i - x^*\| \leqq \|x_{i-1} - x^*\|$ (vgl. (9))

$$\|x_{i+1} - x^*\| \leqq 3^{m+1} C \|x_i - x^*\| \|x_{i-1} - x^*\|^{m+1}$$

ergibt. Die positive Wurzel der zu dieser Abschätzung gehörigen charakteristischen Gleichung $z^2 = z + (m + 1)$ ist die behauptete R-Ordnung.

Eine höhere Konvergenzordnung läßt sich nachweisen, wenn für $i \geqq i_0$ die Bedingung

$$0 < |h_i| \leqq \|x_i - y_{n+1,m-1,i-1}\| \leqq \varepsilon \tag{10}$$

erfüllt wird. Um geeignete Abschätzungen zu erhalten, muß zunächst die Folge $(y_{n+1,m-1,i})$ betrachtet werden, wobei zur Vereinfachung jetzt der feste erste Index $n + 1$ weggelassen wird. Unter Beachtung von $x_i = y_{m,i-1}$ folgt aus (6), (9) und (8)

$$\begin{aligned}\|y_{m-1,i} - x^*\| &\leqq c_4{}^m(\|x_i - x^*\| + \|x_i - y_{m-1,i-1}\|)^m \|x_i - x^*\| \\ &\leqq (3c_4)^m \|y_{m-1,i-1} - x^*\|^m \|x_i - x^*\| \\ &\leqq (3c_4)^m \|y_{m-1,i-1} - x^*\|^{m-1} c_4(\|x_{i-1} - x^*\| + \|x_{i-1} - y_{m-1,i-2}\|) \\ &\leqq (3c_4)^{m+1} \|y_{m-1,i-1} - x^*\|^{m+1} \|y_{m-1,i-2} - x^*\|.\end{aligned}$$

Die Folge $(y_{m-1,i})$ konvergiert also mindestens mit der Q-Ordnung $m+1$ und der R-Ordnung

$$\varkappa = \frac{1}{2}\left(m + 1 + \sqrt{m^2 + 2m + 5}\right), \tag{11}$$

die sich als positive Wurzel der charakteristischen Gleichung $z^2 = (m+1)z + 1$ ergibt. Ersichtlich gilt für $\varkappa$ die Einschließung $m + 1 < \varkappa < m + 2$. Wegen $\|x_i - x^*\| \leqq \|y_{m-1,i-1} - x^*\|$ besitzt auch die Folge (x_i) mindestens die angegebene R-Ordnung $\varkappa$. Ungleichung (5) liefert überdies die Q-überlineare Konvergenz.

Mit Hilfe des Ostrowskischen Effektivitätsbegriffes kann nun bei gegebener Dimension n die jeweils günstigste Stufenzahl m ermittelt werden. Die asymptotische Effektivität eines Iterationsverfahrens (siehe etwa [16]) ist durch die Größe

$$\lambda = \frac{\ln \varkappa}{\alpha}$$

erklärt, wo $\varkappa$ die Konvergenzordnung (R-Ordnung) und α eine Kenngröße für den Aufwand pro Iterationsschritt bezeichnen. Wir verwenden für α die Anzahl der skalaren Funktionsberechnungen, bezogen auf die Dimension n, und unterstellen, daß alle Komponenten annähernd den gleichen Aufwand erfordern. Für das hier betrachtete Verfahren gilt dann

$$\alpha = \frac{n+3}{2} + m.$$

Das Maximum der zugehörigen Effektivitätskenngröße

$$\lambda_n(m) = \frac{\ln\left[\frac{1}{2}\left(m + 1 + \sqrt{m^2 + 2m + 5}\right)\right]}{\frac{n+3}{2} + m}$$

definiert die optimale Stufenzahl m_n^*. Tabelle 1 gibt für einige Werte von n die Größen m_n^* und $\lambda_n(m)$ $(m = 0, m_n^*, n)$ an. In Tabelle 2 schließen wir einen Effektivitätsvergleich mit einigen anderen Verfahren an. Es bedeuten:

(V 1) Mehrstufiges Regula-falsi-Verfahren nach Schmidt/Schwetlick [14], Brent [1]:

$$\varkappa = \frac{1}{2}\left(m + 1 + \sqrt{m^2 + 2m + 5}\right), \qquad \alpha = n + m;$$

(V 2) n-Schritt-Verfahren vom Sekantentyp nach Danilin/Pšeničnyj [3], Schmidt [11] und Schwetlick [15]:

$$\varkappa : \varkappa^{n+1} - \varkappa^n - 1 = 0, \qquad \alpha = 2;$$

(V 3) Sequentielles Sekantenverfahren nach Bittner und Wolfe (siehe etwa [9]):

$$\varkappa : \varkappa^{n+1} - \varkappa^n - 1 = 0, \qquad \alpha = 1;$$

Tabelle 1. Asymptotische Effektivität $\lambda_n(m)$ von Brown-Brent-Verfahren

n	$\lambda_n(0)$	$m_n{}^*$	$\lambda_n(m_n{}^*)$	$\lambda_n(n)$
2	0.1925	2	0.2655	0.2655
3	0.1604	3	0.2406	0.2406
4	0.1375	3	0.2221	0.2196
5	0.1203	3	0.2062	0.2020
7	0.09624	4	0.1830	0.1746
10	0.07403	5	0.1581	0.1458
15	0.05347	6	0.1310	0.1157
20	0.04184	8	0.1133	0.09672
30	0.02916	10	0.09080	0.07388
40	0.02238	12	0.07674	0.06039
50	0.01816	14	0.06697	0.05140
100	0.009344	22	0.04268	0.03046
1000	0.000960	129	0.007720	0.004601

Tabelle 2. Relative Effektivität der Verfahren (V 1) bis (V 5), bezogen auf (V 0)

n	(V 1)	(V 2)	(V 3)	(V 4)	(V 5)
2	1.9	1.2	2.4	2.0	1.7
3	2.0	1.3	2.7	2.1	2.0
4	2.1	1.5	2.9	2.2	2.3
5	2.3	1.6	3.1	2.2	2.6
7	2.5	1.7	3.5	2.4	3.0
10	2.8	1.9	3.9	2.6	3.6
15	3.2	2.2	4.4	2.8	4.4
20	3.5	2.4	4.7	3.0	4.9
30	4.0	2.6	5.3	3.2	5.9
40	4.3	2.8	5.7	3.4	6.5
50	4.6	3.0	6.0	3.6	7.1
100	5.6	3.5	7.1	4.1	9.0
1000	9.1	5.4	10.9	6.1	16.0

(V 4) Modifiziertes Broyden-Verfahren nach GAY/SCHNABEL [4] (siehe MARTÍNEZ [7]):

$$\varkappa: \varkappa^{2n} - \varkappa^{2n-1} - 1 = 0, \qquad \alpha = 1;$$

(V 5) Mehrstufiges Brown-Brent-Verfahren (vgl. § 2) mit Schrittweitenwahl gemäß (10):

$$\varkappa = \frac{1}{2}\left(m + 1 + \sqrt{m^2 + 2m + 5}\right), \qquad \alpha = \frac{n+3}{2} + m.$$

Die in Tabelle 2 angegebenen Werte stellen das Verhältnis der asymptotischen Effektivitäten des jeweiligen Verfahrens zu denen des gewöhnlichen diskretisierten

Newton-Verfahrens vom Sekantentyp mit

$$\text{(V 0)} \qquad \varkappa = \frac{1}{2}\left(1 + \sqrt{5}\right), \qquad \alpha = n + 1,$$

(siehe etwa [9]) dar. Bei den Verfahren (V 1) und (V 5) wurden dabei die optimalen Stufenzahlen $m = m_n^*$ zugrunde gelegt. Für die Einschätzung der Verfahren ist zu beachten, daß für (V 2), (V 3) und (V 4) beim Start eine Anfangsapproximation der Jacobi-Matrix benötigt wird, die $n + 1$ zusätzliche Funktionswertvektoren kostet. Dieser Aufwand ist in Tabelle 2 nicht mit erfaßt. Schließlich sind zum Nachweis der Konvergenzordnung bei (V 3) und (V 4) Voraussetzungen an die Lage der Iterationspunkte zu stellen, die nicht a priori überprüft werden können. Insgesamt zeigt also Tabelle 2 zumindest für mittlere und höhere Dimensionen eine deutliche Überlegenheit der Brown-Brent-Verfahren an. Daß diese asymptotische Einschätzung auch für die Rechenpraxis realistische Hinweise liefert, sollen einige numerische Beispiele in Tabelle 3 belegen. Als Testprobleme wurden ein zehndimensionales algebraisches

Tabelle 3. Numerische Ergebnisse zu den Verfahren (V 0) bis (V 5)

Testproblem	Verfahren	i (j)	f-Werte	Zeit	Defekt[1])
(P 1, 1)	(V 0)	4	440		$1.7_{10}{-10}$
	(V 1) $m = 0$	4	410		$1.1_{10}{-10}$
	(V 1) $m^* = 7$	1 (4)	150		$6.3_{10}{-10}$
	(V 2)	5	190		$1.7_{10}{-10}$
	(V 3)	5	150		$1.2_{10}{-10}$
	(V 4)	5	150		$4.9_{10}{-10}$
	(V 5) $m = 0$	4	260	0.48	$8.1_{10}{-10}$
	(V 5) $m^* = 5$	1 (4)	105	0.24	$9.6_{10}{-10}$
(P 1, 2)	(V 0)	6	660		$1.1_{10}{-10}$
	(V 1) $m = 0$	7	710		$1.7_{10}{-10}$
	(V 1) $m = 1$	4 (1)	450		$3.3_{10}{-10}$
	(V 1) $m^* = 7$	Keine Konvergenz			
	(V 2)	Keine Konvergenz			
	(V 3)	14	240		$3.8_{10}{-10}$
	(V 4)	15	250		$9.0_{10}{-10}$
	(V 5) $m = 0$	5	325	0.58	$9.9_{10}{-10}$
	(V 5) $m^* = 5$	2 (4)	220	0.50	$6.8_{10}{-10}$
	(V 5) $m = 10$	2 (2)	250	0.54	$8.7_{10}{-10}$
(P 2)	(V 0)	3	7650		$1.9_{10}{-7}$
	(V 1) $m = 0$	4	10050		$3.0_{10}{-8}$
	(V 1) $m^* = 22$	1 (4)	2750		$2.7_{10}{-7}$
	(V 2)	6	3050		$2.2_{10}{-7}$
	(V 3)	5	2750		$3.0_{10}{-8}$
	(V 4)	5	2750		$4.5_{10}{-8}$
	(V 5) $m = 0$	3	3975	100	$6.6_{10}{-7}$
	(V 5) $m^* = 14$	1 (3)	1475	40	$8.6_{10}{-7}$

i: Iterationsschritt; j: Stufe (bei mehrstufigen Verfahren)

[1]) Abbruchkriterium: $\max\limits_{k=1,\ldots,n} |f_k(x_i)| < \varepsilon$ (P1: $\varepsilon = {}_{10}{-9}$; P2: $\varepsilon = {}_{10}{-6}$)

System (P 1) mit zwei verschiedenen Startvektoren (P 1, 1), (P 1, 2) und das transzendente System von GHERI/MANCINO [5] der Dimension $n = 50$ (P 2) verwendet. Die Verfahrensklasse (V 5) wird hier durch ein Brent-Verfahren repräsentiert. Es ist an dieser Stelle nochmals darauf hinzuweisen, daß im Rahmen dieser Arbeit nur das Verhalten der Verfahren von hinreichend guten Startwerten aus untersucht wird. Weitergehende Testrechnungen haben gezeigt, daß die effektiven mehrstufigen bzw. Mehrschritt-update-Verfahren (V 1) bis (V 5) in dieser Hinsicht deutlich empfindlicher sind als die entsprechenden Grundverfahren ($m = 0$) bzw. das diskretisierte Newton-Verfahren (V 0). In der Praxis wird man deshalb lokal effektive Verfahren stets in geeigneter Weise mit robusteren Verfahren bzw. Globalisierungstechniken kombinieren.

5. Behandlung gemischt linear-nichtlinearer Gleichungssysteme

Von SCHMIDT/HOYER [13] wurde aufgezeigt, daß im nichtlinearen System (1) vorkommende rein lineare Gleichungen bei den Brown-Brent-Verfahren besonders günstig berücksichtigt werden können. Das System bestehe aus r an den Anfang gestellten linearen und weiteren $n - r$ nichtlinearen Gleichungen, so daß es sich mit einem Vektor $b \in R^r$ und einer (r, n)-Matrix C, deren Zeilen als linear unabhängig vorausgesetzt werden, durch

$$F(x) = \begin{bmatrix} Cx - b \\ f_{r+1}(x) \\ \vdots \\ f_n(x) \end{bmatrix} = 0 \tag{12}$$

beschreiben läßt. Die in [13] für das Grundverfahren ($m = 0$) vorgeschlagene Modifikation kann nun auch auf das Verfahren mit einer m-stufigen Nachverbesserung aus § 2 übertragen werden:

Erster Iterationsschritt:

Stufe 0: Setze $R_{1,0} = Q_0$, $y_{1,0,0} = x_0$ und führe für $k = 1, \ldots, n$ die Anweisungen (I), (II) und (III) aus.

Stufe j: Setze $y_{r+1,j,0} = y_{n+1,j-1,0}$ und führe für $k = r + 1, \ldots, n$ die Anweisung (IV) aus. ($j = 1, \ldots, m$)

$(i + 1)$-ter Iterationsschritt ($i = 1, 2, \ldots$):

Stufe 0: Setze $R_{r+1,i} = R_{n+1,i-1}$ bei der Brent-Variante (3) bzw. $R_{r+1,i} = R_{r+1,0}$ bei der Brown-Variante (4), $y_{r+1,0,i} = x_i$ und führe für $k = r + 1, \ldots, n$ die Anweisungen (I), (II) und (III) aus.

Stufe j: Setze $y_{r+1,j,i} = y_{n+1,j-1,i}$ und führe für $k = r + 1, \ldots, n$ die Anweisung (IV) aus. ($j = 1, \ldots, m$)

Am Ende des Iterationsschrittes ist jeweils wieder $x_{i+1} = y_{n+1,m,i}$.

Zur Begründung dieses abgekürzten Verfahrens dient die folgende Aussage über den Algorithmus aus § 2 bei Anwendung auf ein System der speziellen Gestalt (12).

Aussage. *Für alle $i \geqq 0$ gilt*

(i) $y_{k+1,j,i} = y_{1,j,i} \quad (k = 1, \ldots, r;\ j = 1, \ldots, m)$,

(ii) $e_l^{\mathsf{T}}(Cy_{n+1,j,i} - b) = 0 \quad (l = 1, \ldots, r;\ j = 1, \ldots, m)$,

(iii) $y_{k+1,0,i+1} = y_{1,0,i+1} \quad (k = 1, \ldots, r)$,

(iv) $R_{k+1,i+1} = R_{1,i+1} \quad (k = 1, \ldots, r)$ *für die Variante* (3)
bzw.
$R_{k+1,i+1} = R_{k+1,0} \quad (k = 1, \ldots, r)$ *für die Variante* (4).

Beweis. Sei $i \geqq 0$ beliebig. Der Betrachtung in [13] entnimmt man zunächst für die Stufe 0 des Verfahrens

$$e_l^{\mathsf{T}}(Cy_{n+1,0,i} - b) = 0 \qquad (l = 1, \ldots, r).$$

Die Gültigkeit von (ii) für ein j $(0 \leqq j < m)$ liefert nun mit der Induktionsannahme

$$y_{k,j+1,i} = y_{1,j+1,i} \ (= y_{n+1,j,i}) \quad \text{für ein } k \quad (1 \leqq k \leqq r)$$

und unter Beachtung der konkreten Gestalt von f_k nach (IV)

$$y_{k+1,j+1,i} = y_{k,j+1,i} - \frac{e_k^{\mathsf{T}}(Cy_{k,j+1,i} - b)}{s_{k,i}} R_{n+1,i}e_k = y_{1,j+1,i}. \tag{13}$$

Damit ist (i) für $j + 1$ nachgewiesen. Insbesondere hat man damit bestätigt, daß

$$e_l^{\mathsf{T}}(Cy_{r+1,j+1,i} - b) = 0 \qquad (l = 1, \ldots, r)$$

gilt. Daraus erhält man ebenfalls durch eine einfache Induktion analog zu [13] unter Ausnutzung von

$$e_l^{\mathsf{T}}CR_{k+1,i}e_k = 0 \qquad (l = 1, \ldots, r;\ k = r + 1, \ldots, n)$$

die Beziehung

$$e_l^{\mathsf{T}}(Cy_{n+1,j+1,i} - b) = 0 \qquad (l = 1, \ldots, r).$$

(i) und (ii) sind folglich für $j = 1, \ldots, m$ gültig. Die Richtigkeit von (iii) folgt nun analog zu (13) sofort aus der Tatsache $y_{1,0,i+1} = x_{i+1} = y_{n+1,m,i}$. Schließlich kann der Beweis von (iv) aus [13] übernommen werden.

Damit ist gezeigt, daß sich der angegebene verkürzte Algorithmus dem allgemeinen Verfahren aus § 2 unterordnet, so daß die bewiesenen Konvergenzaussagen bestehen bleiben. Strenge Äquivalenz der Verfahren liegt jedoch nur vor, wenn der Fall $a_{k,i} = \alpha e_k$ bei der Variante (3) die Wahl $P_{k,i} = I$ und damit $s_{k,i} = \alpha$ nach sich zieht (vgl. den Beweis von (iv) in [13]). Dies wird man in einem Computerprogramm jedoch kaum vorsehen. Wir bemerken an dieser Stelle noch, daß sich infolge der speziellen Gestalt der ersten r Gleichungen für $k = 1, \ldots, r$ im ersten Iterationsschritt die Vektoren $a_{k,0}$ in (II) nach

$$e_l^{\mathsf{T}}a_{k,0} = e_k^{\mathsf{T}}CR_{k,0}e_l \qquad (l = k, \ldots, n)$$

berechnen lassen.

Abgesehen vom ersten Iterationsschritt wird der Aufwand im modifizierten Verfahren im wesentlichen durch die $(n-r)\left(\frac{n-r+3}{2}+m\right)$ nichtlinearen Funktionsberechnungen und die in den Teilschritten $r+1, \ldots, n-1$ durchzuführenden Transformationen (II) bestimmt. Falls ein größerer Anteil linearer Gleichungen im System auftritt, kann durch die Einsparung der linearen Funktionsberechnungen und der Transformationen in den Teilschritten $1, \ldots, r$ eine erhebliche Reduzierung des Rechenaufwandes erzielt werden. Beispielsweise verringert sich bei $r = n/2$ die Zahl der arithmetischen Operationen (Additionen, Multiplikationen) außerhalb der nichtlinearen Funktionsberechnungen von $\frac{11}{8} n^3 + O(n^2)$ auf $\frac{1}{4} n^3 + O(n^2)$. Für die effektive Wahl der Stufenzahl m kann auf Tabelle 1 zurückgegriffen werden, wobei als „Dimension n" jetzt nur die Anzahl $n - r$ der nichtlinearen Gleichungen zu verwenden ist. In Tabelle 4 sind für ein Beispiel aus der Analyse elektronischer Netzwerke einige numerische Resultate angegeben. Das Gleichungssystem besteht aus 28 linearen und 4 nichtlinearen Gleichungen.

Tabelle 4. Numerisches Beispiel zum Verfahren aus § 5

Verfahren	m	$i\ (j)$	f-Werte (total)	f-Werte (nichtlin.)	Zeit	Defekt
Standard	0	4 (0)	2240	56	7.02	$1.3_{10}-8$!
(§ 2)	10(*)	1 (10)	880	54	4.32	$2.6_{10}-10$
verkürzt	0	4 (0)	602	56	2.32	$9.7_{10}-10$
(§ 5)	3(*)	2 (1)	590	44	2.26	$4.6_{10}-10$
	10	1 (10)	600	54	2.30	$5.9_{10}-10$

(*): optimale Stufenzahl m_n^*

Literatur

[1] Brent, R. P., Some efficient algorithms for solving systems of nonlinear equations, SIAM J. Numer. Anal. **10** (1973), 327–344.

[2] Brown, K. M., A quadratically convergent Newton-like method based upon Gaussian elimination, SIAM J. Numer. Anal. **6** (1969), 560–569.

[3] Данилин, Ю. М., и Б. Н. Пшеничный, О методах минимизации с ускоренной сходимостью, ЖВМиМФ **10** (1970), 1341–1354.

[4] Gay, D. M., and R. B. Schnabel, Solving systems of nonlinear equations by Broyden's method with projected updates, in: Mangasarian, O. L., R. R. Meyer and S. M. Robinson (eds.), Nonlinear Programming 3, Academic Press, New York 1978, p. 245–281.

[5] Gheri, G., and O. G. Mancino, A significant example to test methods for solving systems of nonlinear equations, Calcolo **8** (1971), 107–113.

[6] Martínez, J. M., Generalization of the methods of Brent and Brown for solving nonlinear simultaneous equations, SIAM J. Numer. Anal. **16** (1979), 434–448.

[7] Martínez, J. M., On the order of convergence of Broyden-Gay-Schnabel's method, Comment. Math. Univ. Carol. **19** (1978), 107–118.

[8] Moré, J. J., and M. Y. Cosnard, Numerical solution of nonlinear equations, ACM Trans. Math. Software **5** (1979), 64–85.
[9] Ortega, J. M., and W. C. Rheinboldt, Iterative Solution of Nonlinear Equations in Several Variables, Academic Press, New York 1970.
[10] Richter, W., Theoretische und numerische Untersuchungen zum Brown-Brent-Verfahren, Diplomarbeit, TU Dresden 1978.
[11] Schmidt, J. W., Überlinear konvergente Mehrschrittverfahren vom Regula-falsi- und Newton-Typ, ZAMM **53** (1973), 103–114.
[12] Schmidt, J. W., und W. Hoyer, Ein Konvergenzsatz für Verfahren vom Brown-Brent-Typ, ZAMM **57** (1977), 397–405.
[13] Schmidt, J. W., und W. Hoyer, Die Verfahren vom Brown-Brent-Typ bei gemischt linearen-nichtlinearen Gleichungssystemen, ZAMM **58** (1978), 425–428.
[14] Schmidt, J. W., und H. Schwetlick, Ableitungsfreie Verfahren mit höherer Konvergenzgeschwindigkeit, Computing **3** (1968), 215–226.
[15] Schwetlick, H., Zur Realisierung und Konvergenz von Mehrschrittverfahren zur iterativen Lösung nichtlinearer Gleichungen, ZAMM **54** (1974), 479–493.
[16] Schwetlick, H., Numerische Lösung nichtlinearer Gleichungen, VEB Deutscher Verlag der Wissenschaften, Berlin 1978 / R. Oldenbourg Verlag, München–Wien 1979.

Manuskripteingang: 18. 1. 1980

VERFASSER:

Dr. Wolfgang Hoyer, Sektion Mathematik der Technischen Universität Dresden

Beiträge zur Numerischen Mathematik
10 (1981), 71–89

Ein parametrisches Zweischrittverfahren

Roswitha März

1. Einleitung

Parametrische Integrationsverfahren für gewöhnliche DGLn sind wegen der in ihnen enthaltenen frei wählbaren Parameter anpassungsfähig an konkrete Aufgabenstellungen.

Das Verfahren von Liniger und Willoughby ([3, 4]) ist seinem Wesen nach eine parametrische Modifikation der Trapezregel mit Ermöglichung von Exponentialanpassungen. Auch die Modifikationen interpolativer Mehrschrittverfahren von Norsett ([8]) sowie die Verfahren mit variablen Matrix-Koeffizienten von Lambert und Sigurdsson ([2]) sind als parametrische Verfahren anzusehen. Das lineare parametrische implizite Zweischrittverfahren von Liniger ([3]) bietet durch entsprechende Parameterwahl ebenfalls die Möglichkeit zum exponential fit. In [5–7] wurden auf Interpolation beruhende parametrische implizite Ein- und Mehrschrittverfahren vorgestellt. Auch diese Verfahren erlauben Exponentialnachbildungen. Dabei benötigt man zur Bestimmung der exponential-fit-Parameter keinerlei Kenntnisse über die Jacobi-Matrix der rechten Seite der DGL, wodurch sich diese Verfahren prinzipiell von jenen in [8, 9] unterscheiden.

Hier soll nun eine in [7] bereits notierte parametrische Modifikation des zweischrittigen Adams-Bashforth-Verfahrens eingehend untersucht werden. Unter anderem wird die gleichmäßige Konvergenz der Näherungslösungen auf dem Integrationsintervall bei nahezu beliebiger Parameterwahl und Intervallzerlegung nachgewiesen. Die Ordnung des Verfahrens ist wie beim zweischrittigen Adams-Bashforth-Verfahren gleich 2. Für die Schrittweitensteuerung werden Schätzungen des lokalen Fehlers zur Verfügung gestellt. Nach Diskussion verschiedener Varianten der Parameterbestimmung wird einem Verfahren der Vorzug gegeben, welches pro Schritt zwischen trivialen und exponential-fit-Parametern auswählt. Das Verfahren hat sich sowohl beim Rechnen mit konstanter als auch mit variabler Schrittweite bewährt, wie an einer Reihe von Beispielen demonstriert wird.

2. Konstruktion des parametrischen Verfahrens

Wie in [5, 6] verwenden wir die parametrische Interpolierende

$$p(t, \alpha) = g(t_A) + \big(g(t_B) - g(t_A)\big)\, u(\alpha, t_B - t_A, t, t_A), \tag{0}$$

$$u(\beta, h, t, s) = \begin{cases} (t-s)/h, & \text{falls } \beta = 0, \\ (1 - e^{-\beta(t-s)})/(1 - e^{-\beta h}) & \text{sonst}, \end{cases}$$

$$h, t, s, \beta \in R,\ h > 0,$$

die eine reelle Funktion $g(\cdot)$ in den Stützstellen t_A, t_B interpoliert. Ist $g(\cdot)$ zweimal stetig differenzierbar, so gilt für das Restglied der Interpolation die Darstellung

$$g(t) - p(t, \alpha) = \int_{t_A}^{t} \int_{t_A}^{t_B} G(\alpha, z, s)\,\big(g''(s) + \alpha g'(s)\big)\, ds\, dz$$

mit

$$G(\alpha, z, s) = \lambda_{[t_A, z]} e^{-\alpha(z-s)} - \int_{s}^{t_B} e^{-\alpha(t_B - v)}\, dv \left(\int_{t_A}^{t_B} e^{-\alpha(v - t_A)}\, dv \right)^{-1}.$$

Für die numerische Integration der Anfangswertaufgabe (AWA)

$$\left.\begin{aligned} x'(t) &= f\big(x(t), t\big), \qquad t \in [t_0, T] \\ x(t_0) &= x_0 \end{aligned}\right\},$$

mit $f \in C[R^m \times [t_0, T], R^m)$,

$$|f(x, t) - f(y, t)| \leqq L_f\, |x - y|, \qquad x, y \in R^m, \qquad t \in [t_0, T],^{1)}$$

und der exakten Lösung $x_*(\cdot)$, zerlegen wir das Intervall $[t_0, T]$ durch

$$t_0 < t_1 < \cdots < t_N = T.$$

Es sei noch $h_l = t_l - t_{l-1}$, $l = 1, \ldots, N$, $h = \max\limits_{l=1,\ldots,N} h_l$.

Statt des Newtonschen Interpolationspolynoms mit den Stützstellen t_{l-2}, t_{l-1}, welches bei der Konstruktion des Adams-Bashforth-Verfahrens verwendet wird, setzen wir nun zur Berechnung einer Näherung x_l für $x_*(t_l)$ unsere Interpolierende (0) mit diesen Stützstellen ein. Dabei wird pro Schritt und pro Zeile ein eigener Parameter $\alpha_l{}^i$ zugelassen. Das entstehende Verfahren hat die Form

$$x_l{}^i = x_{l-1}^i + h_l f_{l-2}^i + h_{l-1} b(\alpha_l{}^i h_{l-1}, h_l/h_{l-1})\,(f_{l-1}^i - f_{l-2}^i), \tag{1}$$

$$\alpha_l{}^i \in R,\ i = 1, \ldots, m,\ l = 2, \ldots, N,$$

$$b(\beta, k) = \begin{cases} \big(k + e^{-\beta}(e^{-\beta k} - 1)/\beta\big)/(1 - e^{-\beta}), & \text{wenn } \beta \neq 0, \\ \big((1 + k)^2 - 1\big)/2, & \text{wenn } \beta = 0, \end{cases}$$

$$k, \beta \in R,\ k > 0.$$

[1]) Gemeint ist immer die Maximumnorm des R^m.

Die Koeffizientenfunktion $b(\cdot, k)$ ist stetig differenzierbar, es gilt speziell

$$b_\beta'(0, k) = -\frac{k^2}{12}(2k + 3),$$

so daß wir später für kleine β die Entwicklung

$$b(\beta, k) = \frac{(1 + k)^2 - 1}{2} - \frac{\beta k^2}{12}(2k + 3) + O(\beta^2)$$

nutzen können.

Verschwinden alle Parameter $\alpha_l{}^i$, so ist (1) gerade das zweischrittige Adams-Bashforth-Verfahren mit variabler Schrittweite. Nach unserem Ansatz wird die Lösung $x_*(\cdot)$ der AWA auf $[t_{l-1}, t_l]$ durch die Funktion $\tilde{x}(\cdot)$,

$$\tilde{x}^i(t) = x_{l-1}^i + (t - t_{l-1}) f_{l-2}^i + h_{l-1} b\left(\alpha_l{}^i h_{l-1}, \frac{t - t_{l-1}}{h_{l-1}}\right)(f_{l-1}^i - f_{l-2}^i), \tag{2}$$

$$i = 1, \ldots, m, \qquad l = 2, \ldots, N,$$

angenähert. $\tilde{x}(\cdot)$ ist stückweise stetig differenzierbar, auf (t_{l-1}, t_l) gilt

$$\tilde{x}^{i\prime}(t) = f_{l-2}^i + u(\alpha_l{}^i, h_{l-1}, t, t_{l-2})(f_{l-1}^i - f_{l-2}^i)$$

und damit

$$\begin{aligned} &x^{i\prime}(t_{l-1}^+) = f_{l-1}^i, \\ &x^{i\prime}(t_l^-) = f_{l-2}^i + c(\alpha_l{}^i h_{l-1}, h_l/h_{l-1})(f_{l-1}^i - f_{l-2}^i), \\ &c(\beta, k) = \begin{cases} (1 - e^{-\beta(k+1)})/(1 - e^{-\beta}), & \text{wenn } \beta \neq 0, \\ k + 1, & \text{wenn } \beta = 0, \end{cases} \\ &\beta, k \in R, \ k > 0. \end{aligned} \tag{3}$$

Auch $c(\cdot, k)$ ist stetig differenzierbar und positiv, speziell gilt

$$c_\beta'(0, k) = -k\frac{k + 1}{2}$$

und damit für kleine β

$$c(\beta, k) = (k + 1)\left(1 - \frac{\beta k}{2}\right) + O(\beta^2).$$

Schließlich sei noch bemerkt, daß $b(\beta, k)$ für jedes k in β monoton fallend ist und

$$\begin{aligned} &\lim_{\beta \to -\infty} b(\beta, k) = \infty, \\ &b(\beta, k) > k, \qquad \beta \in R, \\ &\lim_{\beta \to +\infty} b(\beta, k) = k \end{aligned}$$

gilt.

3. Einige Eigenschaften des parametrischen Verfahrens

Durch die über den Parameter in die Interpolierende (0) hineingetragene Variabilität wird auch (1) variierbar und damit anpassungsfähig im Rahmen der zugrunde gelegten Konstruktion. In (0) kann durch entsprechende Wahl von α die Interpolationsbasis festgelegt werden, für $\alpha = 0$ als polynomiale, für $\alpha \neq 0$ als Exponentialfunktions-Basis. Diese Eigenschaft überträgt sich auch auf (1).

Satz 1. *Das Verfahren* (1) *liefert zusammen mit der Festlegung*

$$\alpha_l{}^i = \begin{cases} -\dfrac{f_{l-1}^i}{x_{l-1}^i}, & \text{falls } x_{l-1}^i \neq 0, \\ \text{beliebig aus } R, & \end{cases} \tag{F}$$

$$i = 1, \ldots, m, \qquad l = 2, \ldots, N,$$

die exakten Lösungswerte (bzw. mit $\tilde{x}(\cdot)$ die exakte Lösung $x_*(\cdot)$), sobald die Anfangswerte x_0, x_1 genau sind und jede Komponente $x_*{}^i(\cdot)$ der Lösung entweder eine Exponentialfunktion mit reellem Exponenten oder ein Polynom ersten Grades darstellt, $i = 1, \ldots, m$.

Beweis. Nach Voraussetzung gilt für $i = 1, \ldots, m$ jeweils entweder

$$x_*{}^i(t) = x_1{}^i e^{\gamma_i(t-t_1)}, \qquad x_0{}^i, x_1{}^i \neq 0, \gamma_i = f_1{}^i/x_1{}^i = f_0{}^i/x_0{}^i$$

oder

$$x_*{}^i(t) = x_1{}^i + \gamma_i(t - t_1), \qquad \gamma_i = f_0{}^i = f_1{}^i.$$

Nach (1) berechnet man für $l = 2$ im Falle der Exponentialfunktion

$$x_2{}^i = x_1{}^i(e^{\gamma_i h_2} - e^{\gamma_i(h_1+h_2)})/(1 - e^{\gamma_i h_1}) = x_1{}^i e^{\gamma_i h_2} = x_*{}^i(t_2)$$

und sonst

$$x_2{}^i = x_1{}^i + \gamma_i h_2 = x_*{}^i(t_2)$$

usw., q. e. d.

Satz 1 bietet die Möglichkeit, auch durch ein explizites Verfahren Exponentialfunktionen mit reellen Exponenten genau nachzubilden. Dabei wird weder die Jacobi-Matrix der rechten Seite der DGL benötigt noch eine Exponentialmatrix berechnet, auch eine spezielle Struktur der rechten Seite wird nicht verlangt (vgl. [8, 9]).

Die Parameter $\alpha_l{}^i$ in (1) können aber auch auf jede andere Weise festgelegt werden. Da die Näherungslösungen wegen der entsprechenden Eigenschaften der Koeffizientenfunktion $b(\cdot, k)$ lokal Lipschitz-stetig und stetig differenzierbar in den Parametern $(\alpha_l{}^1, \ldots, \alpha_l{}^m) \in R^m$ sind, ist dieses parametrische Verfahren zunächst erst einmal sinnvoll. Zur Parameterbestimmung ist z. B. ein Optimierungsverfahren mit der Adams-Bashforth-Näherung als Startwert denkbar, jedoch vermutlich viel zu aufwendig.

Nun seien $\tau(t)$, $\varepsilon(t)$ die lokalen bzw. globalen Fehler zum Zeitpunkt t, d. h.

$$\varepsilon(t) = x_*(t) - \tilde{x}(t),$$

und auf $(t_{l-1}, t_l]$

$$\tau(t) = \frac{1}{t - t_{l-1}} \left(x_*(t) - x_*(t_{l-1})\right) - f\left(x_*(t_{l-2}), t_{l-2}\right)$$

$$- \frac{h_{l-1}}{t - t_{l-1}} D_l(t) \left(f\left(x_*(t_{l-1}), t_{l-1}\right) - f\left(x_*(t_{l-2}), t_{l-2}\right)\right)$$

$$= \frac{1}{t - t_{l-1}} \left(x_*(t) - \tilde{x}_*(t)\right).$$

Dabei haben wir, um zu einer einfachen Schreibweise zu kommen, die Diagonalmatrix

$$D_l(t) = \operatorname{diag}\left(b\left(\alpha_l{}^1 h_{l-1}, \frac{t - t_{l-1}}{h_{l-1}}\right), \ldots, b\left(\alpha_l{}^m h_{l-1}, \frac{t - t_{l-1}}{h_{l-1}}\right)\right)$$

eingeführt. Die Funktion $\tilde{x}_*(\cdot)$ ist auf $(t_{l-1}, t_l]$ analog zu $\tilde{x}(\cdot)$ festgelegt, wobei statt der Näherungswerte x_{l-2}, x_{l-1} in (2) die exakten Lösungswerte $x_*(t_{l-2})$, $x_*(t_{l-1})$ eingesetzt werden.

Im weiteren wollen wir noch die Bezeichnungen $D_l = D_l(t_l)$, $\tau_l = \tau(t_l)$, $\varepsilon_l = \varepsilon(t_l)$ verwenden. Es gilt $\tau(t_{l-1}^+) = 0$.

Satz 2. *Es sei $x_*(\cdot)$ dreimal stetig differenzierbar. Das Verfahren* (1) *liefert für beliebige reelle $\alpha_l{}^i$ den lokalen Fehler*

$$\tau^i(t) = \frac{1}{t - t_{l-1}} \int\limits_{t_{l-1}}^{t} \int\limits_{t_{l-2}}^{z} \int\limits_{t_{l-2}}^{t_{l-1}} G(\alpha_l{}^i, v, s) \left(x_*{}^{i\prime\prime\prime}(s) + \alpha_l{}^i x_*{}^{i\prime\prime}(s)\right) ds\, dv\, dz,$$

$$t \in (t_{l-1}, t_l],$$

und es gilt die Abschätzung

$$|\tau^i(t)| \leqq C(\alpha_l{}^i)\, h^2 \max_{s \in [t_{l-1}, t_l]} |x_*{}^{i\prime\prime\prime}(s) + \alpha_l{}^i x_*{}^{i\prime\prime}(s)|,$$

$$t \in (t_{l-1}, t_l], \qquad i = 1, \ldots, m, \; l = 2, \ldots, N.$$

Beweis. Mit

$$\tau(t) = \frac{1}{t - t_{l-1}} \left(x_*(t) - x_*(t_{l-1})\right) - x_*{}'(t_{l-2}) - \frac{h_{l-1}}{t - t_{l-1}} D_l(t)$$
$$\times \left(x_*{}'(t_{l-1}) - x_*{}'(t_{l-2})\right)$$

haben wir zugleich

$$\tau^i(t) = \frac{1}{t - t_{l-1}} \int\limits_{t_{l-1}}^{t} \left(x_*{}^{i\prime}(z) - x_*{}^{i\prime}(t_{l-2})\right.$$
$$\left. - u(\alpha_l{}^i, h_{l-1}, z, t_{l-2}) \left(x_*{}^{i\prime}(t_{l-1}) - x_*{}^{i\prime}(t_{l-2})\right)\right) dz.$$

Hieraus folgt nun unter Verwendung der obigen Beschreibung des Interpolationsrestgliedes die behauptete Darstellung des lokalen Fehlers. Die angegebene Abschätzung folgt dann aus der Beschränktheit der Funktion $G(\cdot, \cdot, \cdot)$, q. e. d.

Die Konstanten $C(\alpha_l^i)$ sind ihrerseits gleichmäßig von oben beschränkt für $\alpha_l^i \in [\alpha_{\min}, \infty)$.

Durch Taylorabgleich errechnet man außerdem wie üblich

$$\tau_l^i = \frac{k(2k+3)}{12} h_{l-1}^2 \big(x_*^{i'''}(t_l) + \alpha_l^i x_*^{i''}(t_l)\big) + O(h^3)$$

mit $k = h_l/h_{l-1}$. Mit Hilfe dieser Darstellung wird eine Schätzung von τ_l möglich, die eventuell bei einer Schrittweitensteuerung verwendet werden kann. Für das in [6] beschriebene parametrische Einschrittverfahren läßt sich der entsprechende lokale Fehler τ_l^T bestimmen als

$$\tau_l^{Ti} = -\frac{k^2}{12} h_{l-1}^2 \big(x_*^{i'''}(t_l) + \alpha_l^i x_*^{i''}(t_l)\big) + O(h^3).$$

Unter Einbeziehung dieses Einschrittverfahrens kann man nun τ_l darstellen (vgl. [1], S. 82ff.) als

$$\tau_l^i = -\frac{2k+3}{3(k+1)} \left(\frac{1}{kh_{l-1}} (x_l^i - x_{l-1}^i) - f_{l-1}^i - b^T(\alpha_l^i h_{l-1} k)\, (f_l^i - f_{l-1}^i)\right) + O(h^3) \tag{4}$$

mit

$$b^T(\beta) = \begin{cases} (1 - e^{-\beta})^{-1} - \beta^{-1}, & \text{wenn } \beta \neq 0, \qquad \beta \in R. \\ 0.5, & \text{wenn } \beta = 0, \end{cases}$$

Bei der Berechnung von $b^T(\beta)$ für kleine β kann ausgenutzt werden, daß $b^T(\cdot)$ glatt ist und

$$b^{T'}(0) = 1/12, \qquad b^{T''}(0) = 0$$

gilt.

4. Konvergenz

In diesem Abschnitt soll die gleichmäßige Konvergenz der unserem Interpolationsansatz entsprechenden Näherung $\bar{x}(\cdot)$ bei feiner werdender Zerlegung gegen die exakte Lösung $x_*(\cdot)$ der AWA nachgewiesen werden. Zu diesem Zweck wird der globale Fehler wie üblich durch den lokalen Fehler abgeschätzt. Die Besonderheit der unten folgenden Untersuchung besteht darin, daß die genannten Größen auf dem ganzen Intervall $[t_0, T]$ definiert sind und in den Abschätzungen berücksichtigt werden, was ausführlichere Ausnutzung aller Gegebenheiten erfordert als bei den sonst üblichen „diskreten“ Abschätzungen.

Da nahezu beliebige Parametersätze und Zerlegungen zugelassen werden, stellen die folgenden Überlegungen die theoretische Grundlage für das Rechnen mit variabler Schrittweite und beliebiger Parameterbestimmung dar.

Wir schreiben sowohl unsere AWA als auch die Aufgabe der Erzeugung der Näherungslösung als Operatorgleichungen. Es seien die Operatoren

$$A \in \left(C^{(1)}([t_0, T], R^m), R^m \times C([t_0, T], R^m)\right),$$
$$\tilde{A} \in \left(C^{(1)}([t_0, T], R^m), C([t_0, T], R^m)\right)$$

definiert als

$$Ax = \left(x(t_0) - x_0, \tilde{A}x\right),$$
$$(\tilde{A}x)(t) = x'(t) - f\left(x(t), t\right), \qquad t \in [t_0, T], x \in C^{(1)}([t_0, T], R^m).$$

Die Lösung unserer AWA $x_*(\cdot)$ ist gerade Lösung der Gleichung

$$Ax = 0.$$

Zur obigen Intervallzerlegung sei ein beliebiger Satz $\mathfrak{A}$ von Parametern $\alpha_l{}^i$, $i = 1, \ldots, m$, $l = 2, \ldots, N$, gegeben. Wir führen Restriktionsoperatoren

$$p(\mathfrak{A}) \in \left(C^{(1)}([t_0, T], R^m), M(\mathfrak{A})\right) \quad \text{und} \quad r(\mathfrak{A}) \in \left(C([t_0, T], R^m), \tilde{N}(\mathfrak{A})\right)$$

ein als

$$\left(p(\mathfrak{A})\,x\right)(t) = \begin{cases} x(t_0) + (t - t_0)\,x'(t_0) & \text{für } t \in [t_0, t_0 + h_1/2], \\ x(t_0) + (t - t_0)\,x'(t_0 + h_1/2) & \text{für } t \in (t_0 + h_1/2, t_1], \\ \left(p(\mathfrak{A})\,x\right)(t_{l-1}) + (t - t_{l-1})\,x'(t_{l-2}) + h_{l-1}D_l(t)\left(x'(t_{l-1}) - x'(t_{l-2})\right) & \\ \qquad \text{für } t \in (t_{l-1}, t_l],\ l = 2, \ldots, N, & \end{cases}$$

$$\left(r(\mathfrak{A})\,y\right)^i(t) = \begin{cases} y^i(t_0) & \text{für } t \in [t_0, t_0 + h_1/2], \\ y^i(t_0 + h_1/2) & \text{für } t \in (t_0 + h_1/2, t_1], \\ y^i(t_{l-2}) + u(\alpha_l{}^i, h_{l-1}, t, t_{l-2})\left(y^i(t_{l-1}) - y^i(t_{l-2})\right) & \\ \qquad \text{für } t \in (t_{l-1}, t_l],\ l = 2, \ldots, N. & \end{cases}$$

Die Bildmengen der Restriktionsoperatoren $M(\mathfrak{A})$, $\tilde{N}(\mathfrak{A})$ haben die Dimensionen $m(N + 2)$ bzw. $m(N + 1)$.

$M(\mathfrak{A})$ besteht aus außer in $t_0 + h_1/2$ stetigen Funktionen mit stückweise stetigen Ableitungen. Die Elemente aus $\tilde{N}(\mathfrak{A})$ sind stückweise stetige Funktionen, sie sind in den Stützstellen von links stetig (in t_0 von rechts).

Ein $x(\cdot) \in M(\mathfrak{A})$ ist durch die Vorgabe von $x(t_0)$, $x'(t_0)$, $x(t_1), \ldots, x(t_N)$ eindeutig bestimmt; die Elemente aus $\tilde{N}(\mathfrak{A})$ sind durch die linksseitigen Grenzwerte in $t_0 + h_1/2$, $t_1, \ldots, t_N$ festgelegt.

Wir definieren nun noch die Operatoren

$$B(\mathfrak{A}) \in \left(M(\mathfrak{A}), R^m \times \tilde{N}(\mathfrak{A})\right) \quad \text{und} \quad \tilde{B}(\mathfrak{A}) \in \left(M(\mathfrak{A}), \tilde{N}(\mathfrak{A})\right)$$

als

$$B(\mathfrak{A})\,x = \bigl(x(t_0) - x_0, \tilde{B}(\mathfrak{A})\,x\bigr),$$

$$\bigl(\tilde{B}(\mathfrak{A})\,x\bigr)(t) = \begin{cases} x'(t_0) - f\bigl(x(t_0), t_0\bigr) & \text{in } t = t_0 + h_1/2, \\ \bigl(x(t_1) - x(t_0)\bigr)/h_1 \\ \quad - f\left(x(t_0) + \dfrac{h_1}{2} f\bigl(x(t_0), t_0\bigr), t_0 + \dfrac{h_1}{2}\right) \\ & \text{in } t = t_1, \\ \bigl(x(t_l) - x(t_{l-1})\bigr)/h_l - f\bigl(x(t_{l-2}), t_{l-2}\bigr) \\ \quad - \dfrac{h_{l-1}}{h_l} D_l\Bigl(f\bigl(x(t_{l-1}), t_{l-1}\bigr) - f\bigl(x(t_{l-2}), t_{l-2}\bigr)\Bigr) \\ & \text{in } t = t_l, \quad l = 2, \ldots, N. \end{cases}$$

Durch diese Festlegung ist $\tilde{B}(\mathfrak{A})\,x$ als Element von $\tilde{N}(\mathfrak{A})$ fixiert. Die Gleichung

$$B(\mathfrak{A})\,x = 0 \tag{5}$$

ist erfüllt für $x(\cdot) \in M(\mathfrak{A})$ mit $x(t_0) = x_0$, $\bigl(\tilde{B}(\mathfrak{A})\,x\bigr)(t_0 + h_1/2) = 0$, $\bigl(\tilde{B}(\mathfrak{A})\,x\bigr)(t_l) = 0$, $l = 1, \ldots, N$.

Die diskretisierte Gleichung (5) entspricht also unserem Verfahren (1), wobei hier der benötigte Anfangswert für die Stelle t_1 mit dem modifizierten Euler-Verfahren berechnet wird. Die in Punkt 2, Formel (2), auf $[t_1, T]$ bereits angegebene Näherung $\tilde{x}(\cdot)$ mit

$$\tilde{x}(t) = x_0 + (t - t_0)\, f(x_0, t_0), \qquad t \in [t_0, t_0 + h_1/2],$$

$$\tilde{x}(t) = t_0 + (t - t_0)\, f\left(x_0 + \frac{h_1}{2} f(x_0, t_0), t_0 + h_1/2\right), \qquad t \in (t_0 + h_1/2, t_1],$$

ist die einzige Lösung von (5).

Für die nun folgenden Ausführungen verwenden wir auf $M(\mathfrak{A})$ und $\tilde{N}(\mathfrak{A})$ die Maximumnorm $\|\cdot\|_C$ und auf $R^m \times \tilde{N}(\mathfrak{A})$ die Norm $\|\cdot\| = \max\,(|\cdot|, \|\cdot\|_C)$. Das Element $x(\cdot) \in M(\mathfrak{A})$ ist darstellbar in der Form

$$x(t) = \begin{cases} x(t_0) + (t - t_0)\, x'(t_0) & \text{für } t \in [t_0, t_0 + h_1/2] \\ x(t_0) + (t - t_0)\, x'(t_0 + h_1/2^+) & \text{für } t \in (t_0 + h_1/2, t_1] \\ x(t_{l-1}) + (t - t_{l-1})\, x'(t_{l-2}^+) + h_{l-1} D_l(t) \bigl(x'(t_{l-1}^+) - x'(t_{l-2}^+)\bigr) \\ & \text{für } t \in (t_{l-1}, t_l], \quad l = 2, \ldots, N. \end{cases}$$

Offensichtlich gilt für $x \in M(\mathfrak{A})$

$$\|x\|_C \leqq \max_{j=0,1,\ldots,N} |x(t_j)|$$
$$+ \max_{l=2,\ldots,N} \max\,(h_1, |h_l E - h_{l-1} D_l|, |h_{l-1} D_l|) \max_{j=0,1/2,1,\ldots,N-1} |x'(t_j^+)|$$

und für $y \in \tilde{N}(\mathfrak{A})$

$$\|y\|_C \leqq \max_{j=0,1,\ldots,N} |y(t_j)| \, (1 + e^{-\alpha_{\min} \cdot h}) \qquad \text{mit } \alpha_{\min} \leqq \alpha_l^{\,i}.$$

Zur Vorbereitung der unten folgenden Abschätzungen sei noch erwähnt, daß die Koeffizientenfunktion $b\big(\beta, (t - t_{l-1})/h_{l-1}\big)$ monoton in t ist und

$$0 < b\big(\beta, (t - t_{l-1})/h_{l-1}\big) < b(\beta, h_l/h_{l-1}), \qquad t \in (t_{l-1}, t_l)$$

gilt. Unter anderem folgt hieraus sofort die Invertierbarkeit der Diagonalmatrix D_l.

Satz 3. *Für beliebige Intervallunterteilungen mit*

$$|hN| \leqq L, \; h_l/h_{l-1} \in [k_{\min}, k_{\max}]$$

und für beliebige Parametersätze $\mathfrak{A}$ *mit*

$$\alpha_l^{\,i} \geqq \alpha_{\min}, \qquad i = 1, \ldots, m, \; l = 2, \ldots, N,$$

gilt

$$\|p(\mathfrak{A})\, x_* - \tilde{x}\|_C \leqq K(L, \alpha_{\min}, k_{\min}, k_{\max}) \, \|\tilde{B}(\mathfrak{A})\, p(\mathfrak{A})\, x_*\|_C.$$

Die Größe K gilt hier als Konstante, die durch die vorgebbaren Schranken $k_{\min}, k_{\max}$, $L > 0$, $\alpha_{\min} \in R$ *und* L_f *fixiert ist.*

Beweis. Der Operator $B(\mathfrak{A})$ ist invertierbar. Wir zeigen, daß $\big(B(\mathfrak{A})\big)^{-1}$ Lipschitz-stetig ist mit einer Konstanten, die nicht von $\mathfrak{A}$, der Anzahl der Stützstellen und nicht von der Intervallzerlegung selbst abhängig ist. Mit

$$\begin{aligned} \|p(\mathfrak{A})\, x_* - \tilde{x}\|_C &= \|\big(B(\mathfrak{A})\big)^{-1} B(\mathfrak{A})\, p(\mathfrak{A})\, x_* - \big(B(\mathfrak{A})\big)^{-1} B(\mathfrak{A})\, \tilde{x}\|_C \\ &\leqq K \, \|B(\mathfrak{A})\, p(\mathfrak{A})\, x_*\| = K \, \|\tilde{B}(\mathfrak{A})\, p(\mathfrak{A})\, x_*\|_C \end{aligned}$$

folgt dann unmittelbar die Behauptung.

Um die erwünschte Lipschitzstetigkeit nachzuweisen, zeigt man zuerst auf die übliche Weise der sukzessiven Abschätzung, daß für beliebige $w, \overline{w} \in R^m \times \tilde{N}(\mathfrak{A})$ und die zugehörigen $x, \overline{x} \in M(\mathfrak{A})$ mit $B(\mathfrak{A})\, x = w$, $B(\mathfrak{A})\, \overline{x} = \overline{w}$ die Ungleichung

$$|x(t_l) - \overline{x}(t_l)| \leqq e^{dNhL_f}(1 + hL_f) \max\left(1, \frac{1}{dL_f}\right) \|w - \overline{w}\|$$

für alle $l = 0, 1, \ldots, N$ erfüllt ist. Dabei haben wir mit d den Wert

$$d = \max_{l=2,\ldots,N} \max\left(|D_l|, \left|E - \frac{h_{l-1}}{h_l} D_l\right|\right)$$

bezeichnet, was später noch beachtet werden muß.

Um eine entsprechende Abschätzung auch für Nicht-Stützstellen zu bekommen, werten wir die Gleichungen $B(\mathfrak{A})\, x = w$, $B(\mathfrak{A})\, \overline{x} = \overline{w}$ weiter aus und berücksichtigen dabei die spezielle Struktur der Elemente von $M(\mathfrak{A})$.

Wegen der Beschaffenheit von $x(\cdot)$ als Element aus $M(\mathfrak{A})$ gilt einerseits für $l = 2, \ldots, N$

$$\frac{1}{h_l}\big(x(t_l) - x(t_{l-1})\big) = x'(t_{l-2}^+) + \frac{h_{l-1}}{h_l} D_l\big(x'(t_{l-1}^+) - x'(t_{l-2}^+)\big).$$

Andererseits gilt wegen $B(\mathfrak{A})\,x = w$

$$\frac{1}{h_l}\left(x(t_l) - x(t_{l-1})\right) = f\left(x(t_{l-2}), t_{l-2}\right) + \frac{h_{l-1}}{h_l} D_l\left(f\left(x(t_{l-1}), t_{l-1}\right)\right.$$

$$\left. - f\left(x(t_{l-2}), t_{l-2}\right)\right) + w(t_l), \qquad l = 2, \ldots, N.$$

Hieraus errechnen wir für $l = 2, \ldots, N$

$$x'(t_{l-1}^+) = \frac{h_l}{h_{l-1}} D_l^{-1}\left(-\left(E - \frac{h_{l-1}}{h_l} D_l\right) x'(t_{l-2}^+) + w(t_l)\right.$$

$$\left. + \frac{h_{l-1}}{h_l} D_l f\left(x(t_{l-1}), t_{l-1}\right) + \left(E - \frac{h_{l-1}}{h_l} D_l\right) f\left(x(t_{l-2}), t_{l-2}\right)\right)$$

$$= f\left(x(t_{l-1}), t_{l-1}\right) + \left(E - \frac{h_l}{h_{l-1}} D_l^{-1}\right)\left(x'(t_{l-2}^+) - f\left(x(t_{l-2}), t_{l-2}\right)\right)$$

$$+ \frac{h_l}{h_{l-1}} D_l^{-1} w(t_l).$$

Durch sukzessives Einsetzen gewinnen wir schließlich eine Darstellung der Ableitungswerte in den Stützstelle $t_1, \ldots, t_{N-1}$:

$$x'(t_{l-1}^+) = f\left(x(t_{l-1}), t_{l-1}\right) + \prod_{j=2}^{l}\left(E - \frac{h_j}{h_{j-1}} D_j^{-1}\right)\left(x'(t_0) - f\left(x(t_0), t_0\right)\right)$$

$$+ \sum_{j=2}^{l} \prod_{s=j+1}^{l}\left(E - \frac{h_s}{h_{s-1}} D_s^{-1}\right) \frac{h_j}{h_{j-1}} D_j^{-1} w(t_j).$$

Von hieraus kommen wir leicht zur nächsten Abschätzung:

$$|x'(t_{l-1}^+) - \bar{x}'(t_{l-1}^+)| \leqq L_f\,|x(t_{l-1}) - \bar{x}(t_{l-1})|$$

$$+ \prod_{j=2}^{l}\left|E - \frac{h_j}{h_{j-1}} D_j^{-1}\right| |w(t_0 + h_1/2) - \bar{w}(t_0 + h_1/2)|$$

$$+ \sum_{j=2}^{l}\left(\prod_{s=j+1}^{l}\left|E - \frac{h_s}{h_{s-1}} D_s^{-1}\right|\right) \frac{h_j}{h_{j-1}}\,|D_j^{-1}|\,|w(t_j) - \bar{w}(t_j)|.$$

Um nun die behauptete Lipschitzstetigkeit endgültig zu bekommen, haben wir die entsprechende gleichmäßige Beschränktheit der $|D_l|$, $|D_l^{-1}|$ usw. nachzuweisen. Dann können wir nämlich die oben angegebenen Abschätzungen der Normen von Elementen aus $M(\mathfrak{A})$ bzw. $\tilde{N}(\mathfrak{A})$, der Differenzen der Funktionswerte $x(t_j) - \bar{x}(t_j)$ sowie der Ableitungswerte $x'(t_j^+) - \bar{x}'(t_j^+)$ zu einer Ungleichung der Art

$$\|x - \bar{x}\|_C \leqq \max\left(|w_0 - \bar{w}_0|, \|w(\cdot) - \bar{w}(\cdot)\|_C\right)$$

zusammenfassen, wobei K dann eben unabhängig von $\mathfrak{A}$, der Anzahl der Stützstellen und der Anordnung der Intervallzerlegung ist.

Befassen wir uns also mit den „Koeffizienten" in unseren Ungleichungen. Es sei $k_l = h_l/h_{l-1}$.

Es war

$$b(\alpha_j^i h_{j-1}, k_j) > k_j, \qquad 0 < k_j\big(b(\alpha_j^i h_{j-1}, k_j)\big)^{-1} < 1.$$

Nun folgt sofort

$$0 < 1 - k_j\big(b(\alpha_j^i h_{j-1}, k_j)\big)^{-1} < 1.$$

Außerdem ist

$$b(\alpha_j^i h_{j-1}, k_j) \leqq b(\alpha_{\min} h, k_{\max}) = \bar{b}.$$

Es gilt also

$$k_j\,|D_j^{-1}| < 1, \quad |D_j| \leqq \bar{b}, \quad |E - k_j^{-1} D_j| \leqq 1 + k_{\min}^{-1}\bar{b},$$

$$|E - k_j D_j^{-1}| < 1 - k_{\min}/\bar{b}$$

und damit auch

$$\prod_{j=2}^{l} |E - k_j D_j^{-1}| < 1$$

und

$$\sum_{j=2}^{l} \left(\prod_{s=j+1}^{l} |E - k_s D_s^{-1}|\right) k_j\,|D_j^{-1}| \leqq \sum_{j=2}^{l} (1 - k_{\min}/\bar{b})^{l-j} \leqq \bar{b}/k_{\min}.$$

Abschließend bleibt nur noch zu bemerken, daß trivialerweise stets $h \leqq T - t_0$ gilt und deswegen $\bar{b} \leqq b\big(\alpha_{\min}(T - t_0), k_{\max}\big)$, q. e. d.

Satz 4. *Für beliebige Intervallzerlegungen mit $hN \leqq L$ und $h_l/h_{l-1} \in [k_{\min}, k_{\max}]$, $l = 1, \ldots, N$, und für beliebige Parametersätze $\mathfrak{A}$ mit $\alpha_l^i \geqq \alpha_{\min}$ genügt die Lösung $\tilde{x}(\cdot)$ der Gleichung* (5) *der Ungleichung*

$$\|x_* - \tilde{x}\|_C \leqq C\Big(\max_{t \in [t_1, T]} |\tau(t)| + \tau_a\Big)$$

mit einer geeigneten Konstanten C und

$$\tau_a = \max\left\{\max_{t \in \left[t_0, t_0 + \frac{h_1}{2}\right]} |x_*(t_0) + (t - t_0)\, x_*'(t_0) - x_*(t)|,\right.$$
$$\left.\max_{t \in \left[t_0 + \frac{h_1}{2}, t_1\right]} \left|x_*(t_0) + (t - t_0)\, x_*'\!\left(t_0 + \frac{h_1}{2}\right) - x_*(t)\right|\right\}.$$

Beweis. Aus Satz 3 folgt

$$\|x_* - \tilde{x}\|_C \leqq \|x_* - p(\mathfrak{A})\, x_*\|_C + K\, \|\tilde{B}(\mathfrak{A})\, p(\mathfrak{A})\, x_*\|_C.$$

Durch Abschätzung der Werte $\big|\big(\tilde{B}(\mathfrak{A})\, p(\mathfrak{A})\, x_*\big)(t_j)\big|$, $j = 1, \ldots, N$, finden wir unter Beachtung der Beschaffenheit der Elemente aus $M(\mathfrak{A})$

$$\big|\big(\tilde{B}(\mathfrak{A})\, p(\mathfrak{A})\, x_*\big)(t_j)\big| \leqq 2L_f(1 + \bar{b}/k_{\min})\, \|p(\mathfrak{A})\, x_* - x_*\|_C$$

und deswegen

$$\|B(\mathfrak{A})\, p(\mathfrak{A})\, x_*\|_C \leqq C_1\, \|p(\mathfrak{A})\, x_* - x_*\|_C$$

mit $C_1 = 2L_f(1 + \bar{b}/k_{\min})\,(1 + e^{-\alpha_{\min} h})$. Damit gilt dann

$$\|x_* - \tilde{x}\|_C \leqq (1 + KC_1)\, \|x_* - p(\mathfrak{A})\, x_*\|_C,$$

und wir haben nur noch eine entsprechende Beziehung zwischen $x_* - p(\mathfrak{A})\, x_*$ und unserem lokalen Fehler herzustellen. Für $t \in (t_{j-1}, t_j]$, $j \geqq 2$, errechnen wir

$$(t - t_{j-1})\, \tau(t) = \int_{t_{j-1}}^{t} \{x_*'(s) - (p(\mathfrak{A})\, x_*)'\,(s)\}\, ds.$$

Dann gilt für $t \in (t_1, T]$

$$|(p(\mathfrak{A})\, x_*)\,(t) - x_*(t)| \leqq Nh \max_{t \in [t_1, T]} |\tau(t)| + |(p(\mathfrak{A})\, x_*)\,(t_1) - x_*(t_1)|.$$

Durch Untersuchung der Differenz $(p(\mathfrak{A})\, x_*)\,(t) - x_*(t)$ für $t \in [t_0, t_1]$ erhalten wir danach

$$|(p(\mathfrak{A})\, x_*)\,(t) - x_*(t)| \leqq Nh \max_{t \in [t_1, T]} |\tau(t)| + \tau_a$$

für $t \in [t_0, T]$, q. e. d.

Aus Satz 4 folgen unmittelbar Konvergenzeigenschaften unseres Verfahrens. Zunächst haben wir für eine beliebige Folge von Zerlegungen

$$t_0 = t_0^n < \cdots < t_{N_n}^n = T, \qquad n \in nz,$$

mit

$$h_n = \max_{j=1,\ldots,N_n} (t_j^n - t_{j-1}^n) \xrightarrow[n \to \infty]{} 0, \qquad h_n N_n \leqq L,$$

$$(t_j^n - t_{j-1}^n)/(t_{j-1}^n - t_{j-2}^n) \in [k_{\min}, k_{\max}], \qquad j = 2, \ldots, N_n,$$

und beliebige Parametersätze $\mathfrak{A}_n$ mit $\alpha_{n,j}^i \geqq \alpha_{\min}$,

$$\|x_* - \tilde{x}_n\|_C = O(h_n)$$

und wegen Satz 2 für $x_* \in C^{(3)}([t_0, T], R^m)$

$$\|x_* - \tilde{x}_n\|_C = O(h_n^2).$$

Außerdem können wir zu vorgegebenen Toleranzen δ_n, $n \in nz$, $\delta_n \xrightarrow[n \to \infty]{} 0$, entsprechende endliche Zerlegungen mit den vereinbarten Eigenschaften so bestimmen, daß für die n-te Zerlegung

$$|\tau_n(t)| \leqq \delta_n, \qquad t \in [t_1^n, T],\ \tau_a \leqq \delta_n$$

wird und deshalb

$$\|x_* - \tilde{x}_n\|_C \leqq 2C\delta_n \xrightarrow[n \to \infty]{} 0.$$

Diese letzte Eigenschaft garantiert, daß beim Rechnen mit variabler Schrittweite und der üblichen Schrittweitensteuerung nach dem lokalen Fehler bei genügend kleiner Toleranzvorgabe auch der globale Fehler hinreichend klein wird.

5. Bemerkungen zum Verhalten der Näherungslösung für große t

Das Adams-Bashforth-Verfahren hat bekanntlich einen relativ kleinen Bereich der absoluten Stabilität. Durch Veränderung des Parameters α bei Anwendung des Verfahrens auf die Testgleichung wird der Stabilitätsbereich nur geringfügig verändert und konvergiert schließlich für $\alpha \to \infty$ gegen den des Euler-vorwärts-Verfahrens.

Der Übergang zur Untersuchung des Verfahrens anhand der Testgleichung ist bei unseren variablen Verfahren aber nur sinnvoll, wenn in jedem Schritt $\alpha_l^1 = \cdots = \alpha_l^m$ gilt, d. h., wenn sich das Verfahren in den Zeilen nicht unterscheidet. Die zeilenweise Verschiedenheit bzw. Anpassungsfähigkeit ist aber gerade ein Vorteil der parametrischen Verfahren und wird im allgemeinen bei Verwendung von (F) oder ähnlichen Vorschriften immer zu beobachten sein.

In [8] wird für die folgende Modifikation des Adams-Bashforth-Verfahrens (für äquidistante Stützstellen)

$$x_l = e^{-hP_l}x_{l-1} + h\left(-\frac{1}{h}P_l^{-1}(e^{-hP_l} - E)(f_{l-1} + P_l x_{l-1})\right.$$
$$\left. - \frac{1}{h}P_l^{-1}\left(-\frac{1}{h}P_l^{-1}(e^{-hP_l} - E) - E\right)(f_{l-1} - f_{l-2} + P_l(x_{l-1} - x_{l-2}))\right) \tag{$*$}$$

die Parameterwahl

$$P_l = \operatorname{diag}\left(-\frac{f^1(x_{l-1}, t_{l-1}) - f^1(x_{l-2}, t_{l-1})}{x_{l-1}^1 - x_{l-2}^1}, \ldots,\right.$$
$$\left. -\frac{f^m(x_{l-1}, t_{l-1}) - f^m(x_{l-2}, t_{l-1})}{x_{l-1}^m - x_{l-2}^m}\right) \tag{$**$}$$

vorgeschlagen. Über die Testgleichung gewonnene Aussagen über A-Stabilität usw. sind hier (wie auch bei (1) mit (F)) im allgemeinen Trugschlüsse, sofern nicht gerade bei der Integration von

$$x'(t) = Ax(t), \qquad A = (a_{ij})_{m,m}, \tag{LH}$$

$P_l = A$ (d. h., A ist Diagonalmatrix!) oder $P_l = a_l E$ (d. h. gleiche Parameter in allen Zeilen) gilt oder $m = 1$ ist.

Anders kann die Situation werden, wenn in ($*$) nicht nur pro Schritt und Zeile je ein Parameter zugelassen werden, sondern ($*$) mit der möglicherweise vollen Matrix P_l als Verfahren mit variablen Matrix-Koeffizienten angesehen wird. Mit

$$P_l = -\frac{df}{dx}(x_{l-1}, t_{l-1})$$

erhält man dann automatisch alle möglichen Stabilitätseigenschaften, die sich auf (LH) beziehen, da (LH) dann exakt integriert wird. Verfahren dieser Klasse sind jedoch wesentlich aufwendiger (vgl. [2]).

Ausgehend von (**) käme für (1) auch die Festlegung

$$\begin{aligned} \alpha_l^i &= -\left(f_{l-1}^i - f^i(x_{l-2}, t_{l-1})\right)/(x_{l-1}^i - x_{l-2}^i), \\ &\text{falls } x_{l-1}^i - x_{l-2}^i \neq 0, \end{aligned} \tag{N}$$

in Frage.

Wir schließen nun einige Gedanken zum Verhalten von $x(t)$ aus (1) mit (F) bzw. (N) bei Anwendung auf (LH) an. Durch (F) wird dann

$$\alpha_l^i = -\sum_{j=1}^{m} a_{ij} x_{l-1}^j / x_{l-1}^i, \qquad \text{falls } x_{l-1}^i \neq 0, \tag{F'}$$

bestimmt.

Ist der Anfangswert x_0 gerade ein Eigenvektor zu A, $Ax_0 = \lambda x_0$, $\lambda \in R$, so ergibt (F') $\alpha_1^i = -\lambda$ für alle i mit nichttrivialen x_0^i, weshalb mit x_1 der exakte Wert $x_*(t_1)$ geliefert wird (vgl. auch Satz 1).

Es sei nun $e_1, \ldots, e_m \in C^m$ kanonische Basis zu A, davon seien $e_1, \ldots, e_k$, $k \leqq m$, Eigenvektoren. Ferner sei

$$x_0 = c_{0,1} e_1 + \cdots + c_{0,m} e_m,$$

$$x_{l-1} = c_{l-1,1} e_1 + \cdots + c_{l-1,m} e_m.$$

Nach (F') ist dann für i mit $x_{l-1}^i \neq 0$

$$\begin{aligned} \alpha_l^i &= -\frac{(Ax_{l-1})^i}{x_{l-1}^i} \\ &= -\frac{\lambda_1 c_{l-1,1} e_1^i + \cdots + \lambda_m c_{l-1,m} e_m^i + c_{l-1,k+1} e_{k+1}^i + \cdots + c_{l-1,m} e_m^i}{c_{l-1,1} e_1^i + \cdots + c_{l-1,m} e_m^i}. \end{aligned}$$

Sei jetzt $\lambda_1 \in R$ der führende Eigenwert von A, $\lambda_1 > \operatorname{Re}(\lambda_j)$, $j = 2, \ldots, m$, und

$$x_*(t_{l-1}) = c_{0,1} e^{\lambda_1(t_{l-1} - t_0)} e_1 + c_{0,2} e^{\lambda_2(t_{l-1} - t_0)} e_2 + \cdots,$$

$$c_{0,1} e_1^i \neq 0.$$

Falls $c_{l-1,1} e_1^i \neq 0$ ist, gilt

$$\alpha_l^i = -\lambda_1 \frac{1 + (\lambda_2 c_{l-1,2} e_2^i + \cdots)/(\lambda_1 c_{l-1,1} e_1^i)}{1 + (c_{l-1,2} e_2^i + \cdots)/(c_{l-1,1} e_1^i)}.$$

Nun wird deutlich, daß (F') den für die i-te Komponente wachstumsbestimmenden Eigenwert λ_1 gut erfaßt, wenn $|c_{l-1,1} e_1^i|$ nur genügend groß in Relation zu den Summanden innerhalb der runden Klammern ist. Da $c_{0,1} e_1^i e^{\lambda_1(t_{l-1} - t_0)}$ schneller wächst als die übrigen Summanden der i-ten Komponente der Lösung, wird diese Forderung für hinreichend großes t_{l-1} und genügend genaues x_{l-1} (mit $c_{l-1,1} \approx c_{0,1} e^{\lambda_1(t_{l-1} - t_0)}$) erfüllt sein. Durch die Rechnungen selbst ist diese Überlegung bestätigt worden: Es war ein Einpegeln von α_l^i auf $-\lambda_1$ sehr gut zu beobachten.

Bei mehrfachem reellem führenden Eigenwert kann man analog vorgehen, indem man die entsprechenden Summanden zusammenfaßt. Bestimmt nicht λ_1, sondern ein kleinerer reeller Eigenwert das Wachstum einer Komponente, so ist eine analoge Aussage möglich. Im allgemeinen muß hier jedoch mit einem „Abrutschen" auf λ_1 gerechnet werden.

Bei komplexem führenden Eigenwert ist naturgemäß keine Stabilisierung unserer reellen Parameter zu beobachten.

Das Verfahren (1) mit (N) ist stark von der speziellen Form der Matrix A abhängig. (N) bedeutet lediglich

$$\alpha_l^i = -a_{ii},$$

wodurch die Orientierung auf „falsche" Parameterwerte stets zu befürchten ist, und damit geringere Genauigkeit des parametrischen Verfahrens als beim Adams-Bashforth-Verfahren. Auch eine analoge Aussage zu Satz 1 trifft hier nicht zu.

Beispiel 1.

$$x'(t) = \begin{pmatrix} 0 & 1 \\ 11 & -10 \end{pmatrix} x(t), \qquad x_0 = \begin{pmatrix} 1 \\ 1 \end{pmatrix}, \qquad x_*(t) = \begin{pmatrix} e^t \\ e^t \end{pmatrix}.$$

(1) mit (F) liefert für diese AWA die exakte Lösung, es ist $\alpha_l^1 = \alpha_l^2 = -1$ für alle l.

Durch (N) wird $\alpha_l^1 = 0$, $\alpha_l^2 = 10$ für alle l berechnet.

Wir geben nun die mit konstanter Schrittweite $h = 0.1$ berechneten Lösungen in $t = 10$ an:

$$\tilde{x}_{(\mathrm{F})}(10) = \begin{pmatrix} 22026.44 \\ 22026.44 \end{pmatrix}, \qquad \tilde{x}_{(\mathrm{N})}(10) = \begin{pmatrix} 9489.68 \\ 9541.64 \end{pmatrix},$$

$$\tilde{x}_{(\mathrm{AB})}(10) = \begin{pmatrix} 9637.33 \\ 9708.64 \end{pmatrix}.$$

6. Vorschlag zur Parameterwahl und Beispiele

Prinzipiell kann (1) mit beliebigen Parametersätzen verwendet werden. $\mathfrak{A}$ kann für eine konkrete Aufgabe oder für eine Aufgabenklasse global vor der Rechnung festgelegt werden. Das erfordert jedoch ziemlich genaue Informationen über das Verhalten der Lösung. Allgemein sinnvoller ist die automatische Parameterwahl, d. h. die automatische schrittweise Anpassung des Verfahrens an die Aufgabe.

Die Vorgabe von $k_{\min}$, $k_{\max}$, $\alpha_{\min}$ ist praktisch keine Einschränkung, da in den Algorithmen in der Regel die Schrittweite nur verdoppelt wird ($k_{\max} = 2$) und nur bis auf eine Minimalschrittweite verkleinert wird $\left(k_{\min} = h_{\min}/(T - t_0)\right)$. Schließlich wird ohnehin niemand beim Rechnen beliebig große Exponenten in den Exponentialfunktionen zulassen.

Zur Parameteranpassung kann, wie bereits bemerkt, ein Optimierungsverfahren angewandt werden. Das ist jedoch noch mit zu hohem Aufwand verbunden.

Über (1) mit (F) und (1) mit (N) wurde bereits in den Punkten 2 und 5 diskutiert.

Als günstigste Variante hat sich bei vielfachen Experimenten eine Kombination von (1) mit (F) und dem Adams-Bashforth-Verfahren bewährt. Bei diesem kombinierten Verfahren werden pro Schritt sowohl die Näherung nach (1) mit (F) $\tilde{x}_{(F)}(t_l)$ als auch die des Adams-Bashforth-Verfahrens $\tilde{x}_{(AB)}(t_l)$ berechnet. Von diesen beiden Näherungen wird dann die bessere im Sinne der Kleinheit des Defekts in der DGL

$$x'(t_l^-) - f\big(x(t_l), t_l\big)$$

als x_l ausgewählt. Der Defekt kann mit Hilfe der Formel (3) berechnet werden.

Die folgenden beiden Beispiele, in denen bei allen Verfahren die konstante Schrittweite $h = 0.1$ verwendet wurde, zeigen Vorteile des kombinierten Verfahrens. Beim kombinierten Verfahren werden pro Schritt zwei Aufrufe der rechten Seite benötigt. Bei der Trapezregel, die hier mit Iterationsabbruch „nach Konvergenz" verwendet wurde, werden die rechten Seiten mindestens zweimal aufgerufen.

Beispiel 2.

$$x'(t) = \begin{pmatrix} 2 & 3 \\ 0 & -1 \end{pmatrix} x(t), \qquad x_0 = \begin{pmatrix} 0 \\ 1 \end{pmatrix}, \qquad x_*(t) = \begin{pmatrix} e^{2t} - e^{-t} \\ e^{-t} \end{pmatrix}, \qquad t_0 = 0.$$

Bei $t = 5$ ergaben sich folgende relative Fehler (Maximum über die Komponenten):

Kombiniertes Verfahren: 0.0019,
Adams-Bashforth-Verfahren: 0.075,
Trapezregel: 0.053.

Beispiel 3.

$$x'(t) = \begin{pmatrix} -37/13 & 12/13 & 0 \\ 4/13 & -15/13 & 0 \\ 0 & 0 & -3 \end{pmatrix} x(t), \quad x_*(t) = \begin{pmatrix} e^{-t} - 6e^{-3t} \\ 2e^{-t} + e^{-3t} \\ e^{-3t} \end{pmatrix}, \quad t_0 = 0.$$

Bei $t = 10$ ergaben sich folgende relative Fehler (Maximum über die Komponenten):

Kombiniertes Verfahren: 0.0639,
Adams-Bashforth-Verfahren: 2.3942,
Trapezregel: 0.2041.

Bei beiden Beispielen wurde ein Einpegeln der Parameter auf $(-2, 1)$ bzw. $(1, 1, 3)$ beobachtet.

Beim Rechnen mit variabler Schrittweite kann zur Schätzung des lokalen Fehlers über den Defekt in der DGL die Relation

$$|x_*(t_l) - \tilde{x}_*(t_l)| \leqq h_l \left|\tilde{x}_*'(t_l^-) - f\big(\tilde{x}_*(t_l), t_l\big)\right| + O(h^3)$$

herangezogen werden. Die Schrittweite wird dann an dem lokalen Fehler orientiert. Eine weitere Möglichkeit zur Schätzung des lokalen Fehlers haben wir mit (4) angegeben.

Die nun folgenden Beispiele wurden mit mehreren Verfahren gerechnet:

(A) dem kombinierten Verfahren mit Schrittweitensteuerung nach dem Defekt in der DGL,

(B) dem kombinierten Verfahren mit Schrittweitensteuerung nach (4),

(C) der Trapezregel mit zwei Iterationsschritten $\left(P(EC)^2E\right)$ und Schrittweitensteuerung nach dem Defekt in der DGL.

Dabei wurde die Schrittweite so gesteuert, daß die Testgröße (relativer Defekt in der DGL bzw. Schätzung des lokalen Fehlers nach (4)) im Intervall $[0.1 \cdot \varepsilon/h_l,\ \varepsilon/h_l]$ verblieb; ε sei dabei die vorgegebene Toleranzschranke für den relativen Fehler.

Werden bei einem Schritt im Vergleich zum vorhergehenden die Schrittweite nicht und die Parameter nur unwesentlich geändert, so wird der Wert der Koeffizientenfunktion vom vorhergehenden Schritt beibehalten. Hierdurch wird der Rechenaufwand des kombinierten Verfahrens beim Einpegeln auf bestimmte Parameterwerte niedrig gehalten.

Alle Beispiele wurden mit einem FORTRAN-Programm auf einer ESER 1022 gerechnet.

Beispiel 4.

$$x'(t) = \begin{pmatrix} -2 & 0 & 0 \\ 0 & 3 & 0 \\ 1 & 0 & -100 \end{pmatrix} x(t), \quad x(0) = \begin{pmatrix} 1 \\ 1 \\ 2 \end{pmatrix}, \quad x_*(1.0) = \begin{pmatrix} 0.1353 \\ 20.0855 \\ 0.0013 \end{pmatrix};$$

Tabelle 1 zeigt den Aufwand bei der näherungsweisen Berechnung von $x_*(1.0)$ in bezug auf die Anzahl von Aufrufen der rechten Seite der DGL und gibt die Anzahl von vorgenommenen Verdopplungen und Halbierungen der Schrittweite an.

Tabelle 1

Verfahren	ε	relativer Fehler	Aufrufe der rechten Seite	Halbierungen	Verdoppelungen
(A)	0.1	0.011	207	2	5
(B)	0.1	0.13	232	22	24
(C)	0.1	0.039	332	22	25
(A)	0.01	0.0050	233	11	15
(B)	0.01	0.025	234	5	6
(C)	0.01	0.0017	384	11	16
(A)	0.001	0.00026	283	11	19
(B)	0.001	0.0016	270	12	17
(C)	0.001	0.00032	848	3	6

Beispiel 5.

$$x'(t) = \begin{pmatrix} 0 & 1 \\ -\pi^2 & 0 \end{pmatrix} x(t), \quad x(0) = \begin{pmatrix} 1 \\ 1 \end{pmatrix}, \quad x_*(4.0) = \begin{pmatrix} 1 \\ 1 \end{pmatrix};$$

Tabelle 2 enthält die entsprechenden Rechenergebnisse.

Tabelle 2

Verfahren	ε	relativer Fehler	Aufrufe der rechten Seite	Halbierungen	Verdoppelungen
(A)	0.1	0.71	95	13	16
(B)	0.1	2.10	52	4	6
(C)	0.1	0.31	136	3	4
(A)	0.01	0.032	143	17	20
(B)	0.01	0.047	122	14	19
(C)	0.01	0.071	332	1	2
(A)	0.001	0.0047	285	38	40
(B)	0.001	0.48	256	35	43
(C)	0.001	0.0067	1084	7	7

Beispiel 6.

$$x'(t) = \frac{1}{101}\begin{pmatrix} 198 & -400 & 4 \\ 8 & -210 & -8 \\ 1200 & -1200 & -998 \end{pmatrix} x(t), \quad x(0) = \begin{pmatrix} 2 \\ 2 \\ 101 \end{pmatrix},$$

$$x_*(t) = \begin{pmatrix} e^{2t} + e^{-2t} \\ e^{-2t} + e^{-10t} \\ e^{2t} + 100e^{-10t} \end{pmatrix}.$$

Die Rechenergebnisse zu $x_*(5.0)$ sind in Tabelle 3 aufgeführt.

Tabelle 3

Verfahren	ε	relativer Fehler	Aufrufe der rechten Seite	Halbierungen	Verdoppelungen
(A)	0.1	0.41	159	13	19
(B)	0.1	1.6	158	18	25
(C)	0.1	0.64	244	6	14

Beispiel 7.

$$x'(t) = \frac{1}{4}\, x(t)\left(1 - \frac{1}{20}\, x(t)\right), \qquad x(0) = 1, \quad x_*(t) = 20(1 + 19e^{-0.25t})^{-1}.$$

Tabelle 4 enthält die Ergebnisse für die Näherung von $x_*(20) = 17.7301$.

Auch wenn man beachtet, daß der Vergleich nach Aufrufen der rechten Seite kein vollständiger Aufwandsvergleich ist — bei den Verfahren (A) und (B) sind pro

Tabelle 4

Verfahren	ε	relativer Fehler	Aufrufe der rechten Seite	Halbie-rungen	Verdop-pelungen
(A)	0.1	0.34	21	0	5
(C)	0.1	0.010	36	0	6
(A)	0.01	0.0046	37	1	7
(C)	0.01	0.0011	80	0	7

Schritt Koeffizientenfunktionen zu berechnen —, sind Vorteile des Verfahrens (A) aus den Tabellen zu erkennen.

Die Schrittweitensteuerung beim kombinierten Verfahren nach dem Defekt in der DGL hat sich in einer weiteren Anzahl von Experimenten als sicherer im Vergleich zur Steuerung nach (4) erwiesen. Vergleiche mit der Trapezregel mit höherer Iterationsschrittzahl fielen noch ungünstiger für dieses Verfahren aus.

Nach demselben Prinzip der Verwendung parametrischer Interpolierender anstelle von Interpolationspolynomen können u. a. auch parametrische Mehrschrittverfahren vom Adams-Typ entwickelt werden, die eine höhere Ordnung besitzen ([5, 7]).

Literatur

[1] Grigorieff, R. D., Numerik gewöhnlicher Differentialgleichungen 2. Teubner, Stuttgart 1977.

[2] Lambert, J. D., and S. T. Sigurdsson, Multistep methods with variable matrix coefficients. SINUM **9** (1972), 715—733.

[3] Liniger, W., Global accuracy and A-stability of one- and two-step integration formulae for stiff ordinary differential equations. Lecture Notes in Mathematics **109** (1969), 188—193.

[4] Liniger, W., and R. A. Willoughby, Efficient integration methods for stiff systems of ordinary differential equations. SINUM **7** (1970), 47—66.

[5] März, R., Parametrische Interpolationsmethoden. Dissertation, TH Karl-Marx-Stadt 1978.

[6] März, R., Untersuchung eines parametrischen impliziten Einschrittverfahrens, Beitr. Numer. Math. **8** (1979), 85—97.

[7] März, R., Parametrische Ein- und Mehrschrittverfahren für Anfangswertaufgaben. Seminarberichte der Sektion Mathematik der Humboldt-Univ. zu Berlin Nr. 11 (1978), 50—70.

[8] Norsett, S. P., An A-stable modification of Adams-Bashforth methods. Lecture Notes in Mathematics **109** (1969), 214—219.

[9] Strehmel, K., und J. Köhler, Ein neues Prediktor-Verfahren mit Exponentialanpassung für Anfangswertaufgaben gewöhnlicher Differentialgleichungssysteme 1. Ordnung. Beitr. Numer. Math. **6** (1977), 165—178.

Manuskripteingang: 17. 5. 1979

VERFASSER:

Doz. Dr. sc. nat. Roswitha März, Sektion Mathematik der Humboldt-Universität Berlin

Beiträge zur Numerischen Mathematik
10 (1981), 91–95

Solution of linear algebraic systems with matrices of special structure, arising from finite-difference methods

MARIAN MALEC and WOLFGANG VOIGT

1. Introduction

The application of finite-difference methods for the solution of linear differential equation problems leads to linear algebraic systems of large dimension and special structure. In dependence on this structure in many cases effective methods for the solution of these problems are applicable, especially there can be mentioned the factorization for tridiagonal matrices.

In case of certain deviations from the tridiagonal form, stable algorithms can be deduced, which allow to solve the problems under mediate application of factorization (cf. [2, 3]). In the given paper a similar linear algebraic system as presented in [2] is investigated, but we give other sufficient conditions than in [2]. An example is provided, which represents the mathematical model for slow streaming fluids. A further example will be given in another paper.

2. The linear algebraic system

Let $I > 0$ be an integer, and $\bar{y}$, y vectors of the form

$$\bar{y} = \begin{bmatrix} y_1 \\ \vdots \\ y_{I+1} \end{bmatrix}, \quad y = \begin{bmatrix} y_1 \\ \vdots \\ y_I \end{bmatrix}.$$

Analogously, we define the vectors $\bar{F}$, F. Let the following matrices be given:

$$\bar{A} = \begin{bmatrix} C_1 & -B_1 & & & & & 0 \\ -A_2 & C_2 & -B_2 & & & & \\ & \cdot & \cdot & \cdot & & & \\ & & \cdot & \cdot & \cdot & & \\ & & & \cdot & \cdot & \cdot & \\ & 0 & & & -A_I & C_I & -B_I \\ E_1 & E_2 & E_3 & \dots & E_{I-1} & E_I & E_{I+1} \end{bmatrix}$$

$$A = \begin{bmatrix} C_1 & -B_1 & & & & & \\ -A_2 & C_2 & -B_2 & 0 & & & \\ & \cdot & \cdot & \cdot & & & \\ & & \cdot & \cdot & \cdot & & \\ & & & \cdot & \cdot & \cdot & \\ & & & -A_{I-1} & C_{I-1} & & -B_{I-1} \\ 0 & 0 & 0 \ldots & 0 & -A_I & & C_I \end{bmatrix}.$$

In the sequel, for given $\bar{F}$ and $\bar{A}$ an algorithm for the solution of the linear algebraic system

$$\bar{A}\bar{y} = \bar{F} \tag{2.1}$$

is developed under certain restrictions on the elements of the matrices. Let a be a vector with I components:

$$a = \begin{bmatrix} 0 \\ \vdots \\ 0 \\ B_I \end{bmatrix}.$$

Further, let the vectors q and r be solutions of the problems

$$Aq = a, \qquad Ar = F. \tag{2.2}$$

Lemma 1. *If A_i $(i = 2(1)I)$, B_i and C_i $(i = 1(1)I)$ satisfy the conditions*

$$B_1 > 0,\ C_1 > B_1;\ \ A_i > 0,\ B_i > 0,\ C_i > A_i + B_i\ \ (i = 2(1)I), \tag{2.3}$$

then the matrix A is regular. The systems (2.2) *can be solved by the following algorithm, based on factorization:*

$$\alpha_2 = \frac{B_1}{C_1}, \qquad \delta_2 = \frac{F_1}{C_1},$$

$$\alpha_{i+1} = \frac{B_i}{C_i - \alpha_i A_i}, \qquad \delta_{i+1} = \frac{F_i + \delta_i A_i}{C_i - \alpha_i A_i} \quad (i = 2(1)I), \tag{2.4}$$

$$q_I = \alpha_{I+1}, \qquad r_I = \delta_{I+1},$$

$$q_i = \alpha_{i+1} q_{i+1}, \qquad r_i = \alpha_{i+1} r_{i+1} + \delta_{i+1} \quad (i = I - 1(-1)1).$$

For the proof cf. [3].

Theorem 1. *If the assumptions* (2.3) *and*

$$E_i \geqq 0 \quad (i = 1(1)I + 1), \qquad \sum_{i=1}^{I+1} E_i > 0 \tag{2.5}$$

are fulfilled, then the system (2.1) *can be solved by the following stable algorithm*:

$$\text{Computation of } q,\ r \text{ with (2.4)}, \tag{2.6}$$

$$y_{I+1} = \frac{F_{I+1} - \sum_{i=1}^{I} E_i r_i}{E_{I+1} + \sum_{i=1}^{I} E_i q_i}, \tag{2.7}$$

$$y_i = y_{I+1} q_i + r_i \quad \bigl(i = 1(1)I\bigr). \tag{2.8}$$

Proof. Separation of the last equation in (2.1) gives

$$Ay - y_{I+1} a = F, \tag{2.9}$$

$$\sum_{i=1}^{I+1} E_i y_i = F_{I+1}. \tag{2.10}$$

After substituting a and F from (2.2) in (2.9), we get (2.8) because of the regularity of A. From (2.10) with (2.8) formula (2.7) follows. Further, $0 < \alpha_2 < 1$ holds, and from $0 < \alpha_i < 1$

$$0 < \frac{B_i}{C_i} < \frac{B_i}{C_i - \alpha_i A_i} = \alpha_{i+1} < \frac{C_i - A_i}{C_i - \alpha_i A_i} < 1$$

follows. Hence we obtain $q_i > 0$ for all $i = 1(1)I$, and the denominator of (2.7) cannot vanish. The stability of the algorithm is guaranted by the stability of factorization.

Remark. Theorem 1 remains to be valid if the conditions (2.3) are replaced by the weaker conditions

$$B_1 > 0, \quad C_1 \geqq B_1; \quad A_i > 0, \quad B_i > 0, \quad C_i \geqq A_i + B_i \quad \bigl(i = 2(1)I\bigr).$$

3. Example

Let $l > 0$ and $T > 0$ be real numbers. On the domain $\bar{G} = [0, l] \times [0, T]$ a function $u(x, t)$ is seeked, which satisfies on $G = (0, l) \times (0, T]$ the linear differential equation

$$\frac{\partial u}{\partial t} - Lu = f \tag{3.1}$$

and the conditions

$$u(x, 0) = \varphi(x) \qquad (0 \leqq x \leqq l), \tag{3.2}$$

$$u(0, t) = \varphi_1(t) \qquad (0 < t \leqq T), \tag{3.3}$$

$$\int_0^l K(x, t)\, u(x, t)\, dx = \varphi_2(t) \qquad (0 < t \leqq T). \tag{3.4}$$

The given functions φ, φ_1, φ_2, f, $K > 0$ and the operator L shall have such properties that a unique solution $u \in C(\overline{G})$ exists, whose derivatives in (3.1) are continuous in G.

Let I and N be positive integers. Then the points $(ih, n\tau)$ with $0 \leqq i \leqq I + 1$, $(I + 1)\,h = l$, $0 \leqq n \leqq N$, $N\tau = T$ define a mesh on $\overline{G}$. By y: $(ih, n\tau) \to y_i^n$ we denote the solution of the finite-difference problem:

$$\frac{1}{\tau}\,(y_i^{n+1} - y_i^n) - \Lambda y_i^{n+1} = f\big(ih, (n+1)\,\tau\big) \quad (0 < i < I + 1,\ 0 < n \leqq N), \tag{3.5}$$

$$y_i^0 = \varphi(ih) \qquad (0 \leqq i \leqq I + 1), \tag{3.6}$$

$$y_0^{n+1} = \varphi_1\big((n+1)\,\tau\big) \qquad (0 < n \leqq N), \tag{3.7}$$

$$h \sum_{i=0}^{I+1} \lambda_i y_i^{n+1} = \varphi_2\big((n+1)\,\tau\big) \qquad (0 < n \leqq N). \tag{3.8}$$

This problem shall approximate (3.1)—(3.4). With reference to L and Λ we assume:

For the equalities (3.5) *the maximum-principle holds.* (3.9)

The integral in (3.4) is replaced by a quadrature formula, for instance in case of the trapezoidal rule it holds

$$E_0 = \frac{h}{2}\,K(0, t), \quad E_i = hK(ih, t) \quad \big(i = 1(1)I\big), \quad E_{I+1} = \frac{h}{2}\,K(l, t).$$

Written in the form of a linear algebraic system, (3.5)—(3.8) has the structure of (2.1). The assumptions of Theorem 1 are fulfilled, and the algorithm (2.6)—(2.8) can be applied. We need yet

Theorem 2. *For the finite-difference problem* (3.5)—(3.8) *there exists a unique solution.*

Proof. If the homogeneous problem with $f = \varphi = \varphi_1 = \varphi_2 = 0$ has only the trivial solution $y \equiv 0$, then the inhomogeneous problem has a unique solution. We assume, that the homogeneous problem has a nontrivial solution. Because of the Uniqueness Theorem for the problem with boundary conditions of the first kind there exist values $y_{I+1}^n \neq 0$. Let $y_{I+1}^{n_1} > 0$ and $y_{I+1}^n = 0$ be for $0 \leqq n < n_1$. From $\varphi_2(n_1\tau) = 0$ it follows that a number i_1 $(0 < i_1 < I + 1)$ exists with $y_{i_1}^{n_1} < 0$. Hence on

$$G_h^{n_1} = \{(ih, n\tau)\colon 0 < i < I + 1, 0 < n \leqq n_1\}$$

the function y_i^n obtains a negative minimum. This leads to a contradiction, because on $G_h^{n_1}$ assumption (3.9) holds, which excludes a negative minimum on $G_h^{n_1}$. Analogously, the case $y_{I+1}^n < 0$ is treated.

Remark 1. The problem (3.1)—(3.4) is a mathematical model for the slow streaming of a viscous noncompressible fluid with velocity u. The condition (3.3) represents for $\varphi_1(t) = 0$ the adhere-condition, and (3.4) is the given stream of mass.

Remark 2. If the operators L and $\frac{\partial}{\partial x}$ are commutative, (3.1)—(3.4) is an intermediate stage in the solution of the problem

$$\left.\begin{aligned} &\frac{\partial}{\partial x}\left(\frac{\partial v}{\partial t} - Lv\right) = f, \\ &v(0, t) = \varphi_1(t), \quad v(l, t) = \varphi_2(t), \\ &\frac{\partial v}{\partial x}(0, t) = \varphi_3(t), \quad v(x, 0) = \varphi_4(x), \end{aligned}\right\} \tag{3.10}$$

which is investigated in [4]. The method used in [4] admits the solution of (3.10) only for vanishing right-hand sides f. If we solve (3.10) by the substitution $u = \frac{\partial v}{\partial x}$, which gives for u the problem (3.1)—(3.4), we can permit non-identically vanishing right-hand sides f.

References

[1] Самарский, А. А., Теория разностных схем, Наука, Москва 1977.
[2] Самарский, А. А., и Е. С. Николаев, Методы решения сеточных уравнений, Наука, Москва 1978.
[3] Фойгт, В., Об одном варианте метода прогонки для систем со связанными граничными условиями, ЖВМиМФ **15** (1975), 251—254.
[4] Voigt, W., Gleichmäßige Abschätzungen mittels Differenzenverfahren bei Randwertproblemen 3. Ordnung, Beitr. Numer. Math. **6** (1977), 179—187.

Manuskripteingang: 18. 10. 1979

VERFASSER:
Dr. habil. Marian Malec, Department of Mathematics, AGH Kraków,
Dr. Wolfgang Voigt, Sektion Mathematik der Bergakademie Freiberg

Beiträge zur Numerischen Mathematik
10 (1981), 97–105

Eine C^{-1}-Kollokationsmethode für Probleme der optimalen Steuerung mit nichtlinearen Randbedingungen

Wolf-Gert Matthäus

Für Probleme der optimalen Steuerung mit nichtlinearen Randbedingungen für die Trajektorie wird eine Näherungsmethode vorgeschlagen, die sich aus der Anwendung der Spline-Kollokation ergibt.

Bezeichnungen

— $C^j[a, b]$ ist für $j \geqq 0$, ganz, der übliche Raum der über dem abgeschlossenen Intervall $[a, b]$ definierten, j-mal stetig differenzierbaren Funktionen.

— $C^{-1}[a, b]$ ist die Abschließung (bezüglich der Norm $\|g\| = \sup_{t \in [a,b]} |g(t)|$) aller beschränkten, stückweise stetigen Funktionen, die auf $[a, b]$ definiert sind, eine endliche Anzahl von Unstetigkeitsstellen haben und rechtsseitig stetig sind.

— $\overline{C^j}[a, b]$ ist die Teilmenge aller Funktionen aus $C^j[a, b]$ $(j \geqq 0)$, deren $(j + 1)$-te Ableitung in $C^{-1}[a, b]$ liegt.

— Mit $\{\pi_n\}$ wird eine Folge von Intervallaufteilungen des Intervalls $[a, b]$ gemäß

$$a = t_0 < t_1 < \cdots < t_{n-1} < t_n = b \tag{1}$$

bezeichnet. Ein Punkt t^* heißt fixer Teilpunkt der Folge $\{\pi_n\}$, wenn es einen Index $n_0 \in N$ gibt, so daß $t^* \in \pi_n$ für $n \geqq n_0$ ist. Es gelte stets

$$\lim_{n\to\infty} \max_{1 \leqq i \leqq n} |t_i - t_{i-1}| = 0. \tag{2}$$

— Hat $\{\pi_n\}$ eine endliche Anzahl fixer Teilpunkte, so bezeichnet $C^{-1}[a, b; \pi_n]$ die Menge derjenigen Funktionen aus $C^{-1}[a, b]$, die höchstens an den fixen Teilpunkten von $\{\pi_n\}$ unstetig sind. $\overline{C^j}[a, b; \pi_n]$ enthält dann alle Funktionen mit $(j + 1)$-ter Ableitung in $C^{-1}[a, b; \pi_n]$.

— Für $p \geqq -1$, ganz, und $q \in N$ bezeichnet $S(\pi_n, p, q)$ den Vektorraum aller Funktionen aus $C^p[a, b]$, die in jedem Teilintervall der Aufteilung $\{\pi_n\}$ Polynome vom Höchstgrad $p + q$ sind.

Problemstellung

Innerhalb eines Zeitintervalls $[a, b]$ mit $b > a$ wird ein Steuerprozeß betrachtet, der durch die Differentialgleichung m-ter Ordnung

$$x^{(m)}(t) = f\big(t, x(t), \ldots, x^{(m-1)}(t), u(t)\big) \tag{3}$$

mit den Randbedingungen

$$\Gamma_k\big(x(a), \ldots, x^{(m-1)}(a); x(b), \ldots, x^{(m-1)}(b)\big) = 0, \qquad k = 1, \ldots, m, \tag{4}$$

beschrieben wird. Dabei bedeute $x^{(m)}(t) = d^m x/dt^m$. Ferner seien x und u skalare Funktionen von t; x wird als Zustandsfunktion oder Trajektorie, u als Steuerung bezeichnet. Die Funktionen u seien aus $C^{-1}[a, b]$. Die Funktionen $f, \Gamma_1, \ldots, \Gamma_m$ seien stetig in allen Argumenten. Weiter gelte $u(t) \in \Omega \subset R^1$ für $t \in [a, b]$ mit dem Steuerbereich Ω. Dafür wird im weiteren kurz

$$u \in C_\Omega^{-1}[a, b] \tag{5}$$

geschrieben. Die Elemente von $C_\Omega^{-1}[a, b]$ werden zulässige Steuerungen genannt.

Eine zulässige Steuerung $\hat{u} \in C_\Omega^{-1}[a, b]$, für die es eine Funktion $x \in \overline{C^{m-1}}[a, b]$ gibt, so daß das Paar $(\hat{x}, \hat{u})$ die Randwertaufgabe (3) (4) löst, heißt stark zulässig. Wegen der Nichtlinearität dieser Randwertaufgabe wird es im allgemeinen nicht nur eine Trajektorie $\hat{x}$ zu einer stark zulässigen Steuerung $\hat{u} \in C_\Omega^{-1}[a, b]$ geben. Die Menge aller Trajektorien, die gemeinsam mit $\hat{u}$ die Randwertaufgabe (3) (4) erfüllen, wird mit $\hat{X}(\hat{u})$ bezeichnet:

$$\hat{X}(\hat{u}) := \left\{\hat{x} \in \overline{C^{m-1}} \mid (\hat{x}, \hat{u}) \text{ erfüllt (3) (4)}\right\}. \tag{6}$$

Es wird vorausgesetzt, daß mindestens eine stark zulässige Steuerung existiert. In diesem Fall heißt dann jedes Element von $\hat{X}(u)$ zu u gehörige Trajektorie, und jedes Element von

$$D := \{(x, u) \mid u \in C_\Omega^{-1}[a, b], \hat{X}(u) \neq \emptyset, x \in \hat{X}(u)\} \tag{7}$$

wird als zulässiges Paar für (3) (4) bezeichnet.

Weiter liege eine den Steuerprozeß bewertende und zu minimierende Zielgröße in Form eines Ziel- oder Kostenfunktionals $I: D \to R^1$ vor:

$$I(x, u) = \int_a^b f_0\big(x(t), t, u(t)\big)\, dt, \qquad x \in \hat{X}(u). \tag{8}$$

Wegen der obigen Voraussetzung ist der Definitionsbereich D von I nicht leer. Es gelte weiter

$$\inf_{x \in \hat{X}(u)} I(x, u) > -\infty \tag{9}$$

für jede stark zulässige Steuerung $u \in C_\Omega^{-1}[a, b]$, und das Infimum werde durch eine zu u gehörige Trajektorie $x \in \hat{X}(u)$ angenommen. Dann werde ein Paar (x^*, u^*) mit

$$I(x^*, u^*) = \min_{x \in \hat{X}(u^*)} I(x, u^*), \qquad u^* \in C_\Omega^{-1}[a, b], \tag{10}$$

als lokales Optimalpaar bezeichnet.

Ein der Minimierungsbedingung

$$I(x^{**}, u^{**}) = \inf\{I(x^*, u^*) \mid u^* \in C_\Omega^{-1}[a, b], \hat{X}(u^*) \neq \emptyset\} \tag{11}$$

genügendes lokales Optimalpaar wird globales Optimalpaar genannt.

Beschreibung der Näherungsmethode

Zu Beginn der Rechnung werden zuerst d Punkte $\tau_1, \ldots, \tau_d$ mit

$$0 < \tau_1 < \tau_2 < \cdots < \tau_d < 1 \tag{12}$$

vorgegeben. Diese Zerlegung von $[0, 1]$ bleibt danach unverändert, d. h., sie ist unabhängig von n.

Zu $n \in N$ wird ein System von Punkten $t_1, \ldots, t_n$ mit

$$\pi_n : a = t_0 < t_1 < \cdots < t_n = b \tag{13}$$

vorgegeben, wobei die Folge $\{\pi_n\}$ nur endlich viele fixe Teilpunkte besitze. Weiter sei

$$t_{ij} = t_{i-1} + \tau_j(t_i - t_{i-1}), \qquad i = 1, \ldots, n; \quad j = 1, \ldots, d. \tag{14}$$

Nun wird der Näherungsprozeß zu (3) (4) betrachtet, der durch das Gleichungssystem

$$\begin{aligned} &x_n^{(m)}(t_{ij}) = f\big(t_{ij}, x_n(t_{ij}), \ldots, x_n^{(m-1)}(t_{ij}), u(t_{ij})\big), \\ &i = 1, \ldots, n; \quad j = 1, \ldots, d, \end{aligned} \tag{15}$$

mit den „Randbedingungen"

$$\Gamma_k\big(x_n(a), \ldots, x_n^{(m-1)}(a); x_n(b), \ldots, x_n^{(m-1)}(b)\big) = 0 \tag{16}$$

beschrieben wird.

Als Menge der zulässigen Steuerungen wird die Menge $C_\Omega^{-1}[a, b]$ gewählt. Die Funktionen x_n seien aus der Klasse $S(\pi_n, m-1, d)$. Eine zulässige Steuerung $u \in C_\Omega^{-1}[a, b]$, für die eine solche stückweise polynomiale Funktion $x_n \in S(\pi_n, m-1, d)$ existiert, daß das Paar (u, x_n) das Gleichungssystem (15) (16) erfüllt, heißt stark zulässige Näherungssteuerung; x_n heißt dann zugehörige Näherungstrajektorie. Eine der Minimierungsbedingung

$$\int_a^b f_0\big(x_n(t), t, u(t)\big)\, dt \to \min! \tag{17}$$

genügende stark zulässige Näherungssteuerung heißt dann optimale Näherungssteuerung.

Abstrakte Darstellung

Bekanntlich gilt für $x^{(m)} \in C^{-1}[a, b]$

$$x^{(k)}(t) = \int_a^t \frac{(t-\tau)^{m-k-1}}{(m-k-1)!} x^{(m)}(\tau)\, d\tau + \sum_{j=k}^{m-1} \frac{x^{(j)}(a)}{(j-k)!} (t-a)^{j-k}. \tag{18}$$

Es bezeichne nun

$$z(t) = \big(z^1(t), z^2, \ldots, z^{m+1}\big)^{\mathsf{T}} := \big(x^{(m)}(t), x(a), \ldots, x^{(m-1)}(a)\big)^{\mathsf{T}}. \tag{19}$$

Wählt man die Operatoren

$$G_k:\quad C^{-1}[a,b]\times R^m \to C^{m-k-1}[a,b] \qquad (k=0,\dots,m-1),$$
$$F:\quad C^{-1}[a,b]\times R^m\times C^{-1}[a,b]\to R^1,$$
$$F_1:\quad C^{-1}[a,b]\times R^m\times C^{-1}[a,b]\to C^{-1}[a,b],$$
$$F_k:\quad C^{-1}[a,b]\times R^m\to R^1 \qquad (k=2,\dots,m+1),$$
$$T:\quad C^{-1}[a,b]\times R^m\times C^{-1}[a,b]\to C^{-1}[a,b]\times R^m$$

gemäß

$$G_k z(t) \;:= \int\limits_a^t \frac{(t-\tau)^{m-k-1}}{(m-k-1)!}\, z^1(\tau)\, d\tau + \sum_{j=k}^{m-1} \frac{z^{j+2}}{(j-k)!}\,(t-a)^{j-k}, \tag{20}$$

$$F_1(z,u) := f(t, G_0 z, \dots, G_{m-1}z, u),$$

$$F_k z := \Gamma_{k-1}\big(G_0 z(a), \dots, G_{m-1}z(a);\; G_0 z(b), \dots, G_{m-1} z(b)\big), \tag{21}$$

$$T(z,u) := \big(F_1(z,u), z^2 - F_2 z, \dots, z^{m+1} - F_{m+1} z\big)^{\mathsf T}, \tag{22}$$

$$F(z,u) := \int\limits_a^b f_0\big(G_0 z(t), t, u(t)\big)\, dt \tag{23}$$

und definiert noch

$$B := \{u \in C^{-1}[a,b] \mid u(t) \in \Omega \subset R^1,\, t \in [a,b]\}, \tag{24}$$

so läßt sich (3) (4) (5) (8) mit $U = C^{-1}[a,b]$ und $Z = C^{-1}[a,b]\times R^m$ schreiben als

$$F(z,u) \to \min!, \tag{25}$$

$$z = T(z,u), \tag{26}$$

$$(z,u) \in Z \times (U \cap B). \tag{27}$$

Satz 1. *Definitions- und Wertebereich des Operators T, d. h. die Räume $Z \times U = C^{-1}[a,b]\times R^m \times C^{-1}[a,b]$ bzw. $Z = C^{-1}[a,b]\times R^m$, sind mit den Normen*

$$\|z\|_Z := \max\Big\{\sup_{t\in[a,b]} |z^1(t)|, |z^2|, \dots, |z^{m+1}|\Big\}, \tag{28}$$

$$\|u\|_U := \sup_{t\in[a,b]} |u(t)|, \tag{29}$$

$$\|(z,u)\|_{Z\times U} := \|z\|_Z + \|u\|_U \tag{30}$$

vollständig.

Beweis. Nach Wittenbrink [3] ist $C^{-1}[a,b]$ mit der Norm (29) ein Banachraum. Daraus folgt unmittelbar die Behauptung.

Satz 2. *Es sei $u_0 \in C_\Omega{}^{-1}[a,b]$ eine stark zulässige Steuerung für* (3) (4) (5) (8), *und $x_0 \in \hat{X}(u_0)$ sei eine zu u_0 gehörige Trajektorie. Es seien weiter*

$$f_{u_0} = f_{u_0}(t, v_1, \dots, v_m) := f(t, v_1, \dots, v_m, u_0)$$

und

$$\frac{\partial f_{u_0}}{\partial v_k} := \frac{\partial}{\partial v_k} f(t, v_1, \ldots, v_m, u_0), \qquad k = 1, \ldots, m,$$

definiert, beschränkt und stetig auf

$$S = \{a \leqq t \leqq b \mid |v_k - x_0^{(k-1)}| < \delta,\ 1 \leqq k \leqq m,\ \delta > 0\}, \tag{31}$$

außer höchstens an den Unstetigkeitsstellen von u_0. *Ferner seien*

$$\Gamma_k = \Gamma_k(v_1, \ldots, v_m; v_{m+1}, \ldots, v_{2m}) \quad \text{und} \quad \frac{\partial \Gamma_k}{\partial v_i} \quad (1 \leqq k \leqq m,\ 1 \leqq i \leqq 2m)$$

definiert und stetig auf der Kugel $\hat{S}$, *die beschrieben wird durch*

$$\hat{S} = \{|v_k - x_0^{(k-1)}(a)| < \delta (1 \leqq k \leqq m);\\ |v_k - x_0^{(k-m-1)}(b)| < \delta\ (m < k \leqq 2m)\}. \tag{32}$$

Außerdem habe die homogene Randwertaufgabe

$$x^{(m)}(t) - \sum_{j=1}^{m} \frac{\partial f_{u_0}}{\partial v_j} (t, x_0, \ldots, x_0^{(m-1)})\, x^{(j-1)}(t) = 0, \tag{33}$$

$$\sum_{j=1}^{m} \left(\frac{\partial \Gamma_i}{\partial v_j} \big(x_0(a), \ldots, x_0^{(m-1)}(a)\big)\, x^{(j-1)}(a) \right.\\ \left. + \frac{\partial \Gamma_i}{\partial v_{j+m}} \big(x_0(b), \ldots, x_0^{(m-1)}(b)\big)\, x^{(j-1)}(b) \right) = 0 \tag{34}$$

nur die triviale Lösung. Dann kann eine Konstante $\varrho > 0$ *gefunden werden, so daß* x_0 *eindeutig ist in der Sphäre*

$$\left\| \big(x_0^{(m)}(t), x_0(a), \ldots, x_0^{(m-1)}(a)\big) - \big(x^{(m)}(t), x(a), \ldots, x^{(m-1)}(a)\big) \right\| \leqq \varrho. \tag{35}$$

Beweis. Der Beweis ergibt sich aus Theorem 3 aus [3] und Satz 1 aus [2].

Nun wird zunächst der Interpolationsoperator

$$p_{n,-1,d}: C^{-1}[a, b; \pi_n] \to S(\pi_n, +1, d)$$

erklärt durch

$$(p_{n,-1,d}\, g)(t_{ij}) = g(t_{ij}), \qquad i = 1, \ldots, n; \quad j = 1, \ldots, d, \tag{36}$$

$$(p_{n,-1,d}\, g)(t_i) = \lim_{\substack{h \to 0 \\ h > 0}} (p_{n,-1,d}\, g)(t_i - h), \qquad i = 0, \ldots, n. \tag{37}$$

Dabei sind $t_{11}, \ldots, t_{nd}$ die in (14) erklärten Stellen aus $[a, b]$, und $t_0, \ldots, t_n$ sind die Teilpunkte der Intervallaufteilung $\{\pi_n\}$. Nach Wittenbrink [3] gilt jetzt:

Satz 3.

a) *Die Projektionen* $p_{n,-1,d}$ *sind gleichmäßig beschränkt auf* $C^{-1}[a, b; \pi_n]$.

b) *Für jede Funktion* $g \in C^{-1}[a, b; \pi_n]$ *gilt*

$$\lim_{n \to \infty} \|p_{n,-1,d}\, g - g\| = 0. \tag{38}$$

Nun wird der Projektionsoperator

$$P_n: C^{-1}[a, b; \pi_n] \times R^m \to S(\pi_n, -1, d) \times R^m$$

definiert gemäß

$$P_n z := (p_{n,-1,d} z^1, z^2, \ldots, z^{m+1})^{\mathsf{T}}. \tag{39}$$

Ersichtlich ist P_n ein linearer, gleichmäßig beschränkter Projektionsoperator von Z auf $Z_n = S(\pi_n, -1, d) \times R^m$. Man verifiziert durch Einsetzen, daß (15) (16) (17) sich dann schreiben läßt als

$$F(z_n, u_n) \to \min!, \tag{40}$$

$$z_n = P_n T(z_n, u_n), \tag{41}$$

$$(z_n, u_n) \in Z_n \times (U \cap B), \tag{42}$$

mit

$$z_n(t) = \left(x_n^{(m)}(t), x_n(a), \ldots, x_n^{(m-1)}(a)\right)^{\mathsf{T}}. \tag{43}$$

Existenz und Eindeutigkeit der Näherungslösung

Satz 4. *Durch Vorgabe von $d, \tau_1, \ldots, \tau_d$ sowie der Folge der Intervallaufteilungen $\{\pi_n\}$ sei zu* (3) (4) (5) (8) *die Folge der Näherungsprobleme* (15) (16) (17) *festgelegt. Es sei $u_0 \in C_\Omega^{-1}[a, b]$ eine stark zulässige Steuerung für das Ausgangsproblem und $x_0 \in \hat{\mathfrak{X}}(u_0)$. Ferner seien alle Voraussetzungen des Satzes 2 erfüllt. Besitzt u_0 Unstetigkeiten höchstens an den (endlich vielen) fixen Teilpunkten von $\{\pi_n\}$, so können ein $n_1 \in N$ und eine Konstante $\varrho > 0$ gefunden werden, so daß für $n \geqq n_1$ gilt:*

(i) x_0 *ist eindeutig in der Sphäre* (35),

(ii) u_0 *ist auch für* (15) (16) (17) *stark zulässige Näherungssteuerung mit der eindeutigen zugehörigen Näherungstrajektorie $x_{n,0} \in S(\pi_n, m-1, d)$,*

(iii) $x_{n,0}$ *liegt in der Sphäre* (35),

(iv) $\lim\limits_{n\to\infty} \|x_{n,0} - x_0\| = 0$,

(v) $\|x_{n,0} - x_0\| \leqq c\, \|x_0^{(m)} - p_{n,-1,d} x_0^{(m)}\|$.

Beweis. Es sei $u_0 \in C_\Omega^{-1}[a, b] \cap C^{-1}[a, b; \pi_n]$. Der Operator $A: Z \to Z$ mit

$$A(z) = T_{u_0}(z) := T(z, u_0) \tag{44}$$

erfüllt nach Satz 2 die Voraussetzungen des Satzes 1 aus [2] bezüglich a. Nach WITTENBRINK [3] folgt außerdem, daß die Voraussetzungen (28) des Satzes 3 aus [2] erfüllt wird, wenn P_n auf die oben beschriebene Weise konstruiert wird. Schließlich gilt mit

$$z_0(t) = \left(x_0^{(m)}(t), x_0(a), \ldots, x_0^{(m-1)}(a)\right)^{\mathsf{T}}$$

und (38) noch

$$\lim_{n\to 0} \|(I - P_n)\, z_0\| = \lim_{n\to\infty} \|x_0^{(m)} - p_{n,-1,d} x_0^{(m)}\| = 0. \tag{45}$$

Damit ist gezeigt, daß die Voraussetzungen des Satzes 3 aus [2] erfüllt sind. Somit folgt für hinreichend großes n die Existenz einer Lösung $z_{n,0}$ von

$$z_n = P_n T_{u_0}(z_n). \tag{46}$$

Aus der Eindeutigkeit von $z_{n,0}$ in der Sphäre $\|z_0 - z_{n,0}\| < \delta$ folgt dann die Eindeutigkeit von $x_{n,0}$ in (35) und damit die Behauptung (ii). Wegen

$$x(t) = \int\limits_a^t \frac{(t-\tau)^{m-1}}{(m-1)!} z^1(\tau)\, d\tau + \sum_{j=0}^{m-1} \frac{z^{j+2}}{j!} (t-a)^j \tag{47}$$

gilt

$$\|x\| \leqq \|z\| \sum_{j=0}^{m} \frac{(b-a)^j}{j!}. \tag{48}$$

Damit erhält man unter Verwendung von (31) aus [2]

$$\begin{aligned} \|x_{n,0} - x_0\| &\leqq c_1 \|z_{n,0} - z_0\| \leqq c_2 \|(I - P_n)\, z_0\| \\ &\leqq c_3 \|x_0{}^{(m)} - p_{n,-1,d} x_0{}^{(m)}\|. \end{aligned} \tag{49}$$

Somit sind die Behauptungen (ii) bis (v) bewiesen; der Beweis von (i) war Gegenstand des Satzes 2, also ist der Beweis von Satz 4 beendet.

Konvergenzaussage

Satz 5. *Es sei* (P) *das beschriebene Problem der optimalen Steuerung* (3) (4) (5) (8) *und* (P_n) *die Folge der Näherungsprobleme* (15) (16) (17). *Folgende Voraussetzungen werden als erfüllt angesehen:*

(v 1) *Es existiert mindestens ein zulässiges Paar für* (P), *und alle stark zulässigen Steuerungen für* (P) *sind aus* $C^{-1}[a, b; \pi_n]$.

(v 2) *Für mindestens ein zulässiges Paar für* (P) *sind die Voraussetzungen des Satzes 4 erfüllt.*

(v 3) *Für den durch* (P) *erzeugten Operator* T *gilt*

$$\|T(z', u) - T(z'', u)\| \leqq K \|z' - z''\| \text{ für } (z', u), (z'', u) \in Z_0 \times (U_0 \cap B)$$

mit $K \|P_n\| \leqq k < 1$ *für gewisse Teilmengen* $Z_0 \subset Z$ *und* $U_0 \subset U$. *Außerdem ist der Raum* B *abgeschlossen.*

Es bezeichne nun $X_{00} \times U_0$ *die Menge aller derjenigen zulässigen Paare für* (P), *für die die Voraussetzungen des Satzes 4 erfüllt sind. Dann wird weiter vorausgesetzt:*

(v 4) *Das Funktional* I *ist auf* $X_{00} \times U_0$ *nach unten beschränkt.*

(v 5) *Der Wert* $I_0 = \inf \{I(x, u) \mid (x, u) \in X_{00} \times U_0\}$ *wird durch ein Paar* $(x_0, u_0) \in X_{00} \times U_0$ *angenommen.*

(v 6) *Die Menge* X_{00} *ist gleichgradig, und* U_0 *ist stückweise gleichgradig stetig.*

(v 7) $I(x, u) \to \infty$ *für* $\|u\| \to \infty$.

Dann gelten die folgenden Aussagen:

(a 1) *Für jedes Paar* $(\hat{x}, \hat{u}) \in X_{00} \times U_0$ *ist* $\hat{x}$ *isolierte Trajektorie zu* $\hat{u}$, *d. h., es gibt eine Zahl* $\varrho = \varrho(\hat{u}) > 0$, *so daß* $\hat{x}$ *eindeutig ist in der Sphäre*

$$B(\hat{x}, \hat{u}) = \Big\{x \,\Big|\, \Big\|\big(x^{(m)}(t), x(a), \ldots, x^{(m-1)}(a)\big) - \big(\hat{x}^{(m)}(t), \hat{x}(a), \ldots, \hat{x}^{(m-1)}(a)\big)\Big\| \leqq \varrho(\hat{u})\Big\}.$$

(a 2) *Es gibt einen Index* n_0, *so daß für* $n \geqq n_0$ *jede Näherungsaufgabe* (P_n) *mindestens ein zulässiges Paar besitzt.*

(a 3) *Ist* $\{(\bar{x}_n, \bar{u}_n)\}$ *eine Folge zulässiger Paare für* (P_n) *mit*

$$(\bar{x}_n, \bar{u}_n) \in \big(X_{00} \cap S(\pi_n, m-1, d)\big) \times U_0,$$

$$I(\bar{x}_n, \bar{u}_n) \leqq \inf \Big\{I(x, u) \mid (x, u) \in \big(X_{00} \cap S(\pi_n, m-1, d)\big) \times U_0\Big\} + \varepsilon_n,$$

$$\varepsilon_n \geqq 0, \quad \varepsilon_n \to 0 \text{ für } n \to \infty,$$

so gilt

$$\lim_{n\to\infty} I(\bar{x}_n, \bar{u}_n) = I_0.$$

Beweis. Die Aussage (a 1) folgt sofort aus der Behauptung (i) von Satz 4.

Nun zur Aussage (a 2): Es sei $(\hat{x}, \hat{u}) \in X_{00} \times U_0$, und $n_1 = n_1(\hat{u})$ sei derjenige Index, von dem ab nach Satz 4 $\hat{u}$ auch stark zulässig für (P_n) ist. Setzt man

$$n_0 = \max \{n_1(\hat{u}) \mid \hat{u} \in U_0\}, \tag{50}$$

so sind für jedes $n \geqq n_0$ alle Paare $(\hat{u}, x_{n,0})$ zulässig für (P_n), wobei $\hat{u} \in U_0$ ist, und $x_{n,0}$ ist die (nach (ii) von Satz 4 existierende) eindeutige Näherungstrajektorie aus $S(\pi_n, m-1, d)$ in einer Umgebung von $\hat{x} \in X_{00}$. Nach (v 2) existiert mindestens ein solches Paar; damit ist (a 2) gezeigt.

Beweis der Aussage (a 3): Da hierbei der Satz 3 aus [2] verwendet wird, wird jetzt die abstrakte Darstellung von (P) und (P_n) benutzt. In dieser Darstellung lautet (a 1), daß für jedes Paar $(\hat{z}, \hat{u}) \in Z_{00} \times U_0$ die „Trajektorie" $\hat{z}$ eindeutig ist in einer Kugel

$$E(\hat{z}, \hat{u}) = \{z \mid \|z - \hat{z}\| \leqq \delta(\hat{u})\}. \tag{51}$$

Dabei ist Z_{00} in der üblichen Weise durch X_{00} erklärt.

Um nun zur Anwendung von Satz 2 aus [2] die Teilmenge Z_0 geeignet wählen zu können, ist noch eine Vorbetrachtung nötig: Es bezeichne $\hat{Z}(\hat{u})$ die Menge aller zu einer zulässigen Steuerung $\hat{u}$ gehörigen „Trajektorien". Unter Verwendung der Paare (z_*, u_*) mit

$$I(z_*, u_*) = \min \{I(z, u_*) \mid z \in \hat{Z}(u_*) \cap Z_{00}, u_* \in U_0\} \tag{52}$$

wird Z_0 festgelegt gemäß

$$Z_0 = \bigcup_{u_* \in U_0} E(z_*, u_*). \tag{53}$$

Ersichtlich ist dann $Z_0 \times U_0$ gleich dem Produkt aus einer Teilmenge der Menge der stark zulässigen Steuerungen für (P) und aus der Vereinigung von Umgebungen jeweils einer ausgewählten zugehörigen Trajektorie (nämlich der „relativ besten“). Nach Definition von U_0 und Z_0 sind für alle Paare aus $Z_0 \times U_0$ die Voraussetzungen von Satz 4 erfüllt. Nun seien $n \geqq n_0$ und $\hat{u} \in U_0$ beliebig. Dann ist $\hat{u}$ nach Satz 4 stark zulässig für (P_n), und die zugehörigen Näherungstrajektorien $z_n \in Z_n$ sind eindeutig in einer Umgebung der jeweils zu $\hat{u}$ gehörigen Trajektorien für (P). Nach Konstruktion von Z_0 ist z_n somit eindeutig in ganz Z_0. Also ist für $n \geqq n_0$ die Voraussetzung (V 4) von Satz 2 aus [2] erfüllt.

Weiterhin ist ersichtlich, daß (v 1), (v 2) und (v 5) die Voraussetzung (V 1) desselben Satzes implizieren, (V 2) ist gesichert durch (v 3), ebenso (V 3) und (V 6) durch (v 3), (V 5) folgt aus (v 1) und Satz 3, und (v 7) impliziert (V 7). Aus (v 6) folgt mit dem Theorem von Arzela/Ascoli die Voraussetzung (V 8). Mit (v 4) sind schließlich alle Voraussetzungen des Satzes 2 aus [2] erfüllt. Aus der Aussage dieses Satzes folgt wegen der Äquivalenz der Darstellungen die Behauptung (a 3).

Damit ist der Beweis von Satz 5 beendet.

Bemerkung. Aus diesem Satz lassen sich Aussagen für verschiedene Spezialfälle ableiten, wobei sich jedoch keine wesentlichen Änderungen ergeben:

Für den Fall, daß für alle zulässigen Paare die Voraussetzungen von Satz 4 erfüllt sind, ist in (v 5) und (a 3) I_0 durch $I^{**} = I(x^{**}, u^{**})$ zu ersetzen.

Wenn man fordert, daß zu jeder stark zulässigen Steuerung für (P) genau eine zugehörige Trajektorie existiere, entfällt die oben beschriebene Festlegung von Z_0; man kann statt dessen setzen

$$Z_0 = \bigcup_{u \in U_0} \{E(z, u) \mid z \in \hat{Z}(u) \cap Z_{00}\}. \tag{54}$$

Literatur

[1] Matthäus, W. G., Ein Beitrag zur genäherten Lösung nichtlinearer Probleme der optimalen Steuerung mit nichtlinearen Randbedingungen. Diss. B, TH Leuna—Merseburg, 1978.

[2] Matthäus, W. G., Eine Näherungsmethode für Probleme der optimalen Steuerung im Banachraum. Wiss. Z. TH Leuna—Merseburg **2** (1981), 242—253.

[3] Wittenbrink, K. A., High order projection methods of moment- and collocation type for nonlinear boundary value problems. Computing **11** (1973), 255—274.

Manuskripteingang: 18. 10. 1979

VERFASSER:

Dr. sc. Wolf-Gert Matthäus, Sektion Mathematik der Technischen Hochschule „Carl Schorlemmer“, Leuna—Merseburg

Beiträge zur Numerischen Mathematik
10 (1981), 107–115

Varianten der simultanen Iteration zur Berechnung einiger Eigenwerte und Eigenvektoren des allgemeinen großdimensionierten Eigenwertproblems

ARND MEYER

1. Aufgabenstellung

Es liege das allgemeine Eigenwertproblem

$$A\varphi = \lambda B\varphi \tag{1.1}$$

mit den symmetrischen $(n \times n)$-Matrizen A und B vor. Die Aufgabe, die l kleinsten (eigentlich kleinsten positiven) Eigenwerte von (1.1) zu bestimmen, entsteht zum Beispiel aus der Berechnung von Eigenschwingungen bei Bauteilen. Wird hierbei eine dreidimensionale Diskretisierung mit Hilfe von FEM-Methoden benutzt, so entstehen i. a. sehr groß dimensionierte Matrizen. Die Steifigkeitsmatrix A bei diesem Anwendungsfall ist stets positiv definit. Die Massenmatrix B kann je nach Diskretisierungstechnik als indefinite Diagonalmatrix oder ebenfalls positiv definite Matrix gleicher Bandstruktur wie A erhalten werden. Eine Verarbeitung der Matrizen im Hauptspeicher einer EDVA wird oftmals nicht mehr oder nur durch besondere Speichertechniken möglich sein. Im ersten Fall ist die Hauptforderung, die an einen Algorithmus zur Lösung von (1.1) gestellt werden muß, die Minimierung des Datentransfers. Die Methode der simultanen Iteration hat hierzu einmal den Vorzug, daß alle l Eigenvektoren auf einmal berechnet werden (kein l-facher Datentransfer), zum anderen werden in der obigen Klasse von Anwendungen zumeist nur sehr wenige Iterationsschritte benötigt. Es sollen deshalb im weiteren die günstigsten Varianten der einfachen simultanen Iteration sowie eine Beschleunigung, die Tschebyscheff-Iteration, vorgestellt werden.

2. Das Verfahren der einfachen simultanen Iteration

Ausgehend von der Aufgabenstellung (1.1) besteht das Verfahren der simultanen Iteration aus den beiden Teilschritten

$$Z_k = CX_k, \tag{2.1}$$

$$X_{k+1} = Z_k T_k, \qquad k = 0, \ldots \tag{2.2}$$

Hierbei sind X_k und Z_k $(n \times p)$-Matrizen, also die Zusammenfassung von $p \geqq l$ Spaltenvektoren der Dimension n, und C ist die wirkende Iterationsmatrix. Für (1.1) sind zwei Möglichkeiten denkbar. Die Beziehung

$$C = C_1 = A^{-1}B \tag{2.3}$$

bedeutet, daß der Teilschritt (2.1) durch die Matrixmultiplikation

$$Y_k = BX_k \tag{2.4}$$

und die Lösung des Gleichungssystems

$$AZ_k = Y_k \tag{2.5}$$

ausgeführt wird.

Bei positiv definiter Matrix A wird (2.5) in der Regel mit Hilfe der Cholesky-Zerlegung von A,

$$A = R^{\mathsf{T}}R, \tag{2.6}$$

ermöglicht. Im entgegengesetzten Fall kann eine andere LU-Faktorisierung benutzt werden.

Die zweite Möglichkeit nach Cholesky-Zerlegung von A ist die Umformung von (1.1) in

$$R^{-\mathsf{T}}BR^{-1}y = \frac{1}{\lambda}\,y \quad \text{mit} \quad y = R\varphi \tag{2.7}$$

und Verwendung der Iterationsmatrix

$$C = C_2 = R^{-\mathsf{T}}BR^{-1}. \tag{2.8}$$

Beide Varianten sind im wesentlichen numerisch gleichberechtigt. Die Anwendung von (2.8) erfordert im Unterschied zu (2.3)/(2.6) nur eine andere Reihenfolge der drei Hauptoperationen (Matrixmultiplikation mit B, Lösen der Dreieckssysteme mit R und R^{T}). Außerdem führt die Verwendung von (2.8) auf die Eigenvektoren von C_2 somit auf $R\Phi$, wenn Φ die Matrix der ersten p Eigenvektoren von (1.1) ist.

Die Konvergenzordnung hängt nur vom Schritt (2.1) ab, trotzdem ist die Wahl der $(p \times p)$-Transformationsmatrix T_k von wichtigem Einfluß auf den erzielten Effekt eines jeden Iterationsschrittes.

3. Die Wahl von T_k

In Verallgemeinerung der von Bauer [1] und Rutishauser [2, 3] angegebenen Vorgehensweisen für das symmetrische einfache Eigenwertproblem (somit für die Iterationsmatrix C_2) stammt von McCormick/Noe [4] eine Möglichkeit, für beliebige Iterationsmatrizen die Transformation T_k bestmöglich zu wählen.

Es sei $\mathscr{P}$ eine positiv definite symmetrische Matrix, mit der die Iterationsmatrix C die sogenannte $\mathscr{P}$-Normalitätseigenschaft

$$C\mathscr{P}^{-1}C^{\mathsf{T}}\mathscr{P} = \mathscr{P}^{-1}C^{\mathsf{T}}\mathscr{P}C \tag{3.1}$$

erfüllt. Dann sichert folgende Wahl von T_k die bestmögliche Konvergenzordnung der Iteration (2.1)/(2.2):

Es sei $S_k = Z_k{}^{\mathsf{T}}\mathscr{P}Z_k$ eine $(p \times p)$-Matrix, deren vollständiges Eigensystem berechnet wird:

$$S_kQ_k = Q_kD_k{}^2 \tag{3.2}$$

mit der orthogonalen Eigenvektormatrix Q_k und der Diagonalmatrix D_k^2 mit den Eigenwerten von S_k auf der Hauptdiagonalen (S_k ist immer positiv definit, wenn die Spalten von Z_k linear unabhängig sind). Die Verwendung von $T_k = Q_k D_k^{-1}$ hat dann den gewünschten Effekt, die Spalten von X_{k+1} bestmöglich auf die Eigenvektoren $\varphi_1, \ldots, \varphi_p$ auszurichten. Gleichzeitig entstehen $\mathscr{P}$-orthonormale Spalten, d. h. $X_{k+1}^{\mathsf{T}} \mathscr{P} X_{k+1} = I$.

Für die Iterationsmatrix C_2 führt $\mathscr{P} = I$ auf die bekannte simultane Iteration nach [1, 2, 3].

Algorithmus S1 (A positiv definit, $A = R^{\mathsf{T}}R$): Wahl der Startmatrix $\overline{X}_0$.

1. Lösen $R X_k = \overline{X}_k$,
2. $Y_k = B X_k$,
3. Lösen $R^{\mathsf{T}} \overline{Z}_k = Y_k$,
4. $S_k = \overline{Z}_k^{\mathsf{T}} \overline{Z}_k$,
5. Lösen EWP für S_k:
   $S_k Q_k = Q_k D_k^2$ und $T_k = Q_k D_k^{-1}$,
6. $\overline{X}_{k+1} = \overline{Z}_k T_k$.

Bei Iteration mit C_1 sind zwei Möglichkeiten denkbar. Beide Matrizen A und B können anstelle von $\mathscr{P}$ verwandt werden, wobei die Forderung der positiven Definitheit die Auswahl bestimmen wird. In beiden Fällen ergibt die Berechnung von S_k keinen Mehraufwand im Vergleich zu S1:

Algorithmus S2 (A positiv definit, $\mathscr{P} = A$): Wahl der Startmatrix X_0.

1. $Y_k = B X_k$,
2. Lösen $A Z_k = Y_k$,
3. $S_k = Z_k^{\mathsf{T}} A Z_k = Z_k^{\mathsf{T}} Y_k$,
4. Lösen EWP für S_k:
   $S_k Q_k = Q_k D_k^2$ und $T_k = Q_k D_k^{-1}$,
5. $X_{k+1} = Z_k T_k$.

Algorithmus S3 (B positiv definit, $\mathscr{P} = B$): Wahl der Startmatrix X_0 und $Y_0 = B X_0$.

1. Lösen $A Z_k = Y_k$,
2. $U_k = B Z_k$,
3. $S_k = Z_k^{\mathsf{T}} B Z_k = Z_k^{\mathsf{T}} U_k$,
4. Lösen EWP für S_k:
   $S_k Q_k = Q_k D_k^2$ und $T_k = Q_k D_k^{-1}$,
5. ($X_{k+1} = Z_k T_k$ wird nur am Ende der Iteration berechnet, sonst:)
   $Y_{k+1} = U_k T_k$.

Bei bekannten Voraussetzungen an die Startmatrix X_0 bzw. $\overline{X}_0$ (vollständige Entwicklung nach allen ersten p Eigenvektoren) findet Konvergenz der Iterierten X_k gegen Φ statt. Gleichzeitig konvergieren die Wurzeln der Eigenwerte von S_k, die Hauptdiagonalelemente von

$$D_k = \operatorname{diag}\,(d_1^{(k)}, \ldots, d_p^{(k)}),$$

gegen die Beträge der Eigenwerte von C, also

$$d_i^{(k)} \to |\mu_i| = \frac{1}{|\lambda_i|}, \qquad i = 1, \ldots, p, \quad \text{für} \quad k \to \infty, \tag{3.3}$$

wobei

$$|\lambda_1| \leqq |\lambda_2| \leqq \cdots \leqq |\lambda_p| < |\lambda_{p+1}| \leqq \cdots \tag{3.4}$$

gelten soll. Die Konvergenzordnung ist

$$O\left(\left|\frac{\lambda_i}{\lambda_{p+1}}\right|^k\right). \tag{3.5}$$

In [4] sind überdies Abschätzungen der Eigenwerte mit Hilfe der Zahlen $d_i^{(k)}$ angegeben, von denen aber nur die erste,

$$d_i^{(k)} \leqq |\mu_i|, \tag{3.6}$$

eine praktische Verwendbarkeit besitzt. In Eigenwertabschätzungen nach oben geht wesentlich die Güte der Startmatrix X_0 ein.

4. Tschebyscheff-Beschleunigung

Die Konvergenzordnung (3.5) ist für die meisten praktischen Beispiele so gut, daß nur wenige Iterationsschritte für schon sehr hohe Genauigkeiten genügen. Beispielsweise benötigen die Algorithmen S 1, S 2 oder S 3 für die von Ruhe in [5] angegebenen Matrizenpaare wesentlich weniger Iterationen, als dort mit dem Algorithmus [3] erhalten wurde. Der Grund hierfür wird später sichtbar. So wurden zur Berechnung von drei Eigenwerten mit $p = 5$ des Beispiels aus [5, S. 108] (diskretisierte zweidimensionale Laplacegleichung) nur 21 Iterationen gegenüber den angegebenen 119 benötigt. (Startvektoren: erste p Einheitsvektoren; Abbruchkriterium: relative Änderung der Eigenwertnäherungen $d_i^{(k)}$ kleiner 10^{-10}.)

Eine weitere Beschleunigung wird bei Eigenwertproblemen sinnvoll sein, die im unteren Teil des Spektrums viele dichte Eigenwerte besitzen, so daß sich auch durch Erhöhung von p die Konvergenzquotienten (3.5) nur unwesentlich verbessern. In solchen Fällen ist die Anwendung der Tschebyscheff-Beschleunigung im Anschluß an einige Schritte der einfachen Iteration eine Möglichkeit, die Iterationszahlen weiter zu senken. Die Beschleunigungsidee wird an der induktiv aus (2.1)/(2.2) beweisbaren Formel

$$X_{k+1} = C^{k+1} X_0 T_0 \cdots T_k \tag{4.1}$$

deutlich, indem an Stelle des Matrixpolynoms C^{k+1} jedes andere Polynom f_{k+1} vom Grade $k + 1$ gesetzt werden kann:

$$X_{k+1} = f_{k+1}(C)\, X_0 T_0 \cdots T_k. \tag{4.2}$$

Die Transformationen T_k seien wieder so gewählt, daß X_{k+1} $\mathscr{P}$-orthonormale Spalten besitzt, die bestmöglich auf die ersten p Eigenvektoren ausgerichtet sind. Die Konvergenzquotienten ändern sich dann zu

$$O\left(\left|\frac{f_k(\mu_{p+1})}{f_k(\mu_i)}\right|\right). \tag{4.3}$$

Wird angenommen, daß ein Intervall $[a, b]$ mit

$$\begin{aligned} \mu_i &\in [a, b] \quad \text{für} \quad i = p+1, \dots, n, \\ \mu_i &\notin [a, b] \quad \text{für} \quad i = 1, \dots, p \end{aligned} \tag{4.4}$$

bekannt ist, so sei $g(s) = \alpha s + \beta$ die Transformation von $[a, b]$ auf $[-1, 1]$, d. h.

$$\alpha = \frac{2}{b-a} \quad \text{und} \quad \beta = -\frac{a+b}{b-a}. \tag{4.5}$$

Ist weiterhin $t_k(s)$ das Tschebyscheff-Polynom der Ordnung k,

$$t_0(s) = 1, \qquad t_1(s) = s, \qquad t_{k+1}(s) = 2st_k(s) - t_{k-1}(s), \tag{4.6}$$

so ist

$$f_k(s) = t_k(g(s)) \tag{4.7}$$

offenbar ein Polynom, das zur Konvergenzverbesserung eingesetzt werden kann, weil

$$|f_k(\mu_i)| \leqq 1 \quad \text{für} \quad i = p+1, \dots, n \quad \text{(nicht gewünschte Eigenwerte)}$$

und

$$|f_k(\mu_i)| > 1 \quad \text{für} \quad i = 1, \dots, p$$

gilt.

Die Verwendung zur Verbesserung der Algorithmen S1, S2 oder S3 macht von der Rekursivität (4.6) Gebrauch. Der Grundalgorithmus (2.1)/(2.2) ändert sich wegen (4.2) und

$$\begin{aligned} Z_k &= f_{k+1}(C)\, X_0 T_0 \cdots T_{k-1} \\ &= 2g(C)\, X_k - X_{k-1} T_{k-1} \qquad (k > 0) \end{aligned}$$

zu

$$Z_0 = \alpha C X_0 + \beta X_0 \qquad (k = 0), \tag{4.8}$$

$$\begin{aligned} Z_k &= 2\alpha C X_k + 2\beta X_k - X_{k-1} T_{k-1} \qquad (k > 0), \\ X_{k+1} &= Z_k T_k. \end{aligned} \tag{4.9}$$

Die Anwendung der Iterationsmatrix C_2 führt ohne Schwierigkeiten auf den analogen

Algorithmus T1: Startmatrix $\overline{X}_0$ ist die aus S1 erhaltene Eigenvektornäherung.

1. Lösen $RX_k = \overline{X}_k$,
2. $Y_k = BX_k$,
3. Lösen $R^{\mathsf{T}} \overline{\overline{Z}}_k = Y_k$,
4. $\overline{Z}_0 = \alpha \overline{\overline{Z}}_0 + \beta \overline{X}_0$ bei $k = 0$,
   $\overline{Z}_k = 2\alpha \overline{\overline{Z}}_k + 2\beta \overline{X}_k - \overline{X}_{k-1} T_{k-1}$ bei $k > 0$,
5. $S_k = \overline{Z}_k^{\mathsf{T}} \overline{Z}_k$,
6. Lösen EWP für S_k:
   $S_k Q_k = Q_k D_k^2$ und $T_k = Q_k D_k^{-1}$,
7. $\overline{X}_{k+1} = \overline{Z}_k T_k$.

Bei Verwendung der Iterationsmatrix C_1 muß zur Berechnung von $Z_k^{\mathsf{T}} A Z_k$ bzw. $Z_k^{\mathsf{T}} B Z_k$ gewährleistet werden, daß keine zusätzliche Matrixmultiplikation nötig wird. Deshalb wird im ersten Fall ($\mathscr{P} = A$) mit folgenden Definitionen

$$W_k = AZ_k, \qquad V_k = AX_k \quad \text{und} \quad M_k = AX_{k-1}T_{k-1}$$

aus dem Tripel (X_k, V_k, M_k) im k-ten Iterationsschritt das Tripel $(X_{k+1}, V_{k+1}, M_{k+1})$ erhalten (ohne zusätzliche Matrixmultiplikation mit A oder B im Vergleich zum einfachen Algorithmus S 1).

Algorithmus T2 (A positiv definit): Startmatrix X_0 ist die aus S2 erhaltene Eigenvektornäherung und $V_0 = AX_0$.

1. $Y_k = BX_k$,
2. $W_0 = \alpha Y_0 + \beta V_0$ bei $k = 0$,
   $W_k = 2\alpha Y_k + 2\beta V_k - M_k$ bei $k > 0$,
3. Lösen $AZ_k = W_k$,
4. $S_k = Z_k^{\mathsf{T}} A Z_k = Z_k^{\mathsf{T}} W_k$,
5. Lösen EWP für S_k:
   $S_k Q_k = Q_k D_k^2$ und $T_k = Q_k D_k^{-1}$,
6. $X_{k+1} = Z_k T_k$,
   $V_{k+1} = AX_{k+1} = W_k T_k$,
   $M_{k+1} = AX_k T_k = V_k T_k$.

Im anderen Fall ($\mathscr{P} = B$) ist der neue Algorithmus wieder völlig analog zu S3.

Algorithmus T3 (B positiv definit): Startmatrix X_0 ist letzte Eigenvektornäherung von S3 und $Y_0 = BX_0$.

1. Lösen $A\tilde{Z}_k = Y_k$,
2. $Z_0 = \alpha \tilde{Z}_0 + \beta X_0$ bei $k = 0$,
   $Z_k = 2\alpha \tilde{Z}_k + 2\beta X_k - X_{k-1}T_{k-1}$ bei $k > 0$,
3. $U_k = BZ_k$,
4. $S_k = Z_k^{\mathsf{T}} B Z_k = Z_k^{\mathsf{T}} U_k$
5. Lösen EWP für S_k:
   $S_k Q_k = Q_k D_k^2$ und $T_k = Q_k D_k^{-1}$,
6. $X_{k+1} = Z_k T_k$,
   $Y_{k+1} = U_k T_k$.

Die Algorithmen T1, T2 und T3 stellen eine Verbesserung gegenüber [3] dar, denn hier wird nach Start der Tschebyscheff-Iteration diese nicht wieder unterbrochen. Ein solcher Abbruch war bei Rutishauser [3] zur Verhinderung der zunehmenden Parallelisierung der Spalten von X_k nötig, weil in obiger Notation der Start der Tschebyscheff-Iteration in [3] mit der Wahl von $T_k = I$ einhergeht und deshalb nicht beliebig weit fortgeführt werden konnte. Diese Schwierigkeit ist hier überwunden. Die $\mathscr{P}$-Orthonormalität der Spalten von X_k bleibt stets erhalten, und der Grad der Tschebyscheff-Polynome kann beliebig hoch werden. Gerade dies beschleunigt wegen des immer steiler werdenden Kurvenverlaufs von f_k die Konvergenz beträchtlich.

Die Eigenwerte der Matrizen S_k konvergieren bei T1, T2 und T3 nicht mehr gegen $|\mu_i|^2$, $i = 1, \ldots, p$, sondern stimmen immer besser mit den Zahlen

$$\left(\frac{f_{k+1}(\mu_i)}{f_k(\mu_i)}\right)^2, \qquad i = 1, \ldots, p, \tag{4.10}$$

überein, die auf Grund der Eigenschaften der Tschebyscheff-Polynome gegen

$$\left(g(\mu_i) + \sqrt{g(\mu_i)^2 - 1}\right)^2 \qquad \text{bei } \mu_i > b \tag{4.11}$$

bzw.

$$\left(g(\mu_i) - \sqrt{g(\mu_i)^2 - 1}\right)^2 \qquad \text{bei } \mu_i < a \tag{4.12}$$

konvergieren. Die Zahlen $d_i^{(k)}$ zeigen aber das gleiche monotone Konvergenzverhalten, so daß die relative Änderung als Abbruchkriterium genauso genutzt werden kann wie beim einfachen Algorithmus. Nach Beendigung der Iteration werden dann die Eigenwerte μ_i aus den Formeln (4.11)/(4.12) und (4.5) berechnet.

5. Wahl des Intervalls $[a, b]$

Bedeutenden Einfluß auf die Konvergenzbeschleunigung der Tschebyscheff-Iteration hat das Intervall $[a, b]$. Die bestmögliche Wahl wäre der kleinste nichtgewünschte Eigenwert für a und der größte nichtgewünschte für b, da dann der Konvergenzquotient (4.3) seinen kleinsten Wert erhält. Da diese Eigenwerte nicht bekannt sind, müssen Schätzungen aus den Eigenwertnäherungen $d_i^{(k)}$ gewonnen werden, die die einfache Iteration (S1, S2 oder S3) liefert. Diese Vorbereitungsiteration wird bis zu einer relativen Änderung der Zahlen $d_i^{(k)}$ unterhalb der Schranke ε_0 geführt ($\varepsilon_0 = 0{,}01 \ldots 0{,}05$ ergab sich in Experimenten als sinnvolle Abbruchgröße für die Vorbereitung). Da zur Berechnung von l Eigenwerten von vornherein mit $p > l$ Vektoren iteriert wird (p sollte etwa $l + 1 \ldots l + 3$ betragen, um den Rechenaufwand nicht über Gebühr zu erhöhen), sind aus den Zahlen $d_i^{(k)}$ auch Informationen über die nichtgewünschten, betragsmäßig folgenden Eigenwerte zu erhalten. Hierbei muß die Abschätzung (3.5) Beachtung finden. Die Schlußfolgerung nach [2, 3], aus (3.5)

$$a = -d_l^{(k)} \quad \text{und} \quad b = d_l^{(k)}$$

zu wählen, sichert zwar mit hoher Wahrscheinlichkeit die Richtigkeit der Voraussetzungen (4.4), liegt aber in der Praxis fast immer so nahe an $|\mu_l|$, daß die Konvergenz sich nur ungenügend beschleunigen kann. Experimentelle Tests mit dem Ansatz

$$b = \gamma d_l^{(k)} + (1 - \gamma)\, d_{l+1}^{(k)}, \qquad \gamma \in [0, 1],$$

zeigten beste Ergebnisse in der Nähe von $\gamma = 0.25$, so daß diese Strategie empfohlen wird. Die untere Intervallgrenze wurde dabei stets Null gesetzt, da beide Matrizen A und B positiv definit waren. Im entgegengesetzten Fall gilt analoges für a.

6. Änderungen an der Transformationsmatrix T_k

Bisher wurde nur eine Möglichkeit der Wahl der Transformationsmatrix T_k angegeben, die die Lösung eines $(p \times p)$-Eigenwertproblems erfordert. Die Berechnung aller Eigenwerte und Eigenvektoren von Matrizen kleiner Dimension wird am effektivsten durch die Tridiagonalisierung der Matrizen S_k und Anwendung des impliziten QL-Algorithmus vorgenommen [6, 7]. Ist die betragsmäßige Schwankung in den ersten p Eigenwerten schon sehr bedeutsam (mehrere Zehnerpotenzen Unterschied zwischen μ_1 und μ_p), so wird die betragsmäßig steigende Anordnung in den Matrixelementen von S_k von links oben nach rechts unten zur Stabilisierung empfohlen [6]. Dies erreicht man in den Algorithmen am einfachsten dadurch, daß nach Berechnung der Eigenwerte in der Matrix D_k^2 für eine aufsteigende Anordnung der Beträge gesorgt wird (analog werden die zugehörigen Eigenvektoren in Q_k umgeordnet). Da die Matrizen S_k mit fortschreitender Iteration immer mehr Fastdiagonalmatrizen werden, wirkt sich diese Anordnung mit Sicherheit günstig auf eine analoge Ordnung im impliziten QL-Algorithmus aus. In den Iterierten X_k entsteht dann der Eigenvektor zu μ_1 an letzter, zu μ_2 an vorletzter Stelle usw.

Wird in einigen Iterationsschritten irgendeine andere nichtsinguläre Transformationsmatrix T_k verwandt, so erfährt der Iterationsprozeß hierdurch keine Änderung. Wie leicht nachgeprüft werden kann (vgl. [2]), führt der $(m+1)$-te Iterationsschritt mit Wahl von T_m wie oben angegeben auf die gleiche Iterierte X_{m+1}, unabhängig davon, welche Transformationen T_i $(i = 0, \ldots, m-1)$ in vorangegangenen Schritten verwendet wurden. Die Idee vieler Autoren, deshalb mindestens über einige Iterationen hinweg die Matrizen T_k mit weniger Aufwand zu bestimmen, kann nur unterstützt werden, wenn die Rechnung als reine Hauptspeicherarbeit abläuft (d. h., beide Matrizen und die Vektoren in X_k können vollständig im Hauptspeicher untergebracht werden). Möglichkeiten hierzu über störungstheoretische Ansätze finden sich vor allem bei JENNINGS [7, 8]. Bei Testrechnungen mit genügend großen Dimensionen lag jedoch der Zeitbedarf für die Lösung der $(p \times p)$-Eigenwertprobleme von S_k bei 1% der Gesamtrechenzeit (Beispiel: Schwingungsproblem eines Balkens, FEM-Diskretisierung in fünf räumliche Elemente: $n = 204$, Bandweite 60).

Wenn die beiden Hauptoperationen der Iteration (Matrixmultiplikation und Lösen der Dreieckssysteme) mit Datentransfer verbunden sind, steht die Minimierung der Iterationszahlen im Vordergrund. Dann sollte keinesfalls auf die bestmögliche Berechnung von T_k verzichtet werden.

Literatur

[1] BAUER, F. L., Das Verfahren der Treppeniteration und verwandte Verfahren zur Lösung algebraischer Eigenwertprobleme, ZAMP 8 (1967), 214–235.

[2] RUTISHAUSER, H., Computational aspects to F. L. Bauer's simultaneous iteration method, Numer. Math. 13 (1969), 4–13.

[3] RUTISHAUSER, H., Simultaneous iteration method for symmetric matrices, Numer. Math. 16 (1970), 205–223.

[4] MCCORMICK, S. F., and T. NOE, Simultaneous iteration for the matrix eigenvalue problem, Linear Algebra an Its Appl. 16 (1977), 43–56.

[5] RUHE, A., Iterative eigenvalue algorithms for large symmetric matrices, in: ISNM 24, Numerische Behandlung von Eigenwertaufgaben, Birkhäuser Verlag, Basel—Stuttgart 1974.

[6] WILKINSON, J. H., and C. REINSCH, Linear Algebra, Handbook for Automatic Computation, vol. II, Springer-Verlag, Berlin—Heidelberg—New York 1971.
[7] Dokumentation zum Programmsystem MEIWEP, Teil 2, Technische Hochschule Karl-Marx-Stadt, 1979.
[8] CLINT, M., and A. JENNINGS, The evaluation of eigenvalues and eigenvectors of real symmetric matrices by simultaneous iteration, Comp. J. **13** (1970), 76—78.
[9] CORR, R. B., and A. JENNINGS, Simultaneous iteration algorithm for symmetric eigenvalue problems, Int. J. Numer. Meth. in Eng. **10** (1976), 647—663.

Manuskripteingang: 22. 1. 1980

VERFASSER:

Dr. rer. nat. ARND MEYER, Sektion Mathematik der Technischen Hochschule Karl-Marx-Stadt

Beiträge zur Numerischen Mathematik
10 (1981), 117–126

Die Berechnung von Eigenwerten und Eigenvektoren linearer und beschränkter Operatoren im Hilbertraum mittels Pseudostöriteration

MAGDALENE MEYER

In dieser Arbeit sind Ergebnisse zusammengefaßt, die eine Untersuchung über eine Erweiterung bekannter Konvergenzgebiete für die Pseudostöriteration ergeben. Für Matrizen wird dargelegt, welche Spektrumseigenschaften Einfluß auf die Konvergenzbedingungen haben. Weiter wird darauf hingewiesen, daß auch ein mehrfacher nichtdefektiver Eigenwert mittels Pseudostöriteration berechnet werden kann. Es wird gezeigt, daß bei Anwendung der Pseudostöriteration auf normale Matrizen etwa das gleiche Verhalten wie bei selbstadjungierten Operatoren [1] auftritt.

1. Bezeichnungen

Es sei A ein linearer Operator in einem Hilbertraum H mit dem Skalarprodukt (x, y) und der Norm $\|x\| = (x, x)^{1/2}$, wobei x, y aus H sind. Mit $D(A)$ werden das in H dichte Definitionsgebiet des Operators A und mit $\sigma(A)$ sein Spektrum bezeichnet. Weiterhin bezeichnet $H_x = \operatorname{span}\{x\}$ den durch das Element $x \in H$ aufgespannten linearen Teilraum von H.

In den folgenden Betrachtungen wird vorausgesetzt, daß λ ein einfacher Eigenwert und isolierter Spektrumspunkt von A ist. Das zu λ gehörende Eigenelement sei $\varphi \in D(A)$, das zu $\bar{\lambda}$ gehörende Eigenelement des Operators A^* sei $\psi \in D(A^*)$, d. h., es gilt

$$A\varphi = \lambda\varphi \quad \text{und} \quad A^*\psi = \bar{\lambda}\psi.$$

Die Vektoren φ und ψ seien so normiert, daß $(\varphi, \psi) = 1$ gilt. Neben den linearen Teilräumen H_φ und H_ψ werden noch deren orthogonale Komplemente

$$H_0 = \{x \in H : (x, \psi) = 0\} \quad \text{und} \quad H_1 = \{x \in H : (x, \varphi) = 0\}$$

eingeführt. In allen Teilräumen wird die durch den Hilbertraum H induzierte Norm betrachtet.

2. Theoretische Grundlagen

Es wird vorausgesetzt, daß für den Bildbereich $\operatorname{Im}(A - \lambda I)$ des Operators $A - \lambda I$

$$\operatorname{Im}(A - \lambda I) = \overline{\operatorname{Im}(A - \lambda I)}$$

gilt. Damit ergibt sich unmittelbar die Beziehung

$$H_0 = \operatorname{Im}(A - \lambda I).$$

Der Operator $A - \lambda I$ bildet den Raum H_0 eineindeutig auf sich selbst ab. Es kann somit ein auf H_0 definierter Operator R angegeben werden, der durch die Beziehungen

$$(A - \lambda I)\, Rx = x, \qquad R(A - \lambda I)\, x = x, \qquad x \in H_0,$$

definiert ist. Wird die Darstellung des Raumes H als direkte (i. a. nicht orthogonale) Summe

$$H = H_\varphi \dotplus H_0 \tag{2.1}$$

verwendet, so kann der Operator R mit der Festlegung

$$R\varphi = 0$$

auf den gesamten Raum H linear fortgesetzt werden. Er wird als die zum Operator $A - \lambda I$ verallgemeinerte Inverse bezeichnet. Analog gilt

$$H_1 = \operatorname{Im}(A^* - \bar{\lambda} I).$$

Der Operator $A^* - \bar{\lambda} I$ bildet den Raum H_1 eineindeutig auf sich selbst ab. In H_1 ist er deshalb invertierbar. Wird die Darstellung

$$H = H_\psi \dotplus H_1 \tag{2.2}$$

verwendet und der inverse Operator auf dem Raum H_ψ mit Null fortgesetzt, so entsteht ein auf dem ganzen Raum H definierter linearer Operator. Dieser erweist sich als der zu R adjungierte Operator R^*. Es werden die Größen

$$C = \|R\|^{-1}$$

und

$$\varrho = \min_{\substack{\lambda \neq \lambda' \\ \lambda' \in \sigma(A)}} |\lambda - \lambda'|$$

eingeführt. Sie erfüllen die Beziehung

$$C \leqq \varrho. \tag{2.3}$$

Wenn A ein selbstadjungierter bzw. normaler Operator ist, gilt das Gleichheitszeichen.

3. Voraussetzungen

Für die Eigenelemente $\varphi \in D(A)$ bzw. $\psi \in D(A^*)$ mögen Näherungen $x_0 \in D(A)$ bzw. $y_0 \in D(A^*)$ bekannt sein, die folgende zwei Bedingungen erfüllen:

$$|\lambda - \mu_0| < C \cdot L, \tag{3.1}$$

$$\frac{|\alpha\beta|}{\|\Delta_0\|\,\|\varkappa_0\|} > \frac{L + L^2}{(1 - L)^2} \qquad \text{mit} \qquad 0 < L \leqq \frac{1}{2}. \tag{3.2}$$

Dabei ist $\mu_0 = (Ax_0, y_0)/(x_0, y_0)$ der Rayleighquotient von x_0 und y_0, der gleichzeitig im weiteren als Näherung für den einfachen Eigenwert λ angesehen wird. Für x_0

bzw. y_0 werden dabei die eindeutigen Darstellungen

$$x_0 = \alpha\varphi + \Delta_0 \quad \text{mit} \quad \Delta_0 \in H_0$$

bzw.

$$y_0 = \beta\psi + \varkappa_0 \quad \text{mit} \quad \varkappa_0 \in H_1$$

verwendet.

4. Pseudostöriteration

In Analogie zu dem in [2] dargelegten Einschrittverfahren wird das durch folgende Iterationsvorschrift charakterisierte Verfahren betrachtet:

Ausgehend von den Startvektoren $x_0 \in D(A)$ und $y_0 \in D(A^*)$ mit $\|x_0\| = \|y_0\| = 1$, $(x_0, y_0) \neq 0$ wird für $n = 0, 1, 2, \ldots$

$$\mu_n = \frac{(Ax_n, y_n)}{(x_n, y_n)}, \tag{4.1}$$

$$\sigma_n = Ax_n - \mu_n x_n, \tag{4.2}$$

$$\tau_n = A^* y_n - \bar{\mu}_n y_n \tag{4.3}$$

berechnet und der Operator C_n durch

$$C_n x = \frac{(x, y_n)}{(x_n, y_n)} \sigma_n + \frac{(x, \tau_n)}{(x_n, y_n)} x_n \qquad \text{für alle } x \in H$$

definiert. Dann werden die Gleichungssysteme

$$\begin{aligned} &(A - C_n - \mu_n I)\, u = \sigma_n \\ &(u, y_n) = 0 \end{aligned} \tag{4.4}$$

bzw.

$$\begin{aligned} &(A^* - C_n^* - \bar{\mu}_n I)\, v = \tau_n \\ &(x_n, v) = 0 \end{aligned} \tag{4.5}$$

gelöst, und die Elemente

$$x_{n+1} = \frac{x_n - u_n}{\|x_n - u_n\|} \qquad \text{bzw.} \qquad y_{n+1} = \frac{y_n - v_n}{\|y_n - v_n\|} \tag{4.6}$$

als die nächsten Eigenvektornäherungen aufgefaßt, wobei u_n bzw. v_n jeweils eine gewisse Lösung von (4.4) bzw. (4.5) ist.

Bemerkung 1. Im Unterschied zu [2] wird in jedem Iterationsschritt nur mit dem einen Störoperator C_n gearbeitet. Als zweiter Störoperator, der im adjungierten Problem gebraucht wird, fungiert der zu C_n adjungierte Operator

$$C_n^* x = \frac{(x, x_n)}{(y_n, x_n)} \tau_n + \frac{(x, \sigma_n)}{(y_n, x_n)} y_n, \qquad x \in H.$$

Außerdem wurde bei beiden Systemen die jeweilige Orthogonalitätsbedingung an die Lösung im Hinblick auf die Zerlegungen (2.1) und (2.2) gewählt.

Bemerkung 2. Es gilt für $k = 0, 1, 2, \ldots$

$$(A - C_k)\, x_k = \mu_k x_k \quad \text{und} \quad (A^* - C_k^*)\, y_k = \bar{\mu}_k y_k .$$

Das heißt, der Wert μ_k ist Eigenwert des Operators $A - C_k$ mit dem Eigenvektor x_k, und der Wert $\bar{\mu}_k$ ist Eigenwert des Operators $A^* - C_k^*$ mit dem Eigenvektor y_k. Obwohl bisher für das hier angeführte Verfahren noch nicht gezeigt wurde, daß die Eigenwerte μ_k und $\bar{\mu}_k$ isoliert sind, ist das Verfahren (4.1) bis (4.6) durchführbar, denn es können konkrete Lösungen der Gleichungssysteme (4.4) und (4.5) angegeben werden. Dabei ist die Eindeutigkeit der Lösung des Systems (4.4) bzw. des Systems (4.5) nicht erforderlich, denn zwei verschiedene Lösungen v_k und v_k' bzw. u_k bzw. u_k' führen zu den neuen Näherungsvektoren x_{k+1} und x'_{k+1} bzw. y_{k+1} und y'_{k+1}, für die $x'_{k+1} = a_k x_{k+1}$ bzw. $y'_{k+1} = b_k y_{k+1}$ für gewisse skalare Größen a_k und b_k gelten.

5. Die Äquivalenz zwischen Pseudostöriteration und Rayleighquotienteniteration

Wie für das in [2] für abgeschlossene Operatoren und für das in [1] für selbstadjungierte Operatoren betrachtete Einschrittverfahren kann auch für das in Abschnitt 4 angegebene Verfahren eine Äquivalenz zwischen den nach (4.1) und 4.6) berechneten Iterationsfolgen für den Eigenwert und die Eigenvektoren und den Iterationsfolgen aus der Rayleighquotienteniteration gezeigt werden. Für den späteren Konvergenznachweis des Verfahrens wird die Rayleighquotienteniteration der folgenden Form betrachtet: Ausgehend von den Startvektoren $x_0 \in D(A)$ und $y_0 \in D(A^*)$ werden für $n = 0, 1, 2, \ldots$

$$\mu_n = \frac{(A x_n, y_n)}{(x_n, y_n)} \tag{5.1}$$

berechnet und die neuen Eigenvektornäherungen jeweils als Lösungen der Gleichungssysteme

$$(A - \mu_n I)\, x_{n+1} = (\lambda - \mu_n)\, x_n , \tag{5.2}$$

$$(A^* - \bar{\mu}_n I)\, y_{n+1} = (\bar{\lambda} - \bar{\mu}_n)\, y_n \tag{5.3}$$

gewonnen. Die Faktoren $\lambda - \mu_n$ bzw. $\bar{\lambda} - \bar{\mu}_n$ in den Systemen (5.2) bzw. (5.3) sichern, daß die Lösungen beschränkt bleiben. Die schon erwähnte Äquivalenz zwischen dem Verfahren (4.1) bis (4.6) und dem Verfahren (5.1) und (5.3) besteht darin, daß die entstehenden Folgen $\{\mu_k\}$ für den Eigenwert zahlenmäßig gleich sind und sich die Folgen $\{x_k\}$ für den Eigenvektor φ wie auch die Folgen $\{y_k\}$ für den Eigenvektor ψ nur durch verschiedene Normierungen unterscheiden.

6. Nachweis der Konvergenz

Im weiteren werden die Operatoren $A - \lambda I$, $A - \mu_0 I$, $(A - \mu_0 I)^{-1}$ und R auch mit einem auf den Teilraum H_0 eingeschränkten Definitionsgebiet betrachtet. Die Bezeichnungen der eingeschränkten Operatoren seien entsprechend

$$(A - \lambda I)_{H_0}, \qquad (A - \mu_0 I)_{H_0}, \qquad \tilde{R}(\mu_0) \quad \text{und} \quad \tilde{R}.$$

Lemma 1. *Unter der Voraussetzung* (3.1) *kann die Norm des Operators* $\tilde{R}(\mu_0)$ *durch*

$$\|\tilde{R}(\mu_0)\| < \frac{1}{C - |\mu_0 - \lambda|} < \frac{1}{C(1 - L)} \tag{6.1}$$

abgeschätzt werden.

Beweis. Es gilt

$$\begin{aligned}\tilde{R}(\mu_0) &= \big((A - \mu_0 I)_{H_0}\big)^{-1} = \big((A - \lambda I)_{H_0} + (\lambda - \mu_0)\, I\big)^{-1} \\ &= \big((A - \lambda I)_{H_0}\big(I - (\mu_0 - \lambda)\,\tilde{R}\big)\big)^{-1} = \big(I - (\mu_0 - \lambda)\,\tilde{R}\big)^{-1}\tilde{R} \\ &= \big(I - (\mu_0 - \lambda)\,\tilde{R} + (\mu_0 - \lambda)^2\,\tilde{R}^2 - \cdots\big)\,\tilde{R} \\ &= \tilde{R}\big(I - (\mu_0 - \lambda)\,\tilde{R} + (\mu_0 - \lambda)^2\,\tilde{R}^2 - \cdots\big) \\ &= \tilde{R}\sum_{k=0}^{\infty} (-1)^k (\mu_0 - \lambda)^k\,\tilde{R}^k.\end{aligned}$$

Daraus folgt

$$\begin{aligned}\|\tilde{R}\,(\mu_0)\| &\leqq \|\tilde{R}\|\sum_{k=0}^{\infty} |\mu_0 - \lambda|^k\,\|\tilde{R}\|^k \leqq \|R\|\sum_{k=0}^{\infty} |\mu_0 - \lambda|^k\,\|R\|^k \\ &= \|R\|\,\frac{1}{1 - |\mu_0 - \lambda|\,\|R\|} = \frac{1}{C}\,\frac{1}{1 - |\mu_0 - \lambda|/C} < \frac{1}{C(1 - L)}.\end{aligned}$$

Analog gilt

$$\|\tilde{R}^*(\bar{\mu}_0)\| < \frac{1}{C(1 - L)} \tag{6.2}$$

für die Einschränkung $\tilde{R}^*(\bar{\mu}_0)$ des zum Operator $R(\mu_0) = (A - \mu_0 I)^{-1}$ adjungierten Operators $R^*(\bar{\mu}_0)$ auf das Definitionsgebiet $D\big(\tilde{R}^*(\bar{\mu}_0)\big) = H_1$.

Satz 1. *Ausgehend von den beiden Startvektoren* $x_0 = \alpha\varphi + \Delta_0$ *mit* $\Delta_0 \in H_0$ *und* $y_0 = \beta\psi + \varkappa_0$ *mit* $\varkappa_0 \in H_1$ *gilt für die ersten Eigenvektornäherungen bei einer Iteration nach den Formeln* (5.1) *bis* (5.3) *für* $n = 0$, *daß* $x_1 = \alpha\varphi + \Delta_1$ *mit* $\Delta_1 \in H_0$ *und* $y_1 = \beta\psi + \varkappa_1$ *mit* $\varkappa_1 \in H_1$ *ist. Außerdem gilt* $(x_1, \psi) \neq 0$, $(\varphi, y_1) \neq 0$ *und*

$$\frac{1}{\|\Delta_1\|\,\|\varkappa_1\|} > \frac{(1 - L)^2}{L^2}\,\frac{1}{\|\Delta_0\|\,\|\varkappa_0\|} \geqq \frac{1}{\|\Delta_0\|\,\|\varkappa_0\|}.$$

Beweis. Es gilt

$$\begin{aligned}x_1 &= (\lambda - \mu_0)\,(A - \mu_0 I)^{-1}\,(\alpha\varphi + \Delta_0) = \alpha\varphi + (\lambda - \mu_0)\,(A - \mu_0 I)^{-1}\,\Delta_0 \\ &= \alpha\varphi + \Delta_1,\end{aligned}$$

mit $\Delta_1 = (\lambda - \mu_0)\,(A - \mu_0 I)^{-1}\,\Delta_0 \in H_0$ und analog

$$y_1 = \beta\psi + \varkappa_1$$

mit $\varkappa_1 = (\bar{\lambda} - \bar{\mu}_0)\,(A^* - \bar{\mu}_0 I)^{-1}\,\varkappa_0 \in H_1$. Offensichtlich gilt $(x_1, \psi) = (x_0, \psi) \neq 0$ und $(\varphi, y_1) = (\varphi, y_0) \neq 0$. Die Abschätzung

$$\begin{aligned}\|\Delta_1\|\,\|\varkappa_1\| &= |\lambda - \mu_0|^2\,\|(A - \mu_0 I)^{-1}\,\Delta_0\|\,\|(A^* - \bar{\mu}_0 I)^{-1}\,\varkappa_0\| \\ &\leqq |\lambda - \mu_0|^2\,\|\tilde{R}(\mu_0)\|\,\|\tilde{R}^*(\bar{\mu}_0)\|\,\|\Delta_0\|\,\|\varkappa_0\|\end{aligned}$$

führt unter Beachtung von $|\lambda - \mu_0| < C \cdot L$ und Lemma 1 auf

$$\frac{1}{\|\Delta_1\|\,\|\varkappa_1\|} < \frac{1}{\dfrac{L^2}{(1-L)^2}\|\Delta_0\|\,\|\varkappa_0\|} \leqq \frac{1}{\|\Delta_0\|\,\|\varkappa_0\|}.$$

Satz 2. *Es gilt*

$$|\lambda - \mu_1| < \left|\frac{\lambda - \mu_0}{C \cdot L}\right|^{2+\varkappa} \cdot C \cdot L \tag{6.3}$$

für einen gewissen Wert $\varkappa > 0$.

Beweis. Mit $x_1 = \alpha\varphi + \Delta_1$ und $y_1 = \beta\psi + \varkappa_1$ ergibt sich

$$\begin{aligned}(Ax_1, y_1) &= \big(A(\alpha\varphi + \Delta_1), \beta\psi + \varkappa_1\big) = (A\alpha\varphi + \beta\psi) + (A\Delta_1, \varkappa_1)\\ &= \lambda(\alpha\varphi, \beta\psi) + (A\Delta_1, \varkappa_1) = \lambda(x_1 - \Delta_1, y_1 - \varkappa_1) + (A\Delta_1, \varkappa_1)\\ &= \lambda(x_1, y_1) - \lambda(\Delta_1, \varkappa_1) + (A\Delta_1, \varkappa_1)\end{aligned}$$

und weiter

$$\mu_1 - \lambda = \frac{(Ax_1, y_1)}{(x_1, y_1)} - \lambda = \frac{(A\Delta_1, \varkappa_1) - \lambda(\Delta_1, \varkappa_1)}{(x_1, y_1)}.$$

Die Umformungen

$$(\Delta_1, \varkappa_1) = (\mu_0 - \lambda)^2 \big((A - \mu_0 I)^{-1}\Delta_0, (A^* - \bar{\mu}_0 I)^{-1}\varkappa_0\big)$$

und

$$\begin{aligned}(A\Delta_1, \varkappa_1) &= (\mu_0 - \lambda)^2 \big(A(A - \mu_0 I)^{-1}\Delta_0, (A^* - \bar{\mu}_0 I)^{-1}\varkappa_0\big)\\ &= (\mu_0 - \lambda)^2 \big(\Delta_0, (A^* - \bar{\mu}_0 I)^{-1}\varkappa_0\big)\\ &\quad + \delta_0{}^3\big((A - \mu_0 I)^{-1}\Delta_0, (A^* - \bar{\mu}_0 I)^{-1}\varkappa_0\big)\\ &\quad + \delta_0{}^2\lambda_1\big((A - \mu_0 I)^{-1}\Delta_0, (A^* - \bar{\mu}_0 I)^{-1}\varkappa_0\big)\end{aligned}$$

ergeben

$$\begin{aligned}\mu_1 - \lambda &= (\mu_0 - \lambda)^2\\ &\quad \times \frac{\big(\Delta_0, (A^* - \bar{\mu}_0 I)^{-1}\varkappa_0\big) + (\mu_0 - \lambda)\big((A - \mu_0 I)^{-1}\Delta_0, (A^* - \bar{\mu}_0 I)^{-1}\varkappa_0\big)}{\alpha\bar{\beta} + (\mu_0 - \lambda)^2\big((A - \mu_0 I)^{-1}\Delta_0, (A^* - \bar{\mu}_0 I)^{-1}\varkappa_0\big)}.\end{aligned}$$

Unter Verwendung der Beziehungen (6.1) und (6.2) kann $|\mu_1 - \lambda|$ folgendermaßen nach oben abgeschätzt werden:

$$\begin{aligned}|\mu_1 - \lambda| &< |\mu_0 - \lambda|^2 \frac{\|\Delta_0\|\,\|\varkappa_0\|\,(\|\tilde{R}(\mu_0)\| + |\mu_0 - \lambda|\,\|\tilde{R}(\mu_0)\|\,\|\tilde{R}^*(\bar{\mu}_0)\|}{|\alpha\beta| - |\delta_0|^2\,\|\tilde{R}(\mu_0)\|\,\|\tilde{R}^*(\bar{\mu}_0)\|\,\|\Delta_0\|\,\|\varkappa_0\|}\\ &< |\mu_0 - \lambda|^2 \frac{\|\Delta_0\|\,\|\varkappa_0\|}{C\big(|\alpha\beta|\,(1-L)^2 - L^2\,\|\Delta_0\|\,\|\varkappa_0\|\big)}\\ &= \left(\frac{|\mu_0 - \lambda|}{C \cdot L}\right)^2 \cdot C \cdot L\, \frac{\|\Delta_0\|\,\|\varkappa_0\| \cdot L}{|\alpha\beta|\,(1-L)^2 - L^2\,\|\Delta_0\|\,\|\varkappa_0\|}.\end{aligned}$$

Mit der Substitution

$$K = \frac{\|\Delta_0\| \, \|\varkappa_0\| \cdot L}{|\alpha\beta| \, (1 - L)^2 - L^2 \, \|\Delta_0\| \, \|\varkappa_0\|}$$

gilt wegen der Beziehung (3.2), daß $K < 1$. Deshalb existiert eine positive Zahl $\varkappa > 0$ mit $\left(\frac{|\mu_0 - \lambda|}{C \cdot L}\right)^{\varkappa} = K$, und daraus folgt

$$|\mu_1 - \lambda| < \left(\frac{|\mu_0 - \lambda|}{C \cdot L}\right)^2 \cdot C \cdot L \cdot K = \left(\frac{|\mu_0 - \lambda|}{C \cdot L}\right)^{2+\varkappa} \cdot C \cdot L.$$

Die Beziehung (6.3) besagt, daß die Konvergenzordnung bei der iterativen Berechnung des Eigenwertes größer als 2 ist.

Satz 3. *Es gilt*

$$\|\Delta_k\| < \left|\frac{\mu_0 - \lambda}{C \cdot L}\right|^{2^{k-1}} \frac{L}{1 - L} \|\Delta_{k-1}\| < \left|\frac{\mu_0 - \lambda}{C \cdot L}\right|^{2^k - 1} \left(\frac{L}{1 - L}\right)^k \|\Delta_0\|.$$

Beweis. Nach Satz 2 gilt

$$|\mu_{k-1} - \lambda| < \left|\frac{\mu_{k-2} - \lambda}{C \cdot L}\right|^2 \cdot C \cdot L < \left|\frac{\mu_{k-3} - \lambda}{C \cdot L}\right|^4 \cdot C \cdot L$$
$$< \cdots < \left|\frac{\mu_0 - \lambda}{C \cdot L}\right|^{2^{k-1}} \cdot C \cdot L.$$

Wegen der Beziehung $\|(A - \mu_{k-1}I)^{-1}\| < \frac{1}{C(1 - L)}$ folgt

$$\|x_k - \alpha\varphi\| = \|(\lambda - \mu_k) \, (A - \mu_{k-1}I)^{-1} \, \Delta_{k-1}\| \leqq |\mu_k - \lambda| \, (\tilde{R}\|\mu_{k-1})\| \, \|\Delta_{k-1}\|$$
$$< \left|\frac{\mu_{k-2} - \lambda}{C \cdot L}\right|^{2^{k-1}} \frac{L}{1 - L} \|\Delta_{k-1}\|.$$

Nach Anwendung dieser Abschätzung auf $\|\Delta_{k-1}\|$, $\|\Delta_{k-2}\|, \ldots, \|\Delta_0\|$ ergibt sich

$$\|\Delta_k\| < \left|\frac{\mu_0 - \lambda}{C \cdot L}\right|^{2^k - 1} \left(\frac{L}{1 - L}\right)^k \|\Delta_0\|.$$

7. Die Rayleighquotienteniteration für Matrizen

7.1. *Einfluß der Spektrumseigenschaften der Matrix auf die Konvergenzbedingungen*

Wird der Operator als endlichdimensionale Matrix vorausgesetzt, so kann die Konvergenzbedingung (3.1) näher untersucht werden, was ein Vergleich mit der entsprechenden Bedingung für das Verfahren für selbstadjungierte Operatoren [1] ermöglicht. Für die vorgegebene Matrix A wird die Darstellung

$$A = XJX^{-1} \tag{7.1}$$

betrachtet. Dabei ist die Matrix J die Jordansche Normalform der Matrix A, und die Spalten der Matrix X werden von den Eigen- und Hauptvektoren der Matrix A gebildet. Entsprechend der Darstellung (7.1) hat die zur Matrix A verallgemeinerte Inverse R die Darstellung

$$R = XJ^{+}X^{-1}. \tag{7.2}$$

Die Matrix J^{+} bezeichnet hierbei die Moore-Penrose-Inverse der Matrix $J - \lambda I$. Über die Beziehung (7.2) kann die in die Konvergenzbedingung (3.1) eingehende Größe $C = \|R\|^{-1}$ auch nach unten abgeschätzt werden. Aus $\|R\| \leqq \varkappa(X)\,\|J^{+}\|$ und Beziehung (2.3) ergibt sich die Einschließung

$$\frac{1}{\varkappa(X)\,\|J^{+}\|} \leqq C \leqq \varrho,$$

wobei $\varkappa(X)$ gleich der Konditionszahl der die Matrix A auf die Jordansche Normalform J transformierenden Matrix ist. Ist J eine Diagonalmatrix und X eine unitäre Matrix, dann gilt wegen $\varrho = \|J^{+}\|^{-1}$ und $\varkappa(X) = 1$, daß $C = \varrho$. Ist X unitär und treten in der Matrix J gewisse Jordanzellen der Dimension größer als 1 auf, so kann der Fall $\varrho > \|J^{+}\|^{-1}$ eintreten, und es gilt $C \geqq \|J^{+}\|^{-1}$. Hat J Diagonalgestalt und ist die Matrix X nicht unitär, dann gilt $\varrho = \|J^{+}\|^{-1}$ und somit $C \geqq \varrho \cdot \big(\varkappa(X)\big)^{-1}$.

7.2. *Die Berechnung eines mehrfachen Eigenwertes einer Matrix*

Unter gewissen Voraussetzungen kann mit dem betrachteten Verfahren auch ein mehrfacher Eigenwert berechnet werden. Ist nämlich seine algebraische gleich der geometrischen Vielfachheit, so können die Konvergenzaussagen ganz analog denen in Punkt 5 bewiesen werden. Werden die Vielfachheit als k angenommen und die Eigenvektoren mit $\varphi_1, \varphi_2, \ldots, \varphi_k$ bzw. $\psi_1, \psi_2, \ldots, \psi_k$ bezeichnet, so nimmt die Konvergenzbedingung (3.2) die Gestalt

$$\frac{\left|\sum\limits_{i=1}^{k} \alpha_i \bar{\beta}_i\right|}{\|\Delta_0\|\,\|\varkappa_0\|} > \frac{L + L^2}{(1 - L)^2}, \qquad 0 < L \leqq \frac{1}{2},$$

an, wobei

$$x_0 = \sum_{i=1}^{k} \alpha_i \varphi_i + \Delta_0, \qquad y_0 = \sum_{i=1}^{k} \beta_i \psi_i + \varkappa_0, \qquad \Delta_0 \in H_0,\ \varkappa_0 \in H_1,$$

H_0 orthogonales Komplement des Raumes $H_\psi = \operatorname{span}\{\psi_1, \psi_2, \ldots, \psi_k\}$ und H_1 orthogonales Komplement des Raumes $H_\varphi = \operatorname{span}\{\varphi_1, \varphi_2, \ldots, \varphi_k\}$ ist. Die Bedingung (3.1) bleibt erhalten.

7.3. *Der Spezialfall normaler Matrizen*

Für eine normale Matrix stimmen bekanntlich die Eigenvektoren mit denen der adjungierten Matrix überein. Bei der Iteration (5.1) bis (5.3) nähern deshalb die Folgen $\{x_k\}$ und $\{y_k\}$ ein und denselben Eigenvektor an. Außerdem kann die Konvergenz bewiesen werden, wenn die Bedingung (3.2) durch die schwächeren Bedingungen

$$
\begin{aligned}
|(x_0, \varphi)|^2 &> \frac{L + (1-L)^2}{L + 2(1-L)^2},\\
|(y_0, \varphi)|^2 &> \frac{L + (1-L)^2}{L + 2(1-L)^2},
\end{aligned}
\tag{7.3}
$$

wobei $\|x_0\| = \|y_0\| = \|\varphi\| = 1$ ist, ersetzt wird.

Die Bedingung (3.1) nimmt wegen $\varrho = C$ die Form

$$|\mu_0 - \lambda| < \varrho L, \qquad 0 < L \leqq \frac{1}{2} \tag{7.4}$$

an.

Weil eine Diagonalmatrix insbesondere auch normal ist und ausgenutzt werden kann, daß bei der Durchführung der Rayleighquotienteniteration für zueinander ähnliche Matrizen bei entsprechender Wahl der Startvektoren das gleiche Konvergenzverhalten auftritt, ergibt sich die Aussage, daß für Matrizen, deren Jordansche Normalform Diagonalgestalt hat, für die Eigenwertnäherung μ_0 die Beziehung (7.4) ausreichend ist. Für die Eigenvektornäherungen werden die Bedingungen (7.3) transformiert. Das heißt, für diagonalisierbare Matrizen muß nicht die Bedingung (3.2) gefordert werden, in die die Größe C eingeht, die bei großer Konditionszahl $\varkappa(X)$ der Eigenvektormatrix recht klein werden kann.

Für eine normale Matrix hat praktisch eine Durchführung der Iteration (5.1) bis (5.3), bei der der Eigenvektor φ durch zwei Iterationsfolgen angenähert wird, keine Bedeutung. Die Konvergenz unter den Bedingungen (7.3) und (7.4) wurde nur untersucht, um die entsprechenden Aussagen für die diagonalisierbaren Matrizen zu erhalten.

Im folgenden wird noch kurz eine Rayleighquotienteniteration für eine normale Matrix betrachtet, die nur mit einer Näherungsfolge für den Eigenvektor arbeitet.

Ausgehend von einer Eigenvektornäherung x_0, für die $\|x_0\| = 1$ ist, und dem Wert $\mu_0 = (Ax_0, x_0)$ wird die Iteration

$$
\begin{aligned}
x_{k+1} &= \frac{\lambda - \mu_k}{|\lambda - \mu_k|}\,\frac{(A - \mu_k I)^{-1} x_k}{\|(A - \mu_k I)^{-1} x_k\|},\\
\mu_{k+1} &= (Ax_k, x_k), \qquad k = 0, 1, \ldots,
\end{aligned}
\tag{7.5}
$$

betrachtet. Wird anstelle der Bedingung aus (7.3) für x_0 die schwächere Bedingung

$$(x_0, \varphi) > \frac{L}{L + (1-L)^2}$$

vorausgesetzt, so kann für den Eigenwert Konvergenz mit einer Ordnung größer als 2 und für den Eigenvektor Konvergenz nachgewiesen werden. Ein Vergleich mit [1] ergibt, daß sich die Rayleighquotienteniteration für normale Matrizen im wesentlichen so verhält wie für selbstadjungierte Matrizen.

Literatur

[1] FLEMMING, U., Die Konvergenz der Pseudostöriteration im Hilbertraum. Dissertation, TH Karl-Marx-Stadt 1976.

[2] KUHNERT, F., Die Pseudostöriteration bei abgeschlossenen Operatoren. Rend. Circ. Mat. Palermo **16** (1967), 5–32.

[3] MEYER, M., Die Konvergenz der Pseudostöriteration für lineare und beschränkte Operatoren im Hilbertraum. Dissertation, TH Karl-Marx-Stadt 1980.

Manuskripteingang: 1. 2. 1980

VERFASSER:

Dipl.-Math. MAGDALENE MEYER, Sektion Mathematik der Technischen Hochschule Karl-Marx-Stadt

Beiträge zur Numerischen Mathematik
10 (1981), 127–130

Ein modifiziertes Gauß-Seidel-Einzelschrittverfahren unter Verwendung des Sassenfeld-Kriteriums

WOLFGANG MOLDENHAUER und HELMUT THIELCKE

In den Arbeiten von BERG [4] und MOLDENHAUER, THIELCKE [7] werden große instabile lineare Gleichungssysteme betrachtet und einer regularisierten (stabilen) Lösung zugeführt. Diese Problematik stellt sich als Reihenfolgeproblem der Auflösungsschritte dar. Um diese Auflösungsreihenfolge näher zu kennzeichnen, werden gewisse Indexmengen Z von Zeilen und S von Spalten eingeführt. Dabei wird in [7] zur Bestimmung dieser Indexmengen Z und S sowie einer regularisierten Lösung ein direktes Verfahren mit Pivotisierung herangezogen, wie es z. B. ähnlich von KIESEWETTER, MAESS [6] beschrieben worden ist.

Im Hinblick auf die Stabilität der Lösung, die durch eine Abspaltung der zu den Indexmengen Z und S gehörenden Zeilen bzw. Spalten erreicht wird, liegt die Anwendung iterativer Verfahren nahe.

Es wird ein modifiziertes Gauß-Seidel-Einzelschrittverfahren angegeben, in dem die Schrittreihenfolge in geeigneter Weise den Gegebenheiten des Gleichungssystems angepaßt und insbesondere auf die Indexmengen Z und S zugeschnitten wird. Dazu werden wir das Sassenfeld-Kriterium (vgl. [6], S. 57) verwenden, das damit neben seiner theoretischen Aussage auch praktisch nutzbar ist.

Gegeben seien die Indexmengen

$$Z = \{z_1, z_2, \ldots, z_{n-k}\}, \qquad S = \{s_1, s_2, \ldots, s_{m-k}\}$$

und

$$P = \{p_1, p_2, \ldots, p_k\}, \qquad Q = \{q_1, q_2, \ldots, q_k\},$$

wobei $Z \cup P = \{1, 2, \ldots, n\}$ die Menge der Zeilenindizes, $S \cup Q = \{1, 2, \ldots, m\}$ die Menge der Spaltenindizes ist sowie $Z \cap P = \emptyset$, $S \cap Q = \emptyset$ gilt.

Dann ergibt sich für das Gleichungssystem $Ax = r$ die Iterationsvorschrift

$$x'_{p_1} = \frac{1}{a_{p_1q_1}} \left(r_{p_1} - \sum_{j=2}^{k} a_{p_1q_j} x_{q_j} \right),$$

für $i = 2(1)k - 1$:

$$\begin{aligned} x'_{p_i} &= \frac{1}{a_{p_iq_i}} \left(r_{p_i} - \sum_{j=1}^{i-1} a_{p_iq_j} x'_{q_j} - \sum_{j=i+1}^{k} a_{p_iq_j} x_{q_j} \right), \\ x'_{p_k} &= \frac{1}{a_{p_kq_k}} \left(r_{p_k} - \sum_{j=1}^{k-1} a_{p_kq_j} x'_{q_j} \right). \end{aligned} \tag{1}$$

Als modifiziertes Sassenfeld-Kriterium gilt folgender Satz: Es sei

$$\alpha_1 = \frac{1}{|a_{p_1q_1}|} \sum_{j=2}^{k} |a_{p_1q_j}|,$$

und für $i = 2(1)\,k - 1$ ist

$$\alpha_i = \frac{1}{|a_{p_iq_i}|} \left(\sum_{j=1}^{i-1} |a_{p_iq_i}|\, \alpha_j + \sum_{j=i+1}^{k} |a_{p_iq_j}| \right), \tag{2}$$

ferner gilt

$$\alpha_k = \frac{1}{|a_{p_kq_k}|} \sum_{j=1}^{k-1} |a_{p_kq_j}|\, \alpha_j .$$

Falls $\alpha_0 = \max\limits_{i=1,\ldots,k} \alpha_i < 1$ ist, konvergiert die durch (1) definierte Folge von Vektoren $\boldsymbol{x}, \boldsymbol{x}', \ldots$ gegen die regularisierte Lösung bezüglich Z und S.

Der Beweis von SASSENFELD [10] läßt sich analog auf dieses Kriterium übertragen.

ALBRAND [1] zieht analog die Spaltensummen der Koeffizientenmatrix zu einem Konvergenzkriterium heran. Er gibt auch eine Verallgemeinerung des Sassenfeld-Kriteriums an, die die zusätzliche Auswahl von Gewichtsfaktoren ermöglicht. Die hier angegebene Vorgehensweise läßt sich darauf analog übertragen.

Wir geben nun die Bestimmung der Mengen P und Q an und haben damit die Iterationsreihenfolge bestimmt. Das geschieht mit Hilfe von (2), wo sich sukzessiv die geordneten Indexmengen P und Q zu den gegebenen Mengen Z und S ergeben. Zunächst wird (p_1, q_1) so gewählt, daß

$$\alpha_1 = \frac{1}{|a_{p_1q_1}|} \sum_{j \notin S \cup \{q_1\}} |a_{p_1j}|$$

minimal ausfällt. Ferner werden (p_i, q_i) für $i = 2(1)k - 1$ so gewählt, daß

$$\alpha_i = \frac{1}{|a_{p_iq_i}|} \left(\sum_{j=1}^{i-1} |a_{p_iq_j}|\, \alpha_j + \sum_{j \notin S \cup \{q_1,\ldots,q_{i-1}\}} |a_{p_ij}| \right)$$

minimal ausfällt. Die betrachteten Minima sind im allgemeinen nicht eindeutig bestimmt. Im Falle einer Mehrdeutigkeit wähle man z. B. die zugehörigen Indizes p und q minimal. Damit liegt auch (p_k, q_k) mit

$$p_k = \{1, \ldots, n\} \setminus (S \cup \{p_1, \ldots, p_{k-1}\})$$

und

$$q_k = \{1, \ldots, m\} \setminus (Z \cup \{q_1, \ldots, q_{k-1}\})$$

fest, und es ist

$$\alpha_k = \frac{1}{|a_{p_kq_k}|} \sum_{j=1}^{k-1} |a_{p_kq_j}|\, \alpha_j$$

bestimmt.

Abschließend stellen wir zwei Beispiele vor, die die beschriebene Verfahrensweise demonstrieren. Das Beispiel

$$\begin{pmatrix} 6 & 1 & & & 0 \\ 8 & 6 & 1 & & \\ & \ddots & \ddots & \ddots & \\ & & 8 & 6 & 1 \\ & & & 8 & 6 \end{pmatrix} x = \begin{pmatrix} 7 \\ 15 \\ \vdots \\ 15 \\ 14 \end{pmatrix}, \qquad Z = \{1\}, \qquad S = \{n\}$$

ist in [5, 9, 11] angegeben. In [7] und [5] wird eine regularisierte Lösung erzeugt.

Es ergibt sich:

$$\begin{aligned} (p_1, q_1) &= (n, n-1), \quad \text{d. h.} & \alpha_1 &= 0, \\ (p_2, q_2) &= (n-1, n-2), & \alpha_2 &= 0, \\ &\vdots & &\vdots \\ (p_{n-1}, q_{n-1}) &= (2, 1), & \alpha_{n-1} &= 0, \end{aligned}$$

d. h., in diesem Fall entartet das iterative Verfahren in ein direktes. Es entsteht dieselbe regularisierte Lösung.

In [2, 3] wurde das instabile Beispiel

$$(6 - 7 \cdot 2^{-i})\, x_{i-1} - (15 - 63 \cdot 2^{-1-i})\, x_i + (6 - 7 \cdot 2^{1-i})\, x_{i+1} = 0,$$

$x_0 = x_{n+1} = -1$, behandelt. Es ist nach den zitierten Arbeiten $Z = S = \{1\}$ zu wählen. Als Lösung erhalten wir nach etwa 30 Iterationsschritten mit $n = 20$ das Ergebnis:

$$x_1 = 0, x_i = -2^{i-n-1} \quad \text{für} \quad i = 2, 3, \ldots, 20.$$

Für die Werte von p_i, q_i und α_i (auf 4 Ziffern gerundet), $i = 1, \ldots, 19$, ergibt sich

$$p_i = q_i$$

für alle i mit

$$\boldsymbol{p} = (2, 20, 3, 19, 18, 4, 17, 5, 16, 15, 6, 14, 13, 12, 11, 10, 7, 9, 8)$$

und

$$\begin{aligned} \alpha = (&.5309, .4000, .5467, .5600, .6240, .6267, .6496, .6554, .6598, \\ &.6639, .6646, .6656, 6663, .6666, .6668, .6670, .6671, .6674, .5345), \end{aligned}$$

d. h., das Iterationsverfahren konvergiert.

Literatur

[1] ALBRAND, H.-J., Beiträge zur Theorie zyklischer Iterationsverfahren. Dissertation B, Wilhelm-Pieck-Universität Rostock 1978.

[2] BERG, L., Zur numerischen Stabilität des Gaußschen Algorithmus. Beitr. Numer. Math. 5 (1976), 19–25.

[3] BERG, L., Regularization of instable boundary value problems for linear difference equations. Beitr. Numer. Math. **8** (1980), 31–38.
[4] BERG, L., Zur stabilen Auflösung großer linearer Gleichungssysteme. Rostock. Math. Kolloquium **12** (1979), 49–58.
[5] BERG, L., Stable solution of instable systems of linear equations with a band matrix. Computing **20** (1978), 127–137.
[6] KIESEWETTER, H., und G. MAESS, Elementare Methoden der numerischen Mathematik. Akademie-Verlag, Berlin / Springer-Verlag, Wien–New York 1974.
[7] MOLDENHAUER, W., und H. THIELCKE, Zur Pivotisierung bei der Auflösung linearer Gleichungssysteme. Rostock. Math. Kolloquium **12** (1979), 59–63.
[8] PETERS, W., Projektionsverfahren und verallgemeinerte Inverse. Dissertation A, Wilhelm-Pieck-Universität Rostock 1976.
[9] PETERS, W., Lösung linearer Gleichungssysteme durch Projektion auf Schnitträume von Hyperebenen und Berechnung einer verallgemeinerten Inversen. Beitr. Numer. Math. **5** (1976), 129–146.
[10] SASSENFELD, H., Ein hinreichendes Konvergenzkriterium und eine Fehlerabschätzung für die Iteration in Einzelschritten bei linearen Gleichungen. ZAMM **31** (1951), 92–94.
[11] TANABE, K., Characterization of linear stationary iterative processes for solving a singular system of linear equations. Numer. Math. **22** (1974), 349–359.

Manuskripteingang: 21. 8. 1979

VERFASSER:

Dr. rer. nat. WOLFGANG MOLDENHAUER, Dr. rer. nat. HELMUT THIELCKE, VEB Kombinat Schiffbau, Rostock

Beiträge zur Numerischen Mathematik
10 (1981), 131–138

Zur Konvergenz des Kollokationsverfahrens mittels kubischer Spline-Funktionen bei Systemen gewöhnlicher Randwertaufgaben zweiter Ordnung

Eckehard Pfeifer

Im Zusammenhang mit Untersuchungen zur Konvergenz von Differenzen- bzw. Mehrstellenverfahren bei Rand- und Eigenwertaufgaben für gewöhnliche Differentialgleichungen zweiter Ordnung wurde in [2] eine interessante Verbindung zwischen einem speziellen Mehrstellenverfahren und der Kollokationsmethode mit kubischen Spline-Funktionen festgestellt, die unten durch Formel (6) widergespiegelt wird. In der vorliegenden Arbeit soll unter Verwendung des bereits in [2] benutzten funktionalanalytischen Apparates für Diskretisierungsverfahren aus [3] eine neue Beweismethode für die Konvergenz von Kollokationsmethoden sowie für den Nachweis von Fehlerabschätzungen gegeben werden. Dabei ist nicht beabsichtigt, eine umfassende Darstellung der Spline-Kollokation, wie etwa in [6], anzustreben. Es erfolgt eine Beschränkung auf kubische Splines, und außerdem fallen die Kollokationspunkte mit den Spline-Knoten zusammen, wodurch die Beweisführung relativ einfach und übersichtlich wird. Die im Konvergenzsatz bewiesene Fehlerordnung $O(H_n^2)$ ist dann allerdings verhältnismäßig gering (sie kann durch die Wahl spezieller Kollokationsstellen, die im allgemeinen nicht mit den Spline-Knoten übereinstimmen, wie es etwa in [5] geschieht, verbessert werden), so daß die Verwendung des hier vorgestellten Verfahrens nur beschränkt zu empfehlen ist. Die Ordnung $O(H_n^2)$ bezieht sich dabei auf die Konvergenz der Funktionswerte sowie auf die der ersten und zweiten Ableitung. Um Konvergenz der dritten Ableitung nachzuweisen, bedarf es sicher Einschränkungen an das gewählte Gitter (vgl. [2]). Man findet ähnliche Untersuchungen in [7]; die dort gewonnene Ordnung $O(H_n)$ für die dritte Ableitung ist jedoch fraglich.

Modifikationen der Beweisführung, die sich ergeben, wenn die Kollokationsstellen nicht mit den Spline-Knoten identisch sind (wie dies bei der Behandlung anderer als kubischer Splines notwendig wird), wurden nur für quadratische Splines untersucht. Die Konvergenzordnung ist dann $O(H_n^2)$ für Funktionswerte und erste Ableitung, wenn die Kollokationsstellen in der Mitte zwischen den Spline-Knoten liegen (vgl. [5]). Ein Zusammenhang mit gewissen Differenzenverfahren ist hier ebenfalls zu sehen, jedoch wird der Beweis selbst unübersichtlich und soll hier nicht gesondert gebracht werden.

Die gewählte Art des Beweises (sie ist in [2] nur für eine einzelne Differentialgleichung entwickelt worden) gestattet unmittelbar Aussagen für Systeme von Randwertaufgaben. Die Beschränkung auf Systeme mit zwei Unbekannten, wie es im folgenden geschieht, ist nicht wesentlich, da die Übertragung der Ergebnisse auf Systeme höherer Ordnung keine neuen Aspekte in die Beweisführung bringt. Ebenso ist es gelungen, auf relativ einfache Weise allgemeine nichtlineare Randbedingungen zu berücksichtigen.

Es sei noch bemerkt, daß die verwendeten Grundlagen aus [3] gestatten, die Aussagen bezüglich der Konvergenz für Näherungslösungen bei Eigenwertaufgaben aus [2] sofort auf die im weiteren beschriebene Spline-Kollokation zu übertragen.

1. Vorgegeben seien die Banach-Räume E, E_n, $n = 1, 2, \ldots$, sowie die Operatoren $p_n \in L(E, E_n)$, $n = 1, 2, \ldots$, die der Bedingung

$$\bigwedge_{\xi \in E} \|p_n \xi\|_{E_n} \to \|\xi\|_E, \qquad n \to \infty, \tag{1}$$

genügen.

Definition. Eine Folge von Elementen $\{\xi_n \in E_n : n \in \mathbb{N}'\}$ heiße *p-konvergent* gegen ξ in E, wenn es ein $\xi \in E$ gibt, so daß

$$\|\xi_n - p_n \xi\|_{E_n} \to 0, \qquad n \in \mathbb{N}' \subset \mathbb{N}, \qquad n \to \infty.$$

Definition. Eine Folge von Elementen $\{\xi_n \in E_n : n \in \mathbb{N}\}$ heiße *p-kompakt* in E, falls es für jede Menge $\mathbb{N}' \subset \mathbb{N}$ eine Menge $\mathbb{N}'' \subset \mathbb{N}'$ und ein solches $\xi \in E$ gibt, daß die Folge $\{\xi_n\}_{n \in \mathbb{N}''}$ gegen ξ p-konvergiert.

Des weiteren seien die Banach-Räume F, F_n, $n = 1, 2, \ldots$, sowie die Operatoren $q_n \in L(F, F_n)$, $n = 1, 2, \ldots$, vorgegeben, wobei die q_n ebenfalls die Bedingung (1) in entsprechend modifizierter Form erfüllen.

Definition. Eine Folge linearer Operatoren $\{A_n \in L(E_n, F_n) : n \in \mathbb{N}\}$ heiße *pq-konvergent* gegen den linearen Operator $A \in L(E, F)$, wenn

$$\|A_n\| \leqq \text{const}, \qquad n \in \mathbb{N},$$

und

$$\|A_n p_n \xi - q_n A \xi\|_{F_n} \to 0, \qquad n \to \infty,$$

für alle Elemente ξ einer in E dichten Untermenge gilt. Diese Konvergenz heiße darüber hinaus *regulär*, wenn jede beschränkte Folge $\{\xi_n\}$, für die $\{A_n \xi_n\}$ q-kompakt in F ist, selbst p-kompakt in E ist.

Betrachtet werden im folgenden die nichtlinearen Gleichungen

$$T\xi = \eta \tag{2}$$

sowie deren Näherungen

$$T_n \xi_n = \eta_n, \qquad n \in \mathbb{N}, \tag{3}$$

mit $\xi \in D(T) \subset E$, $\eta \in F$, $\xi_n \in D(T_n) \subset E_n$ und $\eta_n \in F_n$, $n \in \mathbb{N}$.

Satz [3]. *Die folgenden Bedingungen seien erfüllt:*

(i) *Die Gleichung* (2) *besitzt eine Lösung* $\xi^* \in D(T)$;

(ii) *der Operator* T *ist in* ξ^* *Frechét-differenzierbar;*

(iii) *der Nullraum des linearen Operators* $T'(\xi^*)$ *enthält nur das Nullelement;*

(iv) *die Operatoren* T_n *sind in den Kugeln* $\|\xi_n - p_n\xi^*\|_{E_n} \leqq \delta$, $n \in \mathbb{N}$, *definiert und Frechét-differenzierbar, dabei soll* δ *nicht von* n *abhängen,*

(v) $\bigwedge_{\varepsilon>0} \bigvee_{0<\delta_\varepsilon\leqq\delta} \bigwedge_{n\in\mathbb{N}} \|\xi_n - p_n\xi^*\|_{E_n} \leqq \delta_\varepsilon \Rightarrow \|T_n'(\xi_n) - T_n'(p_n\xi^*)\| \leqq \varepsilon$,

(vi) *die linearen und beschränkten Operatoren* $T_n'(p_n\xi^*)$ *sind für fast alle* n *fredholmsch mit dem Index Null;*

(vii) *die Operatoren* $T_n'(p_n\xi^*)$ *konvergieren regulär gegen* $T'(\xi^*)$;

(viii) $\{T_np_n\xi^*\}$ *ist q-konvergent gegen* $T\xi^*$, *also* η;

(ix) $\{\eta_n\}$ *ist q-konvergent gegen* η.

Dann haben die Gleichungen (3) *für fast alle* n *eine eindeutige Lösung* ξ_n^* *aus den Kugeln* $\|\xi_n - p_n\xi^*\|_{E_n} \leqq \delta_0$ *mit* $0 < \delta_0 \leqq \delta$, *und es existieren zwei positive Konstanten* c_1 *und* c_2, *so daß die Fehlerabschätzung*

$$c_1 \|T_np_n\xi^* - \eta_n\|_{F_n} \leqq \|\xi_n^* - p_n\xi^*\|_{E_n} \leqq c_2 \|T_np_n\xi^* - \eta_n\|_{F_n}, \quad n \geqq n_0, \tag{4}$$

gilt.

Einzelheiten zum Problemkreis der Funktionalanalysis der Diskretisierungsmethoden findet man in ausführlicher Form in [3] sowie den dort genannten Literaturstellen.

2. Zu lösen sei das Problem

$$\left.\begin{aligned} &f_j(t, x, x', x'', y, y', y'') = 0, \qquad 0 \leqq t \leqq 1, \qquad j = 1, 2, \\ &u_j\big(x(0), x'(0), y(0), y'(0), x(1), x'(1), y(1), y'(1)\big) = 0, \qquad j = 1, 2, 3, 4. \end{aligned}\right\} \tag{5}$$

Für die Kollokation werden kubische Spline-Funktionen verwendet, die mit Hilfe ihrer Funktionswerte sowie der Werte für die zweiten Ableitungen in den Stützstellen $0 = t_{n0} < t_{n1} < \cdots < t_{nn} = 1$, $n \geqq 2$, konstruiert werden, also etwa

$$\begin{aligned} x_n(t) = x_{ni}(t) = &\left(X_{ni} - \frac{h_{ni}^2 X''_{ni}}{6}\right) \frac{t_{n,i+1} - t}{h_{ni}} + \left(X_{n,i+1} - \frac{h_{ni}^2 X''_{n,i+1}}{6}\right) \frac{t - t_{ni}}{h_{ni}} \\ &+ X''_{ni} \frac{(t_{n,i+1} - t)^3}{6h_{ni}} + X''_{n,i+1} \frac{(t - t_{ni})^3}{6h_{ni}}, \end{aligned}$$

$$t_{ni} \leqq t \leqq t_{n,i+1}, \qquad i = 0, \ldots, n-1,$$

sowie

$$\begin{aligned} y_n(t) = y_{ni}(t) = &\left(Y_{ni} - \frac{h_{ni}^2 Y''_{ni}}{6}\right) \frac{t_{n,i+1} - t}{h_{ni}} + \left(Y_{n,i+1} - \frac{h_{ni}^2 Y''_{n,i+1}}{6}\right) \frac{t - t_{ni}}{h_{ni}} \\ &+ Y''_{ni} \frac{(t_{n,i+1} - t)^3}{6h_{ni}} + Y''_{n,i+1} \frac{(t - t_{ni})^3}{6h_{ni}}, \end{aligned}$$

$$t_{ni} \leqq t \leqq t_{n,i+1}, \qquad i = 0, \ldots, n-1,$$

angesetzt wird, h_{ni} stehe für $t_{n,i+1} - t_{ni}$ (vgl. hierzu [1]). Unter Beachtung der Forderung $x_n, y_n \in C^2\langle 0, 1\rangle$ führt dies über die Stetigkeitsbedingung für die ersten

Ableitungen von x_n, y_n mit den Abkürzungen

$$\partial Z_{ni} = \frac{Z_{n,i+1} - Z_{ni}}{h_{ni}}, \qquad \partial^2 Z_{ni} = \frac{2}{h_{ni} + h_{n,i-1}} (\partial Z_{ni} - \partial Z_{n,i-1}),$$

$$Z_n = (Z_{n0}, \ldots, Z_{nn}),$$

$$\partial Z_n = \{\partial Z_{ni}\}_{i=0}^{n-1}, \qquad \partial^2 Z_n = \{\partial^2 Z_{ni}\}_{i=1}^{n-1},$$

$$M_n Z_n = \left\{\frac{h_{n,i-1}}{3(h_{ni} + h_{n,i-1})} Z_{n,i-1} + \frac{2}{3} Z_{ni} + \frac{h_{ni}}{3(h_{ni} + h_{n,i-1})} Z_{n,i+1}\right\}_{i=1}^{n-1},$$

$$(N_n Z_n)_i = \begin{cases} -\frac{1}{6} h_{ni}(2Z_{ni} + Z_{n,i+1}), & i = 0, \ldots, n-1, \\ \frac{1}{6} h_{ni}(Z_{n,n-1} + 2Z_{nn}), & i = n, \end{cases}$$

und

$$(L_n Z_{n-1})_i = \begin{cases} Z_{n-1,i}, & i = 0, \ldots, n-1, \\ Z_{n-1,n-1}, & i = n, \end{cases}$$

zu den Näherungsproblemen

$$\left.\begin{aligned} &f_j(t_{ni}, X_{ni}, X'_{ni}, X''_{ni}, Y_{ni}, Y'_{ni}, Y''_{ni}) = 0, \qquad i = 0, \ldots, n, \qquad j = 1, 2, \\ &u_j(X_{n0}, X'_{n0}, Y_{n0}, Y'_{n0}, X_{nn}, X'_{nn}, Y_{nn}, Y'_{nn}) = 0, \qquad j = 1, 2, 3, 4, \\ &\partial^2 X_n - M_n X_n'' = 0, \\ &\partial^2 Y_n - M_n Y_n'' = 0, \\ &L_n\, \partial X_n - X_n' + N_n X_n'' = 0, \\ &L_n\, \partial Y_n - Y_n' + N_n Y_n'' = 0, \end{aligned}\right\} \qquad (6)$$

wenn $X_n^{(k)}$ und $Y_n^{(k)}$ für $(X_{n0}^{(k)}, \ldots, X_{nn}^{(k)})$ bzw. $(Y_{n0}^{(k)}, \ldots, Y_{nn}^{(k)})$, $k = 0, 1, 2$, geschrieben wird und die Komponenten dieser Vektoren die Werte der entsprechenden Ableitungen der Spline-Funktionen x_n und y_n in den Stützstellen des Gitters sind. Die Kollokationsstellen fallen dabei mit den Spline-Knoten t_{ni} zusammen. Die ersten sechs Gleichungen aus (6) entstehen durch Aufschreiben von (5) in den Kollokationspunkten, $\partial^2 X_n - M_n X_n'' = 0$ und $\partial^2 Y_n - M_n Y_n'' = 0$ ergeben sich aus den Stetigkeitsforderungen, und die restlichen Gleichungen sind Bedingungen für die ersten Ableitungen der Splines, die sich aus deren spezieller Gestalt ergeben.

Vereinbart man noch $\xi = (x, y) \in E = C^2\langle 0, 1\rangle \times C^2\langle 0, 1\rangle$ sowie

$$\xi_n = (X_n, X_n', X_n'', Y_n, Y_n', Y_n'') \in E_n = \mathbb{R}^{n+1} \times \mathbb{R}^{n+1} \times \mathbb{R}^{n+1} \times \mathbb{R}^{n+1} \times \mathbb{R}^{n+1} \times \mathbb{R}^{n+1}$$

und bezeichnet die linken Seiten von (5), (6) mit $T\xi$ bzw. $T_n\xi_n$, so erhält man Gleichungen der Gestalt (2), (3) mit

$$F = C\langle 0, 1\rangle \times C\langle 0, 1\rangle \times \mathbb{R}^4 \quad \text{und}$$

$$F_n = \mathbb{R}^{n+1} \times \mathbb{R}^{n+1} \times \mathbb{R}^4 \times \mathbb{R}^{n-1} \times \mathbb{R}^{n-1} \times \mathbb{R}^{n+1} \times \mathbb{R}^{n+1}.$$

Um den im ersten Abschnitt zitierten Satz anwenden zu können, werden folgende Normen und Operatoren eingeführt:

$$\|\xi\|_E = \max\{\|x\|_{C^2\langle 0,1\rangle}, \|y\|_{C^2\langle 0,1\rangle}\}$$

mit $\|z\|_{C^2\langle 0,1\rangle} = \max\limits_{0\leq t\leq 1} |z''(t)| + \max\limits_{0\leq t\leq 1} |z'(t)| + \max\limits_{0\leq t\leq 1} |z(t)|$;

$$\|\eta\|_F = \max\{\|v\|_{C\langle 0,1\rangle}, \|w\|_{C\langle 0,1\rangle}, |u_1|, |u_2|, |u_3|, |u_4|\},$$

$$\eta = (v, w, u_1, u_2, u_3, u_4), \qquad v, w \in C\langle 0, 1\rangle, \qquad u_j = \mathbb{R}, \qquad j = 1, 2, 3, 4,$$

mit $\|z\|_{C\langle 0,1\rangle} = \max\limits_{0\leq t\leq 1} |z(t)|$;

$$\|\xi_n\|_{E_n} = \max\{\|X_n\|_2, \|X_n'\|_0, \|X_n''\|_0, \|Y_n\|_2, \|Y_n'\|_0, \|Y_n''\|_0\}$$

mit $\|Z_n\|_0 = \max\limits_i |Z_{ni}|$ und $\|Z_n\|_2 = \|\partial^2 Z_n\|_0 + \|\partial Z_n\|_0 + \|Z_n\|_0$.

Der Raum F_n erhalte die Maximum-Norm.

Weiterhin sei

$$dp_n z = \{z(t_{ni})\}_{i=0}^n, \qquad z \in C\langle 0, 1\rangle,$$

und

$$p_n\xi = (dp_n x, dp_n x', dp_n x'', dp_n y, dp_n y', dp_n y'')$$

sowie

$$q_n\eta = \Big(dp_n v, dp_n w, u_1, u_2, u_3, u_4, \underbrace{0, \ldots, 0}_{2n-2}, \underbrace{0, \ldots, 0}_{2n+2}\Big).$$

Es läßt sich einfach zeigen, daß diese Operatoren die Bedingung (1) erfüllen.

Satz. *Die Aufgabe* (5) *habe eine Lösung* $(x^*, y^*) \in E$. *Die Funktionen* f_j, $j = 1, 2$, *seien im Gebiet*

$$\{(t, x^0, x^1, x^2, y^0, y^1, y^2)\colon 0 \leq t \leq 1, |x^k - x^{*(k)}(t)| \leq \delta, |y^k - y^{*(k)}(t)| \leq \delta,$$
$$k = 0, 1, 2\}$$

stetig differenzierbar, und es gelte für alle $t \in \langle 0, 1\rangle$

$$\begin{vmatrix} D_4 f_1 & D_7 f_1 \\ D_4 f_2 & D_7 f_2 \end{vmatrix} \neq 0, \tag{7}$$

wobei die Ableitungen in den Punkten

$$\big(t, x^*(t), x^{*\prime}(t), x^{*\prime\prime}(t), y^*(t), y^{*\prime}(t), y^{*\prime\prime}(t)\big) \tag{8}$$

zu nehmen sind. Die Funktionen u_j, $j = 1, 2, 3, 4$, *seien in einer* δ-*Umgebung des Punktes*

$$\big(x^*(0), x^{*\prime}(0), y^*(0), y^{*\prime}(0), y^*(1), x^{*\prime}(1), y^*(1), y^{*\prime}(1)\big) \tag{9}$$

stetig differenzierbar. Die Linearisierung von T *an der Stelle* $\xi^* = (x^*, y^*)$ *verschwinde nur auf dem Nullelement.*

Dann existieren für genügend große n *in den Kugeln* $\|p_n\xi^* - \xi_n\|_{E_n} \leq \delta_0 \leq \delta$ *eindeutige Lösungen* ξ_n^* *der Aufgaben* (6) *und damit eindeutige kubische Spline-Funktionen* (x_n^*, y_n^*), *die die Kollokationsaufgabe lösen und im Raum* E *gleichmäßig gegen*

(x^*, y^*) *konvergieren. Gehören* x^* *und* y^* *zu* $C^4\langle 0, 1\rangle$, *so gilt*

$$\max\{\|x_n^* - x^*\|_{C^2\langle 0,1\rangle}, \|y_n^* - y^*\|_{C^2\langle 0,1\rangle}\} = O(H_n^2).$$

Mit H_n *wird die maximale Schrittweite* $\max\limits_i h_{ni}$ *bezeichnet und der Konvergenzprozeß für* $H_n \to 0$ *mit* $n \to \infty$ *betrachtet.*

Beweis. Man stellt zunächst fest, daß die Linearisierung des Operators T an der Stelle ξ^* die Gestalt

$$T'(\xi^*)\,\xi = \begin{cases} (D_2f_j)\,x + (D_3f_j)\,x' + (D_4f_j)\,x'' + (D_5f_j)\,y + (D_6f_j)\,y' \\ \quad + (D_7f_j)\,y'', \qquad 0 \leqq t \leqq 1, \qquad j = 1, 2 \\ (D_1u_j)\,x(0) + (D_2u_j)\,x'(0) + (D_3u_j)\,y(0) + (D_4u_j)\,y'(0) \\ \quad + (D_5u_j)\,x(1) + (D_6u_j)\,x'(1) + (D_7u_j)\,y(1) + (D_8u_j)\,y'(1), \\ j = 1, 2, 3, 4, \end{cases}$$

hat, wobei die Ableitungen von f_j und u_j in den entsprechenden Punkten (8), (9) zu nehmen sind.

Linearisierung von T_n im Punkte $p_n\xi^*$ ergibt

$$T_n'(p_n\xi^*)\,\xi_n = \begin{cases} (D_2f_j)_i\,X_{ni} + (D_3f_j)_i\,X'_{ni} + (D_4f_j)_i\,X''_{ni} + (D_5f_j)_i\,Y_{ni} \\ \quad + (D_6f_j)_i\,Y'_{ni} + (D_7f_j)_i\,Y''_{ni}, \qquad i = 0, \ldots, n, \qquad j = 1, 2, \\ (D_1u_j)\,X_{n0} + (D_2u_j)\,X'_{n0} + (D_3u_j)\,Y_{n0} + (D_4u_j)\,Y'_{n0} \\ \quad + (D_5u_j)\,X_{nn} + (D_6u_j)\,X'_{nn} + (D_7u_j)\,Y_{nn} + (D_8u_j)\,Y'_{nn}, \\ j = 1, 2, 3, 4, \\ \partial^2 X_n - M_n X_n'' \\ \partial^2 Y_n - M_n Y_n'' \\ L_n\,\partial X_n - X_n' + N_n X_n'' \\ L_n\,\partial Y_n - Y_n' + N_n Y_n'', \end{cases}$$

wobei hier $(D_kf_j)_i$ für D_kf_j im Punkte (8) mit $t = t_{ni}$ steht und auch D_ku_j entsprechend in (9) genommen wird.

Es gilt nun

$$\|T_n'(p_n\xi^*)\,\xi_n\|_{F_n} \leqq C\,\|\xi_n\|_{E_n}$$

mit einer geeigneten Konstanten C sowie

$$\|T_n'(p_n\xi^*)\,p_n\xi - q_nT'(\xi^*)\,\xi\|_{F_n} = O(H_n^2)$$

für x und y aus $C^4\langle 0, 1\rangle$, woraus die pq-Konvergenz von $\{T_n'(p_n\xi^*)\}$ gegen $T'(\xi^*)$ folgt. Diese Konvergenz ist regulär. In der Tat, es sei $\|\xi_n\|_{E_n} \leqq$ const. Dann kann man wie gewöhnlich (vgl. [3]) die dp-Kompaktheit von $\{X_n\}$ und $\{Y_n\}$ in $C\langle 0, 1\rangle$ sowie die dp'-Kompaktheit $\big(dp_n'z = (z(t_{n0}), \ldots, z(t_{n,n-1}))\big)$ von $\{\partial X_n\}$ und $\{\partial Y_n\}$ in $C\langle 0, 1\rangle$ beweisen. Setzt man die q-Kompaktheit von $\{T_n'(p_n\xi^*)\,\xi_n\}$ voraus, so folgt aus der Definition der q_n die dp-Kompaktheit von $\{X_n'\}$ und $\{Y_n'\}$ in $C\langle 0, 1\rangle$. Damit hat man aber auch, wegen der Bedingung (7), die dp-Kompaktheit von $\{X_n''\}$ und $\{Y_n''\}$ in $C\langle 0, 1\rangle$ und, wiederum wegen der q-Kompaktheit von $\{T_n'(p_n\xi^*)\,\xi_n\}$, die dp''-Kompaktheit $\left(dp_n''z = \left(z(t_{n1}), \ldots, z(t_{n,n-1})\right)\right)$ von $\{\partial^2 X_n\}$ und $\{\partial^2 Y_n\}$ in $C\langle 0, 1\rangle$. Aus der diskreten Kompaktheit von $\{X_n\}$, $\{\partial X_n\}$ und $\{\partial^2 X_n\}$ sowie $\{Y_n\}$, $\{\partial Y_n\}$ und $\{\partial^2 Y_n\}$ in $C\langle 0, 1\rangle$ folgt die dp-Kompaktheit von $\{X_n\}$ und $\{Y_n\}$ in $C^2\langle 0, 1\rangle$. Beachtet man weiter, daß die diskreten Häufungspunkte von $\{\partial X_n\}$ und $\{X_n'\}$, $\{\partial^2 X_n\}$ und $\{X_n''\}$, $\{\partial Y_n\}$ und $\{Y_n'\}$ sowie $\{\partial^2 Y_n\}$ und $\{Y_n''\}$ übereinstimmen, so folgt daraus die p-Kompaktheit von $\{\xi_n\}$ in E, was die reguläre Konvergenz beweist.

Wegen $\dim E_n = \dim F_n$ sowie $\eta = 0$ und $\eta_n = 0$ sind alle Voraussetzungen des abstrakten Konvergenzsatzes in Abschnitt 1 erfüllt, man erhält damit die Lösbarkeit von (6) sowie aus (4) die Konvergenz bzw. Fehlerabschätzung

$$\|\xi_n^* - p_n\xi^*\|_{E_n} \to 0, \qquad n \to \infty$$

und für $x^*, y^* \in C^4\langle 0, 1\rangle$

$$\|\xi_n^* - p_n\xi^*\|_{E_n} = O(H_n^2).$$

Es seien $s_n x^*$ die zu x^* gehörigen kubischen Spline-Interpolierenden auf dem n entsprechenden Gitter, für welche (vgl. z. B. [2]) die Beziehung $\|s_n x^* = x^*\|_{C^2} \to 0$, $n \to \infty$, bzw. im Falle $x^* \in C^4\langle 0, 1\rangle$ sogar $\|s_n x^* - x^*\|_{C^2} = O(H_n^2)$ gilt. Durch Taylorentwicklung von $s_n x^* - x_n^*$ in t_{ni} gewinnt man

$$\|s_n x^* - x_n^*\|_{C\langle 0,1\rangle} \leqq c(\|p_n\xi^* - \xi_n^*\|_{E_n} + \|s_n x^* - x^*\|_{C^2})$$

und analoge Abschätzungen für $\|(s_n x^* - x_n^*)^{(k)}\|_{C\langle 0,1\rangle}$, $k = 1, 2$, und dadurch über die Dreiecksungleichung

$$\|x^* - x_n^*\|_{C^2} \to 0, \qquad n \to \infty,$$

bzw. für $x^* \in C^4\langle 0, 1\rangle$

$$\|x^* - x_n^*\|_{C^2} = O(H_n^2).$$

Die Durchführung ähnlicher Abschätzungen für $\|y^* - y_n^*\|_{C^2}$ beendet den Beweis.

Anmerkung. Die Tatsache der regulären Konvergenz von $T_n'(p_n\xi^*)$ gegen $T'(\xi^*)$ kann man auch unmittelbar aus einem entsprechenden Satz für lineare Differenzenverfahren in [2] folgern.

Literatur

[1] Böhmer, K., Spline-Funktionen, Teubner-Studienbücher Mathematik, B. G. Teubner, Stuttgart 1974.

[2] Pfeifer, E., Zur Konvergenz von Differenzenverfahren bei der numerischen Behandlung von Rand- und Eigenwertaufgaben gewöhnlicher Differentialgleichungen zweiter Ordnung, Diss. A, TU Dresden 1979.

[3] Vainikko, G., Funktionalanalysis der Diskretisierungsmethoden, Teubnertexte zur Mathematik, Teubner Verlagsgesellschaft, Leipzig 1976.

[4] BICKLEY, W., Piecewise cubic spline-interpolation and two-point boundary-value problems, Comp. J. **11** (1968), 206–208.
[5] DE BOOR, C., and B. SWARTZ, Collocation at Gaussian points, SIAM J. Numer. Anal. **10** (1973), 582–606.
[6] WITTENBRINK, K., High order projection methods of moment- and collocation-type for nonlinear boundary-value problems, Computing **11** (1973), 255–274.
[7] Ильин, В. П., О сплайновых решениях обыкновенных дифференциальных уравнений, ЖВМиМФ **18** (1978), 620–627.

Manuskripteingang: 22. 11. 1979

VERFASSER:
Dr. ECKEHARD PFEIFER, Sektion Mathematik der Technischen Universität Dresden

Beiträge zur Numerischen Mathematik
10 (1981), 139–151

Eigenwerte und Eigenvektoren zufällig gestörter Matrizen mit mehrfachen Eigenwerten der gemittelten Matrix

Walter Purkert und Jürgen vom Scheidt

1. Einleitung

In [2] wurden für die zufälligen Eigenwerte und Eigenvektoren von Matrizen $A_0 + B(\omega)$ mit deterministischem symmetrischem A_0 und symmetrischem stochastischem B Entwicklungen nach den $b_{ij}(\omega)$ angegeben. Diese Entwicklungen wurden benutzt, um wahrscheinlichkeitstheoretische Charakteristiken der Eigenwerte und Eigenvektoren zu berechnen. Voraussetzung war, daß A_0 einfache Eigenwerte hat.

In der vorliegenden Arbeit werden solche Entwicklungen auch für den Fall mehrfacher Eigenwerte von A_0 durchgeführt. Es wird eine für diesen Fall gegenüber der klassischen Rellichschen Konvergenzbedingung ([1]) besser angepaßte Konvergenzbedingung formuliert und bewiesen.

Für den Fall zweifacher Eigenwerte von A_0 werden die Entwicklungen benutzt, um Näherungen für die Erwartungswerte der Eigenwerte zu berechnen. Die Erwartungswerte der Eigenwerte sind für viele Anwendungen in Physik und Technik von Bedeutung. Zur Illustration werden numerische Beispiele sowohl mit diskreten als auch mit stetig verteilten $b_{ij}(\omega)$ angegeben.

2. Entwicklung der Eigenwerte

Es sei $A_0 = (a_{ij})_{1 \leqq i,j \leqq n}$ eine deterministische symmetrische Matrix mit den Eigenwerten μ_i: $\mu_1 \leqq \mu_2 \leqq \cdots \leqq \mu_n$. Die Matrix A_0 werde durch eine zufällige symmetrische Matrix $B(\omega) = (b_{ij}(\omega))_{1 \leqq i,j \leqq n}$ gestört. Die Eigenwerte von $A(\omega) := A_0 + B(\omega)$ werden mit $\lambda_i(\omega)$ bezeichnet:

$$\lambda_1(\omega) \leqq \lambda_2(\omega) \leqq \cdots \leqq \lambda_n(\omega);$$

$\lambda_i(\omega)$ sind Zufallsgrößen, deren erste beiden Momente existieren, falls die der b_{ij} existieren. Es sollen die Eigenwerte und Eigenvektoren von $A(\omega)$ berechnet werden, indem man diese nach den Störungen $b_{ij}(\omega)$ entwickelt.

Für den Eigenwert $\lambda_l(\omega)$ machen wir den Ansatz $\lambda_l(\omega) = -\sum_{p=0}^{\infty} \lambda_{pl}(\omega)$, wobei $\lambda_{pl}(\omega)$ der in p-ter Ordnung homogene Anteil des Eigenwertes $\lambda_l(\omega)$ in den $b_{ij}(\omega)$ ist und $\lambda_{0l}(\omega) = -\mu_l$. Der Eigenwert $\lambda_l(\omega)$ berechnet sich aus der charakteristischen Gleichung $\det\,(a_{ij} + b_{ij}(\omega) - \lambda\delta_{ij})_{1 \leqq i,j \leqq n} = 0$, die auch in der Form

$$\sum_{p=0}^{n} (-1)^{n-p} \lambda^{n-p}(\omega)\, J_p(\omega) = 0 \tag{1}$$

dargestellt werden kann. Dabei bezeichnet $J_k(\omega)$ für $k \geqq 1$ die k-te Invariante von $A(\omega)$ und $J_0 := 1$. Die Invariante $J_k(\omega)$ werde nach Gliedern, die in den $b_{ij}(\omega)$ homogen sind, entwickelt:

$$J_k(\omega) = \sum_{p=0}^{k} J_{pk}(\omega). \tag{2}$$

J_{0k} ist die k-te Invariante von A_0 und $J_{kk}(\omega)$ die von $B(\omega)$. Setzt man die Entwicklung von $\lambda_l(\omega)$ und (2) in (1) ein und beachtet dabei $\left(\sum_{p=0}^{\infty} \lambda_{pl}\right)^{n-k} = \sum_{p=0}^{\infty} \Lambda_p^{n-k}$ mit

$$\Lambda_p^t := \sum_{\Sigma r_s = p} \lambda_{r_1 l} \lambda_{r_2 l} \cdots \lambda_{r_t l} \quad \text{und} \quad \Lambda_0^0 := 1, \qquad \Lambda_k^0 := 0 \quad \text{für} \quad k > 0,$$

so ergibt sich

$$\sum_{p=0}^{n} (-\lambda_l)^{n-k} J_p(\omega) = \sum_{p=0}^{\infty} \left(\sum_{k=0}^{n} \sum_{i=0}^{p} \Lambda_i^{n-k} J_{p-i,k} \right) = 0.$$

$\sum_{k=0}^{n} \sum_{i=0}^{p} \Lambda_i^{n-k} J_{p-i,k}$ ist das zur Ordnung p homogene Glied in den Störungen b_{ij} in der charakteristischen Gleichung. Die Größen λ_{pl} werden so bestimmt, daß die homogenen Anteile in der charakteristischen Gleichung einzeln verschwinden, d. h. aus der Gleichung

$$\sum_{k=1}^{n} \sum_{i=\max(0,p-k)}^{p-1} \Lambda_i^{n-k} J_{p-i,k} + \sum_{k=0}^{n} \hat{\Lambda}_p^{n-k} J_{0k} + \lambda_{pl} \sum_{k=0}^{n} (n-k)\, \lambda_{0l}^{n-k-1} J_{0k} = 0 \tag{3}$$

$(p = 1, 2, 3, \ldots;\ \hat{\Lambda}_s^{n-k} := \Lambda_s^{n-k} - (n-k)\, \lambda_{sl} \lambda_{0l}^{n-k-1}, \quad s \geqq 1; \quad J_{ip} = 0$ für $i > p)$.

Es sei etwa μ_l ein h-facher Eigenwert, d. h., die Eigenwerte von A_0 seien

$$\mu_1 \leqq \mu_2 \leqq \cdots \leqq \mu_{l-1} < \mu_l = \mu_{l+1} = \cdots = \mu_{l+h-1} < \mu_{l+h} \leqq \cdots \leqq \mu_n$$

mit $h \geqq 2$. Nach dem Übergang zur Matrix $\tilde{A}_0 := A_0 - \mu_l E$ folgt $\tilde{\lambda}_l = \lambda_l - \mu_l$, wenn $\tilde{\lambda}_l(\omega)$ die Eigenwerte von $\tilde{A}(\omega) := \tilde{A}_0 + B(\omega)$ bezeichnet. Mit

$$\tilde{\lambda}_l = -\sum_{i=1}^{\infty} \tilde{\lambda}_{il}(\omega)$$

folgt aus (3) wegen $\tilde{\lambda}_{0l} = -\tilde{\mu}_l = 0$ und $\tilde{J}_{0,n-1} = 0$

$$\sum_{k=1}^{n} \sum_{i=\max(0,p-k)}^{p-1} \tilde{\Lambda}_i^{n-k} \tilde{J}_{p-i,k} + \sum_{k=0}^{n} \tilde{\hat{\Lambda}}_p^{n-k} \tilde{J}_{0k} = 0, \qquad p = 1, 2, 3, \ldots \tag{4}$$

„$\sim$“ soll die Bildung der entsprechenden Größen bezüglich $\tilde{A}(\omega)$ andeuten. Es ist $\tilde{J}_{q,n-p} = 0$ für $p + q < h$ und $\tilde{\Lambda}_i^t = 0$ für $t > i$ wegen $\tilde{\mu}_l = \tilde{\mu}_{l+1} = \cdots = \tilde{\mu}_{l+h-1} = 0$, so daß die Beziehung (4) für $1 \leqq p \leqq h - 1$ stets erfüllt ist. Für $p \geqq h$ erhält man aus (4)

$$\sum_{t=0}^{h-1} \sum_{i=\max(t,p-n+t)}^{t+p-h} \tilde{\Lambda}_i^t \tilde{J}_{p-i,n-t} + \sum_{t=h}^{n-1} \sum_{i=\max(t,p-n+t)}^{p-1} \tilde{\Lambda}_i^t \tilde{J}_{p-i,n-t} + \sum_{t=h}^{\min(p,n)} \tilde{\Lambda}_p^t \tilde{J}_{0,n-t} = 0. \tag{5}$$

Speziell für $p = h$ folgt hieraus

$$\sum_{t=0}^{h} \tilde{\lambda}_{1l}^{t} \tilde{J}_{h-t,n-t} = 0 \quad \text{f. ü.} \tag{6}$$

als Bestimmungsgleichung für $\tilde{\lambda}_{1l}$. Die Gleichung (5), nach $\tilde{\lambda}_{p-h+1,l}$ aufgelöst, ergibt

$$\tilde{\lambda}_{p-1+h,l} \sum_{t=1}^{h} t\tilde{\lambda}_{1l}^{t-1} \tilde{J}_{h-t,n-t} = F_{p-h+1}(\tilde{\lambda}_{1l}, \ldots, \tilde{\lambda}_{p-h,l}) \quad \text{f. ü.}, \tag{7}$$

wobei die rechte Seite alle Glieder von (5) bezeichnet, die nur $\tilde{\lambda}_{1l}, \ldots, \tilde{\lambda}_{p-h,l}$ enthalten.

Bei der Berechnung von $\tilde{\lambda}_{il}$ löst man die Gleichung (6) für $\tilde{\lambda}_{1l}$ und erhält h Wurzeln $\tilde{\lambda}_{1l,s}$, $s = 0, 1, \ldots, h-1$, dieser algebraischen Gleichung. Für die weiteren Überlegungen soll vorausgesetzt werden, daß diese $\tilde{\lambda}_{1l,s}$ alle einfache Wurzeln von (6) sind. Für den entgegengesetzten Fall gelangt man durch ähnliche Überlegungen wie bisher zu weiteren Gliedern der Entwicklung von $\lambda_l(\omega)$. Sind die Wurzeln $\tilde{\lambda}_{1l,s}$ einfach, so gilt

$$\left(\sum_{t=0}^{h} x^t \tilde{J}_{h-t,n-t}\right)'\Bigg|_{x=\tilde{\lambda}_{1l,s}} = \sum_{t=1}^{h} t\tilde{\lambda}_{1l,s}^{t-1} \tilde{J}_{h-t,n-t} \neq 0, \qquad s = 0, 1, \ldots, h-1,$$

und aus (7) berechnen sich sukzessive die weiteren Glieder der Entwicklung von $\lambda_l(\omega)$ bei fest gewählten $\tilde{\lambda}_{1l,s}$:

$$\tilde{\lambda}_{rl,s} = \frac{F_r(\tilde{\lambda}_{1l,s}, \ldots, \tilde{\lambda}_{r-1l,s})}{\sum_{t=1}^{h} t\tilde{\lambda}_{1l,s}^{t-1} \tilde{J}_{h-t,n-t}}, \qquad r = 2, 3, \ldots$$

Bemerkung. Geht man von der transformierten charakteristischen Gleichung $\det\left((\mu_{il} - \tilde{\lambda}_l)\right) \delta_{ij} + \hat{b}_{ij}(\omega)) = 0$ mit $\hat{B}(\omega) = CBC^{\mathsf{T}} = (\hat{b}_{ij}(\omega))_{1 \leq i,j \leq n}$, $\mu_{il} := \mu_i - \mu_l$ aus, so schreibt sich die Gleichung (6) als

$$\tilde{\lambda}_{1l}^{h} + \sum_{t=0}^{h} \tilde{\lambda}_{1l}^{t} \frac{\hat{\tilde{J}}_{h-t,n-t}}{\hat{\tilde{J}}_{0,n-h}} = 0,$$

wobei $\hat{\tilde{J}}_{ki}$ die homogenen Glieder in den $\hat{b}_{pq}(\omega)$ der Invariante $\hat{\tilde{J}}_i$ von $\det(\mu_{il}\delta_{ij} + \hat{b}_{ij})$ sind.

Es ist

$$\frac{\hat{\tilde{J}}_{h-t,n-t}}{\hat{\tilde{J}}_{0,n-h}} = I_{h-t},$$

wobei I_k die k-te Invariante der Matrix $\hat{B}_{hl}(\omega) = (\hat{b}_{ij}(\omega))_{l \leq i,j \leq l+h-1}$ bezeichnet. Folglich sind die $-\tilde{\lambda}_{1l,s}$ gerade die Eigenwerte der Matrix $\hat{B}_{hl}(\omega)$.

3. Konvergenz der Entwicklungen für Eigenwerte und Eigenvektoren

Mit der Frage der Konvergenz der Störungsreihen von symmetrischen Matrizen hat sich F. Rellich in [1] beschäftigt. Er bewies im deterministischen Fall folgende hier bereits für den stochastischen Fall aufgeschriebene Abschätzung:

$$\left|\lambda_{l+s}(\omega) - \left(\mu_l - \sum_{p=1}^{m} \varepsilon^p \lambda_{pl,s}(\omega)\right)\right| \leqq \frac{1}{4} d_l (\varepsilon C_{ls}(\omega))^{m+1} \text{ f. ü.}; \qquad m = 1, 2, \ldots$$

Sie gilt für den $(l + s)$-ten Eigenwert von $A_0 + \varepsilon B(\omega)$, $s = 0, 1, \ldots, h - 1$, falls μ_l ein h-facher Eigenwert von A_0 ist. Dabei ist

$$C_{ls}(\omega) := 24 \left(\frac{\|B(\omega)\|}{d_l} + 2\right) \frac{\|B(\omega)\|}{d_l} \left(1 + \frac{(h-1)\, d_l}{e_{lp}}\right)$$

mit $d_l := \min\,(\mu_l - \mu_{l-1}, \mu_{l+h} - \mu_l)$ und $e_{lp}(\omega) := \min\limits_{\substack{p \neq q \\ p,q=0,\ldots,h-1}} |\lambda_{1l,p} - \lambda_{1l,q}|$. Die obige Abschätzung bedeutet die fast sichere Konvergenz von $\sum\limits_{i=1}^{\infty} \varepsilon^i \lambda_{il,s}$ für $|\varepsilon| < C_{lp}^{-1}(\omega)$.

Als Nachteil erweist sich, daß $C_{ls}(\omega)$ nicht homogen von erster Ordnung in den b_{ij} ist. Für kleine Störungen $b_{ij}(\omega)$ kann die Konvergenz der Reihe bei $\varepsilon = 1$ im allgemeinen nicht nachgewiesen werden, da $\dfrac{\|B(\omega)\|}{e_{lp}}$ von nullter Ordnung bezüglich der Kleinheit der Störungen ist. Wir wollen deshalb eine andere Konvergenzbedingung formulieren, wobei der Beweis nur in einigen Punkten von der Beweisidee von RELLICH abweicht.

Satz. *Für die Entwicklung der Eigenwerte der symmetrischen Matrix* $A_0 + B(\omega)$

$$\lambda_{l+s}(\omega) = \mu_l - \sum_{i=1}^{\infty} \tilde{\lambda}_{il,s}(\omega)$$

mit den aus (6) *und* (7) *bestimmten* $\tilde{\lambda}_{il,s}$ *gilt die Abschätzung* $(s = 0, 1, \ldots, h - 1)$:

$$\left|\lambda_{l+s}(\omega) - \left(\mu_l - \sum_{i=1}^{\infty} \tilde{\lambda}_{il,s}(\omega)\right)\right| \leqq \frac{d_l}{4} \frac{1}{1 + \dfrac{(h-1)}{e_{ls}} \|B\|} D_{ls}^{m+1}$$

mit $D_{ls}(\omega) := \dfrac{24}{d_l} \|B\| \left(\dfrac{h-1}{e_{ls}} \|B\| + 2\right)$, *d. h., die Entwicklung konvergiert f. ü., falls* $D_{ls}(\omega) < 1$ *f. ü. ist. Die Größen* e_{ls}, d_l *sind oben definiert.*

Bemerkung. Für die Entwicklung des Eigenvektors $x_{l+s}(\omega)$ bei der Normierungsbedingung $(x_{l+p}, x_{l+p}) = 1$ gilt die Abschätzung

$$\left\|x_{l+s}(\omega) - \sum_{i=0}^{m} x_{il,s}(\omega)\right\| \leqq \frac{1}{2} D_{ls}^{m+1}$$

mit den Bezeichnungen des vorhergehenden Satzes. $\|\cdot\|$ bezeichnet die euklidische Norm im R_n.

Beweis. Durch Einsetzen des Ansatzes $\lambda_l(\omega) = \mu_l - \sum\limits_{k=1}^{\infty} \lambda_{kl}(\omega)$, $x_l(\omega) = \sum\limits_{k=0}^{\infty} x_{kl}(\omega)$ in das Eigenwertproblem $(A_0 + B)\, x = \lambda x$ erhält man

$$(A_0 - \mu_l)\, x_{0l} = 0,$$

$$(A_0 - \mu_l)\, x_{ml} = -B x_{m-1l} - \sum_{s=1}^{m} \lambda_{sl} x_{m-sl}, \qquad m = 1, 2, \ldots \tag{8}$$

Wir definieren den Operator R_l durch $R_l u := \sum_k \frac{1}{\mu_k - \mu_l} (u, w_k) w_k$, wobei über alle orthonormierten Eigenvektoren w_k von A_0 summiert wird, die zu Eigenwerten $\mu_k \neq \mu_l$ gehören. Dieser Operator hat die Eigenschaften

$$R_l(A_0 - \mu_l) u = (A_0 - \mu_l) R_l u = \sum_k (u, w_k) w_k, \qquad \|R_l u\| \leqq \frac{1}{d_l} \|u\|.$$

Die v_i seien so gewählt, daß $(v_p, v_q) = \delta_{pq}$, $(Bv_p, v_q) = -r_p\delta_{pq}$, $p, q = 0, 1, \ldots, h-1$ ist $\left((v, w) := \sum_{i=1}^{n} v_i w_i\right)$. Aus (8) folgt mit $x_{0l} = \sum_{p=0}^{h-1} c_{0p} v_p$ für $m = 1$ als Lösbarkeitsbedingung

$$-\lambda_{1l}(x_{0l}, v_p) - (Bx_{0l}, v_p) = -\sum_{q=0}^{h-1} c_{0q}[(Bv_q, v_p) + \lambda_{1l}\delta_{pq}] = 0,$$

d. h., $r_0, r_1, \ldots, r_{h-1}$ sind gerade die h Näherungen erster Ordnung des gestörten Eigenwertes. Setzen wir $\lambda_{1l} := \lambda_{1l,p} = r_p$, so finden wir $c_{0q} = 0$ für $q \neq p$ und $c_{0p} = 1$ wegen $(x_{0l}, x_{0l}) = 1$. Somit ergibt sich $x_{0l+p} = v_p$, $\lambda_{1l+p} = \lambda_{1l,p} = r_p$. Dann folgt aus (8) für $m = 1$

$$x_{1l+p} = \sum_{q=0}^{h-1} c_{1q}^{l+p} v_q - R_l B x_{0l+p}. \tag{9}$$

Für die weiteren Rechnungen lassen wir die Nummer der Eigenwerte weg, d. h., wir schreiben $\bar{x}_1$ statt x_{1l+p}, $\bar{\lambda}_1$ statt $\lambda_{1l+p}, \ldots$ Die Lösbarkeitsbedingungen für die $(m+1)$-te Gleichung aus (8) ist

$$(B\bar{x}_m, v_q) + \sum_{s=1}^{m+1} \bar{\lambda}_s(\bar{x}_{m+1-s}, v_q) = \bar{\lambda}_{m+1}\delta_{pq} + \sum_{s=1}^{m} \bar{\lambda}_s(\bar{x}_{m+1-s}, v_q) + (B\bar{x}_m, v_q) = 0$$
$$q = 0, 1, \ldots, h-1, \tag{10}$$

und aus der m-ten Gleichung folgt

$$\bar{x}_m = \sum_{s=0}^{h-1} c_{ms} v_s - R_l B \bar{x}_{m-1} - \sum_{s=1}^{m-1} \bar{\lambda}_s R_l \bar{x}_{m-s}. \tag{11}$$

Berücksichtigt man Gleichung (10) für $q = p$ und Gleichung (11), so erhält man

$$\bar{\lambda}_{m+1} = -\sum_{s=2}^{m} \bar{\lambda}_s(\bar{x}_{m+1-s}, \bar{x}_0) + \sum_{s=1}^{m-1} \bar{\lambda}_s(BR_l\bar{x}_{m-s}, \bar{x}_0) + (BR_l\bar{x}_{m-1}, \bar{x}_0) \tag{12}$$

und für $q \neq p$

$$c_{mq} = \frac{1}{\bar{\lambda}_1 - \lambda_{1l,q}} (BR_lB\bar{x}_{m-1}, v_q) + \sum_{s=1}^{m-1} \bar{\lambda}_s(BR_l\bar{x}_{m-s}, v_q) - \sum_{s=2}^{m} \bar{\lambda}_s(\bar{x}_{m+1-s}, v_q).$$

Aus der Normierungsbedingung $(x_{l+p}, x_{l+p}) = 1$ folgt für $m \geqq 1$: $\sum_{k=0}^{m} (\bar{x}_k, \bar{x}_{m-k}) = 0$. Mit $(\bar{x}_m, \bar{x}_0) = c_{mp}$ aus (11) erhält man

$$c_{mp} = -\frac{1}{2} \sum_{k=1}^{m-1} (\bar{x}_k, \bar{x}_{m-k}).$$

Damit ergibt sich

$$\left.\begin{aligned}
&\bar\lambda_1 = -(B\bar x_0, \bar x_0), \quad \bar\lambda_2 = (BR_l B\bar x_0, \bar x_0), \quad \bar\lambda_{m+1} \text{ aus (12) für } m = 2, 3, \ldots \\
&\bar x_1 = \sum_{\substack{s=0\\ s\neq p}}^{h-1} \frac{(BR_l B\bar x_0, v_s)}{\bar\lambda_1 - \lambda_{1l,s}} - R_l B\bar x_0, \\
&\bar x_m = \sum_{\substack{s=0\\ s\neq p}}^{h-1} \frac{1}{\bar\lambda_1 - \lambda_{1l,s}} \Bigg[(BR_l B\bar x_{m-1}, v_s) + \sum_{t=1}^{m-1} \bar\lambda_t (BR_l \bar x_{m-t}, v_s) \\
&\qquad - \sum_{t=2}^{m} \bar\lambda_t (\bar x_{m+1-t}, v_s)\Bigg] \\
&\qquad - \frac{1}{2} \sum_{k=1}^{m-1} (\bar x_k, \bar x_{m-k})\, \bar x_0 + R_l B\bar x_{m-1} - \sum_{s=1}^{m-1} \bar\lambda_s R_l \bar x_{m-s}, \quad m = 2, 3, \ldots
\end{aligned}\right\} \tag{13}$$

Zur Abschätzung der Konvergenz der gefundenen Entwicklung erhält man aus (12) mit $\alpha := \frac{\|B\|}{d_l}$ sowie $\frac{1}{d_l} |\bar\lambda_p| := \Lambda_p$ für $m \geqq 2$

$$\Lambda_{m+1} \leqq \sum_{s=2}^{m} \|\bar x_{m-s+1}\| (\Lambda_s + \alpha\Lambda_{s-1}) + \alpha^2 \|\bar x_{m-1}\|.$$

Hieraus ergibt sich durch Addition von $\alpha\Lambda_m$

$$W_{m+1} \leqq (\|\bar x_1\| + \alpha)\, W_m + \sum_{s=2}^{m-1} \|\bar x_{m-s+1}\|\, W_s \quad \text{für } m \geqq 2, \tag{14}$$

wenn man $W_1 := \Lambda_1 + 2\alpha$, $W_2 := \Lambda_2 + \alpha\Lambda_1 + \alpha_2$, $W_k := \Lambda_k + \alpha\Lambda_{k-1}$ für $k \geqq 3$ setzt und $\Lambda_k \leqq W_k$ beachtet. Bei Multiplikation von (14) mit $\frac{(h-1)\,d}{e_{lp}}$ und Addition dieser Ungleichung für $m - 1$ erhält man, wenn man noch $\frac{1}{2}\eta_s := \frac{(h-1)\,d}{e_{lp}} W_{s+1} + W_s$ für $s \geqq 1$ setzt,

$$\eta_m \leqq (\|\bar x_1\| + \alpha)\, \eta_{m-1} + \sum_{s=2}^{m-1} \|\bar x_{m-s+1}\|\, \eta_{s-1}, \qquad m \geqq 3. \tag{15}$$

Diese Ungleichung gilt auch für $m = 2$, denn aus $\Lambda_2 + \frac{1}{d} |\bar\lambda_2| \leqq \alpha^2$ und $\Lambda_1 = \frac{1}{d} |\bar\lambda_1| \leqq \alpha$ (vgl. (13)) folgt $W_2 \leqq (\|\bar x_1\| + \alpha)\, W_1$. Mit (14) für $m = 2$ ergibt sich dann (15) für $m = 2$. Durch eine einfache Abschätzung folgt aus (13)

$$\|\bar x_m\| \leqq \frac{1}{2} \sum_{s=2}^{m} \eta_{s-1} \|\bar x_{m-s+1}\| + \frac{1}{2} \sum_{s=2}^{m-1} \|\bar x_{m-s}\|\, \|\bar x_s\|, \tag{16}$$

wenn man die Ungleichungen $\Lambda_1 + \alpha \leqq W_1$, $\Lambda_s \leqq W_s$ berücksichtigt. Vereinbart man noch $\|\bar x_s\| = q_s$ für $s \geqq 2$ und $\|\bar x_1\| + \alpha = q_1$, so ist nach (15) und (16)

$$\begin{aligned}
\eta_m &\leqq \sum_{s=1}^{m-1} q_{m-s}\eta_s, \\
q_m &\leqq \frac{1}{2} \sum_{s=1}^{m-1} q_{m-s}\eta_s + \frac{1}{2} \sum_{s=1}^{m-1} q_{m-s} q_s \quad \text{für } m = 2, 3, \ldots
\end{aligned}$$

Für q_1, η_1 gilt

$$q_1 \leqq \alpha\left(2 + \frac{(h-1)\,d}{e_{lp}}\,\alpha\right), \quad \eta_1 \leqq 6\alpha\left(2 + \frac{(h-1)\,d}{e_{lp}}\,\alpha\right)$$

und mit $D_{lp} := 24\alpha\left(2 + \frac{(h-1)\,d}{e_{lp}}\,\alpha\right)$ dann

$$q_1 \leqq \frac{1}{4} D_{lp}, \quad \eta_1 \leqq \frac{1}{4} D_{lp}.$$

Für die mit $x_1 = y_1 = \frac{1}{4} D_{lp}$ durch

$$y_m = \sum_{s=1}^{m-1} y_s x_{m-s}, \quad x_m = \frac{1}{2}\sum_{s=1}^{m-1} y_s x_{m-s} + \frac{1}{2}\sum_{s=1}^{m-1} x_s x_{m-s}$$

definierten Folgen $\{x_m\}$, $\{y_m\}$ ist $y_m \geqq \eta_m$, $x_m \geqq q_m$, $x_m = y_m$ für $m = 1, 2, \ldots$ Aus $f(z) = \sum_{s=1}^{\infty} y_s z^s$ folgt

$$f^2(z) = \sum_{s=2}^{\infty}\left(\sum_{t=1}^{s-1} y_t y_{s-t}\right) z^s = f(z) - \frac{1}{4} D_{pl} z,$$

also

$$f(z) = \frac{1}{2}\left(1 - \sqrt{1 - D_{pl} z}\right) = \frac{1}{2}\sum_{s=1}^{\infty}\left|\binom{1/2}{s}\right| D_{lp}^s z^s.$$

Hieraus ergibt sich $y_s = \frac{1}{2}\left|\binom{1/2}{s}\right| D_{lp}^s$ und folglich

$$\|\bar{x}_s\| \leqq \frac{1}{2}\left|\binom{1/2}{s}\right| D_{lp}^s, \quad |\bar{\lambda}_s| \leqq \frac{1}{2}\, d_l \left|\binom{1/2}{s}\right| D_{lp}^s \frac{1}{1 + \frac{(h-1)\,d}{e_{lp}}}$$

und damit für $D_{lp} < 1$ die Behauptung des Satzes und der Bemerkung, denn die in Abschnitt 2 hergeleitete Entwicklung für λ_{l+p} stimmt wegen der Eindeutigkeit mit der in diesem Beweis angegebenen Entwicklung überein.

4. Anwendungen und Beispiele

4.1. Ein wichtiger Spezialfall ergibt sich für $h = 2$. In diesem Fall lassen sich $\bar{\lambda}_{1l,0}$ und $\bar{\lambda}_{1l,1}$ explizit aufschreiben:

$$\bar{\lambda}_{1l,0/1} = -\frac{\bar{J}_{1n-1}}{2\bar{J}_{0n-1}} \pm \frac{1}{2}\sqrt{\left(\frac{\bar{J}_{1n-1}}{\bar{J}_{0n-2}}\right)^2 - 4\,\frac{\bar{J}_{2n}}{\bar{J}_{0n-2}}}.$$

Die auftretenden $\tilde{J}_{ki}$ können mit den in [2] angegebenen Ausdrücken leicht berechnet werden. Für $p = 3$ erhält man aus (5)

$$\tilde{\lambda}_{2l,0/1} = \frac{\pm 1}{\tilde{J}_{0n-2}\sqrt{\left(\frac{\tilde{J}_{1n-1}}{\tilde{J}_{0n-2}}\right)^2 - 4\frac{\tilde{J}_{2n}}{\tilde{J}_{0n-2}}}} \times \{\tilde{J}_{3n} + \tilde{\lambda}_{1l,0/1}\tilde{J}_{2n-1} + \tilde{\lambda}^2_{1l,0/1}\tilde{J}_{1n-2} + \tilde{\lambda}^3_{1l,0/1}\tilde{J}_{0n-3}\}.$$

Damit erhalten wir die Entwicklung

$$\lambda_{l+p}(\omega) = \mu_l - \tilde{\lambda}_{1l,p} - \tilde{\lambda}_{2l,p} - \cdots - , \qquad p = 0, 1,$$

woraus gewisse statistische Charakteristiken ermittelt werden können. Setzt man die erste Näherung von $\lambda_{l+p}(\omega)$ als $\lambda^{\mathrm{I}}_{l+p} := \mu_l - \tilde{\lambda}_{1l,p}$, so folgt

$$\langle\lambda_{l+p}(\omega)\rangle \approx \langle\lambda^{\mathrm{I}}_{l+p}(\omega)\rangle = \mu_l \mp \frac{1}{2\,|\tilde{J}_{0n-2}|}\left\langle\sqrt{\tilde{J}^2_{1n-1} - 4\tilde{J}_{2n}\tilde{J}_{0n-2}}\right\rangle.$$

Mit $X := \tilde{J}^2_{1n-1} - 4\tilde{J}_{2n}\tilde{J}_{0n-2} \geqq 0$ f. ü. berechnet sich der Erwartungswert der ersten Näherung als

$$\langle\lambda^{\mathrm{I}}_{l+p}\rangle = \mu_l \mp \frac{1}{2\,|\tilde{J}_{0n-2}|}\sqrt{\langle X\rangle}\left[\sum_{\nu=0}^{n}\binom{1/2}{\nu}\left\langle\left(\frac{X - \langle X\rangle}{\langle X\rangle}\right)^{\nu}\right\rangle + \binom{1/2}{n+1}\left\langle\left(\frac{X - \langle X\rangle}{\langle X\rangle}\right)^{n+1}\left\{1 + \vartheta(\omega)\,\frac{X - \langle X\rangle}{\langle X\rangle}\right\}^{-\frac{2n+1}{2}}\right\rangle\right]$$

mit $0 < \vartheta(\omega) < 1$ f. ü. Bei n ungerade ist $\binom{1/2}{n+1} < 0$ und $\left(\frac{X - \langle X\rangle}{\langle X\rangle}\right)^{n+1} \times\left\{1 + \vartheta(\omega)\,\frac{X - \langle X\rangle}{\langle X\rangle}\right\}^{-\frac{2n+1}{2}} \geqq 0$, f. ü., und wir erhalten als Abschätzungen für die Erwartungswerte der ersten Näherungen $\langle\lambda_l^{\mathrm{I}}\rangle \geqq \mu_l - A_{lk}$, $\langle\lambda^{\mathrm{I}}_{l+1}\rangle \leqq \mu_l + A_{lk}$ mit

$$A_{lk} := \frac{1}{2\,|\tilde{J}_{0n-2}|}\sqrt{\langle X\rangle}\sum_{\nu=0}^{2k+1}\binom{1/2}{\nu}\left\langle\left(\frac{X - \langle X\rangle}{\langle X\rangle}\right)^{\nu}\right\rangle \quad \text{für} \quad k = 0, 1, 2, \ldots \tag{17}$$

Dabei konvergieren die rechten Seiten gegen den Erwartungswert von $\lambda_l{}^{\mathrm{I}}$ bzw. $\lambda^{\mathrm{I}}_{l+1}$, falls $|X - \langle X\rangle| < \langle X\rangle$ f. ü. gilt. Dies ist etwa erfüllt, wenn $X \in [0, 1]$ f. ü. und $\langle X\rangle \geqq \frac{1}{2}$.

Geht man bei der Berechnung der Eigenwerte von der Form aus, in der A_0 auf Diagonalgestalt transformiert wurde, d. h.

$$C\big(\tilde{A}_0 + B(\omega)\big)\,C^{\mathrm{T}} = \big((\mu_i - \mu_l)\,\delta_{ij}\big)_{1\leqq i,j\leqq n} + \hat{B}(\omega)$$

mit $\hat{B}(\omega) = \big(\hat{b}_{ij}(\omega)\big)_{1\leqq i,j\leqq n}$, $C = (c_{ij})_{1\leqq i,j\leqq n}$, $\hat{b}_{ij}(\omega) = \sum_{s,t=1}^{n} c_{is}c_{jt}b_{st}(\omega)$, dann ergeben sich als Näherungsglieder der Eigenwerte λ_{l+p}

$$\tilde{\lambda}_{1l,0/1}(\omega) = -\frac{1}{2}(\hat{b}_{ll} + \hat{b}_{l+1l+1}) \pm \frac{1}{2}\sqrt{(\hat{b}_{ll} - \hat{b}_{l+1l+1})^2 + 4\hat{b}_{ll+1}^2},$$

$$\tilde{\lambda}_{2l,0/1}(\omega) = \frac{1}{2}\sum_{\substack{p \neq l,l+1 \\ p=1}}^{n} \frac{\hat{b}_{pl+1}^2 + \hat{b}_{pl}^2}{\mu_p - \mu_l} \mp \frac{2}{\sqrt{(\hat{b}_{ll} - \hat{b}_{l+1l+1})^2 + 4\hat{b}_{ll+1}^2}}$$

$$\times \left\{\hat{b}_{ll+1} \sum_{\substack{p \neq l,l+1 \\ p=1}}^{n} \frac{\hat{b}_{pl}\hat{b}_{pl+1}}{\mu_p - \mu_l} + \frac{1}{4}(\hat{b}_{l+1l+1} - \hat{b}_{ll}) \sum_{\substack{p \neq l,l+1 \\ p=1}}^{n} \frac{\hat{b}_{pl+1}^2 - \hat{b}_{pl}^2}{\mu_p - \mu_l}\right\}. \quad (18)$$

Zu Fragen der Verteilung von $\lambda_{1l,p}$ als Nullstelle eines zufälligen Polynoms vergleiche man bei A. T. Bharucha-Reid [3], J. W. Hamblen [4] und J. Hammersley [5]. Die in diesen Arbeiten erzielten Ergebnisse sind mehr von theoretischem Interesse und gestatten numerische Berechnungen des Erwartungswertes und anderer statistischer Charakteristiken nur in wenigen Fällen.

4.2. Für die betrachtete Klasse von Aufgaben soll ein einfaches numerisches Beispiel betrachtet werden. Es sei A_0 die Diagonalmatrix $A_0 = \begin{pmatrix} -1 & 0 & 0 \\ 0 & 1 & 0 \\ 0 & 0 & 1 \end{pmatrix}$, und es sei $B = \begin{pmatrix} 0 & b_{12} & 0 \\ b_{12} & b_{22} & b_{23} \\ 0 & b_{32} & b_{33} \end{pmatrix}$. Die b_{ij} seien unabhängig und $b_{ij} = \pm\eta$ $(\eta > 0)$ mit $P(b_{ij} = \eta) = P(b_{ij} = -\eta) = \frac{1}{2}$. Die Matrix A_0 hat die Eigenwerte $\mu_1 = -1$, $\mu_2 = \mu_3 = 1$. Die Entwicklungen

$$\lambda_{2+p}(\omega) = \mu_2 - \sum_{k=1}^{\infty} \lambda_{k2,p}(\omega), \qquad p = 0, 1, \quad (19)$$

konvergieren wegen $e_{20} = e_{21} = |\lambda_{12,0} - \lambda_{12,1}| = \sqrt{(b_{22} - b_{33})^2 + 4b_{23}^2} \geqq 2\eta$, $d_2 = |\mu_2 - \mu_1| = 2$, $\|B\| \leqq \sqrt{6}\,\eta$ für solche η, für die $D_{20/1} = 6\sqrt{6}\left(\sqrt{6} + 4\right)\eta < 1$ gilt, also für $0 < \eta < 0{,}01054$.

Da die Abschätzungen zu dem Konvergenzsatz in Abschnitt 3 relativ großzügig gehandhabt wurden, wird das Konvergenzgebiet für die Entwicklungen (19) im allgemeinen größer sein, als in diesem Satz angegeben wurde. Das Wesentliche des Konvergenzsatzes ist die Konvergenz der dort angegebenen Entwicklungen überhaupt für kleine Werte der $b_{ij}(\omega)$. Einige numerische Rechnungen für das obige Beispiel werden diese Bemerkungen unterstützen, da man in diesem Fall zum Vergleich auch die exakten Erwartungswerte durch Berechnungen der Realisierungen bestimmen kann.

Aus (18) folgt für unser Beispiel

$$\langle\lambda_{12,0/1}\rangle = \pm\frac{1}{2}\left\langle\sqrt{(b_{22} - b_{33})^2 + 4b_{23}^2}\right\rangle,$$

$$\langle\lambda_{22,0/1}\rangle = -\frac{1}{4}\langle b_{12}^2\rangle \quad (20)$$

wegen der Unabhängigkeit der b_{ij}. Aus [2] folgt

$$\langle \lambda_{11} \rangle = 0, \qquad \langle \lambda_{21} \rangle = \frac{1}{2} \langle b_{21}^2 \rangle.$$

Setzt man $\langle \lambda_l^{\mathrm{I}} \rangle = \mu_l - \langle \lambda_{1l} \rangle$, $\langle \lambda_l^{\mathrm{II}} \rangle = \mu_l - \langle \lambda_{1l} \rangle - \langle \lambda_{2l} \rangle$, so zeigt der folgende Vergleich mit den exakten Werten die gute Approximation von $\langle \lambda_l^{\mathrm{I}} \rangle$ bzw. $\langle \lambda_l^{\mathrm{II}} \rangle$ für $\langle \lambda_l \rangle$ auch für Werte von η, die aus dem durch obigen Konvergenzsatz angegebenen Konvergenzgebiet herausfallen:

	i	$\langle \lambda_i \rangle$	$\langle \lambda_i^{\mathrm{I}} \rangle$	$\langle \lambda_i^{\mathrm{II}} \rangle$
$\eta = 0{,}01$	1	$-1{,}00005$	$-1{,}00000$	$-1{,}00005$
	2	0,98793	0,98791	0,98794
	3	1,01209	1,01207	1,01209
$\eta = 0{,}1$	1	$-1{,}00501$	$-1{,}00000$	$-1{,}00500$
	2	0,88193	0,87928	0,88178
	3	1,12308	1,12071	1,12321
$\eta = 0{,}1$	1	$-1{,}02019$	$-1{,}00000$	$-1{,}02000$
	2	0,76972	0,75857	0,76587
	3	1,25048	1,24142	1,25142

Betrachtet man das obige Beispiel für den Fall, daß die Störungen b_{ij} die Werte $\pm\eta$ und 0 mit den Wahrscheinlichkeiten $P(b_{ij} = \eta) = P(b_{ij} = -\eta) = P(b_{ij} = 0) = 1/3$ annehmen können, so ergeben sich mit Hilfe der Ergebnisse aus den Störungsuntersuchungen recht gute Resultate, obwohl in diesem Fall strenge Konvergenzaussagen nicht getroffen werden können. Dies liegt an $e_{20} = e_{21} = 0$ etwa für die Realisierungen mit $b_{22} = b_{33}$, $b_{23} = 0$. Wir erhalten bei $\eta = 0{,}1$:

i	$\langle \lambda_i \rangle$	$\langle \lambda_i^{\mathrm{I}} \rangle$	$\langle \lambda_i^{\mathrm{II}} \rangle$
1	$-1{,}00334$	$-1{,}00000$	$-1{,}00333$
2	0,91044	0,90888	0,91055
3	1,09290	1,09111	1,09278

Schon bei recht einfachen Verteilungen macht die Berechnung des Erwartungswertes einer Wurzelfunktion wie etwa in (20) Schwierigkeiten, und man muß diesen Ausdruck näherungsweise berechnen. Es ist

$$\langle \sqrt{X} \rangle \leqq \sqrt{\langle X \rangle} \sum_{\nu=0}^{2k+1} \binom{1/2}{\nu} \left\langle \left(\frac{X - \langle X \rangle}{\langle X \rangle} \right)^{\nu} \right\rangle.$$

Für $X = (b_{22} - b_{33})^2 + 4b_{23}^2$ erhalten wir

$$\langle \lambda_2^{\mathrm{I}} \rangle \geqq \mu_2 - A_{2k}, \qquad \langle \lambda_2^{\mathrm{II}} \rangle \leqq \mu_2 + A_{2k}$$

mit

$$A_{2k} = \frac{1}{2} \sqrt{\langle X \rangle} \sum_{\nu=0}^{2k+1} \binom{1/2}{\nu} \left\langle \left(\frac{X - \langle X \rangle}{\langle X \rangle} \right)^{\nu} \right\rangle.$$

Da in unserem Beispiel $\langle X\rangle = 6\eta^2$ und $\left|\dfrac{X-\langle X\rangle}{\langle X\rangle}\right| \leqq \dfrac{1}{3}$ ist, konvergiert $\mu_2 - A_{2k}$ gegen $\langle\lambda_2{}^{\mathrm{I}}\rangle$ bei $k \to \infty$ und $\mu_2 + A_{2k}$ gegen $\langle\lambda_3{}^{\mathrm{I}}\rangle$. Wir haben

$$\left\langle\left(\frac{X-\langle X\rangle}{\langle X\rangle}\right)^{\nu}\right\rangle = \begin{cases} \left(\dfrac{1}{3}\right)^{\nu}, & \nu \text{ gerade,} \\ 0, & \nu \text{ ungerade,} \end{cases}$$

und damit

$$\langle\lambda_{2/3}^{\mathrm{I}}\rangle = \mu_2 \pm \frac{\sqrt{6}}{2}\,\eta \sum_{\nu=0}^{\infty} \binom{1/2}{2\nu}\left(\frac{1}{3}\right)^{2\nu}.$$

4.3. Wir untersuchen nun ein Beispiel einer gestörten Diagonalmatrix mit mehrfachen Eigenwerten, wobei die Störungen stetig verteilt sind. Speziell wählen wir das Beispiel aus 4.2. mit wiederum unabhängigen b_{ij} und b_{22}, b_{33}, b_{12} gleichverteilt in $[-d, d]$, b_{23} gleichverteilt in $I_r := \left[-d, -\dfrac{d}{r}\right] \cup \left[\dfrac{d}{r}, d\right]$ mit $r > 1$.

Bei diesen Voraussetzungen erhält man die Konvergenz der Entwicklung ($s = 0, 1$)

$$\lambda_{l+s}(\omega) = \mu_l - \sum_{k=1}^{\infty} \lambda_{kl,s}(\omega) \quad \text{f. ü.}$$

nach dem im Abschnitt 3 angegebenen Satz für solche d, bei denen

$$D_{2s} < 12\sqrt{6}\, d\left(\frac{1}{2}\sqrt{6}\, r + 2\right) < 1$$

ausfällt, also für $d < \left[6\sqrt{6}\left(\sqrt{6}\, r + 4\right)\right]^{-1}$. Dazu beachte man

$$e_{2s} = \left((b_{22} - b_{33})^2 + 4b_{23}^2\right)^{1/2} \geqq 2\,\frac{d}{r} \qquad \text{und} \qquad \|B\| \leqq \sqrt{6}\, d.$$

Es ist folglich

$$\langle\lambda_{2+s}(\omega)\rangle = \mu_2 - \sum_{k=1}^{\infty} \langle\lambda_{k2,s}(\omega)\rangle,$$

da $\langle D_{2s}^{m+1}\rangle = D_{2s}^{m+1}$ gegen null konvergiert für $m \to \infty$. Mit (18) ist

$$\langle\lambda_{2+s}(\omega)\rangle = \mu_2 \mp \frac{1}{2}\left\langle\sqrt{(b_{22}-b_{33})^2 + 4b_{23}^2}\right\rangle + \frac{1}{4}\langle b_{12}^2\rangle$$

$$\pm \left\langle\frac{b_{12}^2(b_{33}-b_{22})}{4\sqrt{(b_{22}-b_{33})^2 + 4b_{23}^2}}\right\rangle \pm \cdots \qquad \text{für} \quad s = 0, 1.$$

Die Erwartungswerte berechnen sich mit den über die b_{ij} gemachten Voraussetzungen als

$$\left\langle\sqrt{(b_{22}-b_{33})^2+4b_{23}^2}\right\rangle = \frac{1}{8d^3\left(1-\frac{1}{r}\right)}\int_{-d}^{d}\int_{-d}^{d}\int_{I_r}\sqrt{(x_1-x_2)^2+4x_3{}^2}\,dx_3\,dx_2\,dx_1,$$

$$\langle b_{12}^2\rangle = \frac{1}{2d}\int_{-d}^{d} x^2\,dx = \frac{1}{3}\,d^2, \qquad \left\langle\frac{b_{12}^2(b_{33}-b_{22})}{4\sqrt{(b_{22}-b_{33})^2+4b_{23}^2}}\right\rangle = 0.$$

Um den Erwartungswert von $\sqrt{X}$ mit $X = (b_{22}-b_{33})^2 + 4b_{23}^2$ abschätzen zu können, benutzen wir (17). Die Momente von X erhält man aus

$$\langle X^k\rangle = \frac{1}{8d^3\left(1-\frac{1}{r}\right)}\int_{-d}^{d}\int_{-d}^{d}\int_{I_r}[(x_1-x_2)^2+4x_3{}^2]^k\,dx_3\,dx_2\,dx_1$$

$$= \frac{1}{8d^3\left(1-\frac{1}{r}\right)}\sum_{p=0}^{k}\binom{k}{p}4^{k-p}\int_{-d}^{d}\int_{-d}^{d}\int_{I_r}(x_1-x_2)^{2p}\,x_3{}^{2(k-p)}\,dx_3\,dx_2\,dx_1$$

$$= \frac{2r}{r-1}\,(2d)^{2k}\,C_k$$

mit

$$C_k := \sum_{p=0}^{k}\binom{k}{p}\frac{1}{(2k-2p+1)\,(2p+1)\,(2p+2)}\left(1-r^{2p-2k-1}\right).$$

(17) liefert in bezug auf $\sqrt{X}$ mit $r = 10$:

k	obere Schranke für $\left\langle\sqrt{X}\right\rangle$
0	$1{,}4652d$
1	$1{,}4010d$
2	$1{,}3936d$
3	$1{,}4024d$
4	$1{,}4441d$

Also gilt $\left\langle\sqrt{X}\right\rangle \leqq 1{,}3936d$ und folglich

$$\langle\lambda_2{}^{\mathrm{II}}(\omega)\rangle \geqq 1 - 0{,}6968d + 0{,}8333d^2,$$

$$\langle\lambda_3{}^{\mathrm{II}}(\omega)\rangle \leqq 1 + 0{,}6968d + 0{,}8333d^2.$$

Die Varianz von $\lambda_2(\omega)$ und $\lambda_3(\omega)$ bis zu Gliedern 2. Ordnung berechnet sich aus

$$\operatorname{var}\lambda_{2+s}(\omega) = \left\langle(\lambda_{2+s}-\langle\lambda_{2+s}\rangle)^2\right\rangle = \left\langle(\lambda_{12,s}-\langle\lambda_{12,s}\rangle)^2\right\rangle = \langle\lambda_{12,s}^2\rangle - \langle\lambda_{12,s}\rangle^2$$

mit

$$\langle \lambda_{12,s}^2 \rangle = \frac{1}{4} \langle (b_{22} + b_{33})^2 \rangle \mp \frac{1}{2} \left\langle (b_{22} + b_{33}) \sqrt{X} \right\rangle + \frac{1}{4} \langle X \rangle = 0{,}7033\, d^2$$

wegen $\left\langle (b_{22} + b_{33}) \sqrt{X} \right\rangle = 0$. Die Varianz bis zu Gliedern 2. Ordnung genügt also den Abschätzungen $\operatorname{var} \lambda_2 = \operatorname{var} \lambda_3 \geqq 0{,}2177\, d^2$. Ähnliche Betrachtungen lassen sich auch durchführen, wenn A_0 nicht Diagonalmatrix ist.

Literatur

[1] RELLICH, F., Störungstheorie der Spektralzerlegung. I. Mitteilung: Math. Ann. **113** (1937), 600–619; II. Mitteilung: Math. Ann. **113** (1937), 685; III. Mitteilung: Math. Ann. **116** (1939), 555–570; IV. Mitteilung: Math. Ann. **117** (1940), 356–382.

[2] PURKERT, W., und J. VOM SCHEIDT, Eine Störungsrechnung für die Eigenwerte und Eigenvektoren zufälliger Matrizen. Beiträge zur Analysis **11** (1978), 113–135.

[3] BHARUCHA-REID, A. T., Random algebraic equations. Prob. Methods appl. Math. **2** (1970), 1–52.

[4] HAMBLEN, J. W., Distribution of roots of quadratic equations with random coefficients. Ann. Math. Statist. **13** (1942), 235–238.

[5] HAMMERSLEY, J., The zeros of a random polynomial. In: Proc. 3rd Berkeley Sympos. Math. Statist. and Prov. 1955. Vol. II. Univ. of California Press, Berkeley, Calif., 1956, p. 89–111.

Manuskripteingang: 10. 12. 1979

VERFASSER:

Dr. sc. WALTER PURKERT, Karl-Sudhoff-Institut der Karl-Marx-Universität Leipzig,
Dr. sc. JÜRGEN VOM SCHEIDT, Abteilung Mathematik/Naturwissenschaften der Ingenieurhochschule Zwickau

Beiträge zur Numerischen Mathematik
10 (1981), 153–168

Numerische Lösung von steifen Differentialgleichungssystemen 1. Ordnung mittels Störansatz

Karl Strehmel

1. Einleitung

Betrachtet wird das Anfangswertproblem

$$y_i' = f_i(x, y_1, \ldots, y_n), \qquad y_i(x_0) = y_{i0}, \qquad i = 1, 2, \ldots, n,$$

für ein System von n Differentialgleichungen 1. Ordnung in einem kompakten Intervall $V := [x_0, x_e]$ der reellen Zahlengeraden, wobei vorausgesetzt wird, daß die notwendigen Bedingungen für eine eindeutige Lösung des Problems erfüllt sind. Zur Vereinfachung wird im weiteren die übliche Vektorschreibweise benutzt, in der sich das Problem in der Form

$$y' = f(x, y), \tag{1.1}$$

$$y(x_0) = y_0 \tag{1.2}$$

darstellt, wenn y und f n-dimensionale Vektoren bedeuten, deren Komponenten die Funktionen y_i bzw. f_i sind.

Für das in der vorliegenden Arbeit dargelegte Diskretisierungsverfahren wird zunächst wie üblich das Gesamtintervall V in Teilintervalle V_ν der Länge h_ν, $\nu = 0, 1, \ldots, N$, zerlegt. In jedem Intervall V_ν wird dann das Differentialgleichungssystem (1.1) in einen linearisierten Teil und in einen (im allgemeinen nichtlinearen) Störanteil aufgespalten. Das linearisierte Differentialgleichungssystem wird analytisch gelöst, für dessen Lösung dann eine geeignete numerisch stabile Approximation angegeben wird. Das Stördifferentialgleichungssystem wird numerisch gelöst. Durch geschickte Aufspaltung läßt sich erreichen, daß die Eigenwerte der Jacobi-Matrix des Stördifferentialgleichungssystems in einer Umgebung des jeweiligen „Anfangspunktes" von erster Ordnung klein werden. Die für die Stabilität eines numerischen Verfahrens notwendige Schrittweite ist nun bekanntlich proportional zum betragsgrößten Kehrwert dieser Eigenwerte. Somit kann das Stördifferentialgleichungssystem bei „stiff equations" mit einer gegenüber dem Ausgangssystem (1.1) wesentlich größeren Schrittweite mittels eines beliebigen Diskretisierungsverfahrens numerisch stabil gelöst werden. Die Konsistenzordnung des Gesamtverfahrens ist dabei bestimmt durch die Ordnung der approximierten Lösung des linearen Systems und der Ordnung des verwendeten Diskretisierungsverfahrens. Somit lassen sich Verfahren von beliebiger Ordnung konstruieren. Es existieren A-, L- und S-stabile Algorithmen.

Abschließend geben wir einige numerische „stiff"-Beispiele. Die erzielten Resultate werden verglichen mit denen, die sich nach dem Lawson-Verfahren (vgl. GRIGORIEFF [2]) und dem zweistufigen Rosenbrock-Verfahren dritter Ordnung (vgl. LAPIDUS/SEINFELD [3]) ergeben.

2. Störansatz und Restproblem

Zur Lösung von (1.1); (1.2) wird das vorgegebene Differentialgleichungssystem (1.1) im Diskretisierungsintervall V_0 in der Form

$$y' = J_0 y + b_0 + g(x, y) \tag{2.1}$$

geschrieben. Dabei bezeichnet J_0 die Jacobi-Matrix von $f(x_0, y_0)$ im Anfangspunkt x_0, y_0, und für den konstanten Vektor b_0 gilt

$$b_0 = f_0 - f_y(x_0, y_0) \cdot y_0, \qquad f_0 = f(x_0, y_0).$$

Wegen (1.1) ist dann der Vektor $g(x, y)$ in (2.1) durch

$$g(x, y) = f(x, y) - f_y(x_0, y_0) \cdot (y - y_0) - f_0 \tag{2.2}$$

definiert.

Unter der Voraussetzung, daß $f(x, y(x))$ in V genügend oft partiell nach x und y differenzierbar ist, folgt mit

$$f(x, y(x)) = f_0 + (f_x + f_y f_0)(x - x_0) + O((x - x_0)^2) \qquad (x \to x_0) \tag{2.3}$$

und

$$y(x) = y_0 + y'(x_0)(x - x_0) + O((x - x_0)^2) \qquad (x \to x_0),$$

wobei die partiellen Ableitungen im Punkt (x_0, y_0) zu nehmen sind, aus (2.2)

$$g(x, y(x)) = f_x \cdot (x - x_0) + O((x - x_0)^2) \qquad (x \to x_0).^{1)} \tag{2.4}$$

Weiterhin erhält man nach (2.2)

$$g_y(x, y) = f_y(x, y) - f_y(x_0, y_0),$$

und wegen

$$f_y(x, y(x)) = f_y(x_0, y_0) + Df_y \cdot (x - x_0) + O((x - x_0)^2) \qquad (x \to x_0),$$

wobei D den linearen Differentialoperator

$$D = \frac{\partial}{\partial x} + \sum_{i=1}^{n} f_i \frac{\partial}{\partial y_i}$$

mit

$$D^l f = D(D^{l-1} f), \qquad l = 1, 2, \ldots, \qquad D^0 f = f$$

[1]) Das Landau-Symbol repräsentiert je nach Verwendung eine skalare Größe, einen Vektor oder eine Matrix.

bezeichnet, gilt dann auch

$$g_y(x, y(x)) = Df_y \cdot (x - x_0) + O((x - x_0)^2) \qquad (x \to x_0), \tag{2.5}$$

so daß die Funktion $g(x, y)$ und deren Funktionalmatrix $g_y(x, y)$ im Anfangspunkt x_0, y_0 von erster Ordnung in $(x - x_0)$ verschwinden.

Für die Lösung $y(x)$ von (1.1), (1.2) wird jetzt der Ansatz

$$y(x) = u(x) + H(x) \cdot w(x)$$

gemacht, der das Anfangswertproblem (2.1); (1.2) im Teilintervall V_0 in

$$\begin{aligned} u'(x) + H'(x)\, w(x) + H(x)\, w'(x) &= J_0 \cdot (u(x) + H(x)\, w(x)) + b_0 \\ &\quad + g(x, u(x) + H(x)\, w(x)), \\ u(x_0) + H(x_0) \cdot w(x_0) &= y_0 \end{aligned} \tag{2.6}$$

überführt. Hiervon wird zunächst das lineare Anfangswertproblem

$$\begin{aligned} u'(x) &= J_0 \cdot u(x) + b_0, \\ u(x_0) &= y_0 \end{aligned}$$

abgespalten. Von dem verbleibenden Restproblem

$$\begin{aligned} H'(x) \cdot w(x) + H(x) \cdot w'(x) &= J_0 \cdot H(x) \cdot w(x) \\ &\quad + g(x, u(x) + H(x) \cdot w(x)), \\ H(x_0) \cdot w(x_0) &= 0 \end{aligned} \tag{2.7}$$

spalten wir noch das homogene Matrix-Problem

$$H'(x) = J_0 \cdot H(x)$$

ab, dessen Lösung bei vorgegebenen Anfangsdaten ebenfalls analytisch möglich ist, so daß die vektorwertige Funktion $w(x)$ dem Differentialgleichungssystem erster Ordnung

$$w'(x) = H^{-1}(x) \cdot g(x, y(x))$$

genügt. Legen wir nun die Anfangswerte für die Lösungsmatrix $H(x)$ ohne Beschränkung der Allgemeinheit durch

$$H(x_0) = I$$

fest, wobei I die n-reihige Einheitsmatrix bezeichnet, so ist die Matrix $H(x)$ im Diskretisierungsintervall $V_0 := [x_0, x_0 + h_0]$ regulär. Nach (2.7) sind dann die Anfangswerte für die vektorwertige Funktion $w(x)$ durch

$$w(x_0) = 0$$

festgelegt.

Mittels des heuristisch aufgebauten Ansatzes

$$y(x) = u(x) + H(x) \cdot w(x) \tag{2.8}$$

zerfällt somit das Problem (2.1); (1.2) im Teilintervall V_0 in die drei Anfangswertprobleme

$$u'(x) = J_0 \cdot u(x) + b_0, \qquad u(x_0) = y_0, \tag{2.9}$$

$$H'(x) = J_0 \cdot H(x), \qquad H(x_0) = I, \tag{2.10}$$

$$w'(x) = H^{-1}(x) \cdot g\big(x, u(x) + H(x) \cdot w(x)\big) =: F(x, w), \quad w(x_0) = 0. \tag{2.11}$$

Die Jacobi-Matrix $F_w(x, w)$ des Systems (2.11) ist dabei durch

$$F_w(x, w) = H^{-1}(x) \cdot g_y\big(x, y(x)\big) \cdot H(x) \tag{2.12}$$

gegeben, so daß die beiden Matrizen g_y und F_w einander ähnlich sind. Auf Grund von (2.5) ist F_w im Anfangspunkt (x_0, y_0) gleich der Nullmatrix, somit verschwinden auch die Eigenwerte von F_w im Punkt (x_0, y_0) und bleiben in einer Umgebung von (x_0, y_0) von erster Ordnung klein in $x - x_0$. Das Stördifferentialgleichungssystem (2.11) läßt sich folglich mit einer relativ großen Schrittweite numerisch lösen, ohne dabei Stabilität der Näherung zu verlieren.

3. Numerisches Lösungsverfahren

Die analytische Lösung des Anfangswertproblems (2.9) kann in V_0 in der Form

$$u(x) = y_0 + (x - x_0) \cdot e_1\big(J_0 \cdot (x - x_0)\big) f_0 \tag{3.1}$$

dargestellt werden, wobei die Matrizenfunktion $e_1(B)$, $B := J_0 \cdot (x - x_0)$, durch

$$e_1(B) := \begin{cases} [e_0(B) - I]\, B^{-1} & \text{für } \det(B) \neq 0 \\ I & \text{für } B = 0 \end{cases} = \sum_{l=0}^{\infty} \frac{1}{(l+1)!} B^l \tag{3.2}$$

mit $e_0(B) = \exp(B)$ definiert ist.

Eine derartige Ermittlung der Matrizenfunktion $e_1(B)$ erfordert aber die Bereitstellung der Exponentialmatrix $e_0(B)$ bzw. die Berechnung einer Matrixreihe, die an einer geeigneten Stelle abzubrechen ist. Vom rechenökonomischen Standpunkt, vor allem bei großen Systemen — wenn man von Spezialfällen absieht, in denen das System eine besonders einfache Struktur aufweist — ist eine derartige Vorgehensweise im allgemeinen kaum vertretbar. Daher benutzen wir im folgenden für die Exponentialmatrix $e_0(B)$ eine Padé-Approximation $R^0_{jk}(B)$. Es ist

$$e_0(B) \approx R^0_{jk}(B) := Q^{-1}_{jk}(B) \cdot P_{jk}(B), \qquad j, k = 0, 1, \ldots, \tag{3.3}$$

mit

$$Q_{jk}(B) = \sum_{l=0}^{j} q_l B^l, \qquad P_{jk}(B) = \sum_{l=0}^{k} p_l B^l,$$

wobei die Koeffizienten q_l und p_l durch

$$q_l = (-1)^l \frac{j!(j+k-l)!}{(j-l)!\; l!(j+k)!}, \qquad p_l = \frac{k!(k+j-l)!}{(k-l)!\; l!(k+j)!}$$

gegeben sind. Aus (3.2) erhält man dann mit (3.3) für $e_1(B)$ die Approximation

$$e_1(B) \approx [R^0_{jk}(B) - I]\, B^{-1} =: R^1_{jk}(B). \tag{3.4}$$

Da für die Padé-Approximation $R_{jk}^0(B)$

$$\|e_0(B) - R_{jk}^0(B)\| = O\big((x - x_0)^{j+k+1}\big) \qquad (x \to x_0) \tag{3.5}$$

gilt, folgt

$$\|e_1(B) - R_{jk}^1(B)\| = O\big((x - x_0)^{j+k}\big) \qquad (x \to x_0).$$

Für das lineare Anfangswertproblem (2.9) ergibt sich mit (3.4) aus (3.1) die numerisch stabile Näherungslösung an der Stelle $x_1 := x_0 + h_0$ zu

$$u_h(x_1) = y_0 + h_0 R_{jk}^1(J_0 h_0) \cdot f_0, \tag{3.6}$$

so daß der lokale Diskretisierungsfehler $\tau_h(x_1) = \frac{1}{h_0}[u(x_1) - u_h(x_1)]$ der Beziehung

$$\|\tau_h(x_1)\| = O(h_0^{j+k}) \qquad (h_0 \to 0) \tag{3.7}$$

genügt.

Die Lösungsmatrix des Anfangswertproblems (2.10) im Teilintervall V_0 lautet

$$H(x) = e_0\big(J_0 \cdot (x - x_0)\big).$$

Auf Grund von (3.3) erhält man an der Stelle x_1 die Näherung

$$H_h(x_1) = R_{jk}^0(J_0 h_0) \tag{3.8}$$

mit

$$\|\tau_h(x_1)\| = \frac{1}{h_0}\|H(x_1) - H_h(x_1)\| = O(h_0^{j+k}) \qquad (h_0 \to 0). \tag{3.9}$$

Zur Lösung von (2.11) wird nun ein r-stufiges explizites Runge-Kutta-Verfahren verwendet, das auf Grund der speziellen Anfangsbedingung die Gestalt

$$w_h(x_1) = h_0 \sum_{i=1}^{r} a_{r+1,i} k_i \tag{3.10}$$

mit

$$k_i = F\left(x_0 + c_i h_0,\ h_0 \sum_{l=1}^{i-1} a_{il} k_l\right),$$

$$c_i = \sum_{l=1}^{i-1} a_{il}, \qquad 0 \leqq c_i \leqq 1, \qquad i = 1, 2, \ldots, r,$$

besitzt.

Die Näherungslösung $y_h(x_1)$ des vorgelegten Anfangswertproblems (1.1); (1.2) ergibt sich dann auf Grund der Beziehung

$$y_h(x_1) = u_h(x_1) + H_h(x_1) \cdot w_h(x_1) \tag{3.11}$$

— unter Beachtung von (2.2), (3.6), (3.8) und (3.10) — zu

$$\left.\begin{aligned} y_h(x_1) &= y_0 + h_0\left[R_{jk}^1(J_0 h_0) f_0 + R_{jk}^0(J_0 h_0) \sum_{i=1}^{r} a_{r+1,i} k_i\right], \\ k_1 &= 0, \\ k_i &= [R_{jk}^0(J_0 c_i h_0)]^{-1}\big(f(x_0 + c_i h_0, p_i) - J_0(p_i - y_0) - f_0\big), \\ p_i &= y_0 + c_i h_0 R_{jk}^1(J_0 c_i h_0) f_0 + h_0 R_{jk}^0(J_0 c_i h_0) \sum_{l=1}^{i-1} a_{il} k_l, \quad i = 2, 3, \ldots, r. \end{aligned}\right\} \tag{3.12}$$

Entsprechend können nun, rekursiv fortschreitend, die Näherungswerte $y_h(x_\nu)$, $\nu = 2, 3, \ldots, N$, ermittelt werden.

Bei Verwendung der Beziehungen

$$[R_{jk}(J_0 c_i h_0)]^{-1} = R^0_{jk}(-J_0 c_i h_0) + O(h_0^{j+k+1})$$

$$R^0_{jk}(J_0 c_i h_0) \cdot R^0_{jk}(-J_0 c_l h_0) = R^0_{jk}\big(J_0(c_i - c_l)\, h_0\big) + O(h_0^{j+k+1})$$

für $j, k = 0, 1, \ldots$ kann (3.12) auch in der Form

$$\begin{aligned}
y_h(x_1) &= y_0 + h_0 \left[R^1_{jk}(J_0 h_0)\, f_0 + \sum_{i=1}^{r} a_{r+1,i} R^0_{jk}\big(J_0(1 - c_i)\, h_0\big)\, k_i \right], \\
k_1 &= 0, \\
k_i &= f(x_0 + c_i h_0, p_i) - J_0(p_i - y_0) - f_0, \\
p_i &= y_0 + h_0 \left[c_i R^1_{jk}(J_0 c_i h_0)\, f_0 + \sum_{l=1}^{i-1} a_{il} R^0_{jk}\big(J_0(c_i - c_l)\, h_0\big) \cdot k_l \right], \\
i &= 2, 3, \ldots, r,
\end{aligned} \tag{3.13}$$

geschrieben werden.

Das Einschrittverfahren (3.12) bzw. (3.13) ist explizit, falls die Stabilitätsfunktion $R^0_{jk}(z)$ ein Polynom ist. Es ist semi-implizit, falls $R^0_{jk}(z)$ eine rationale Funktion ist. Zur Berechnung von $y_h(x_1)$ ist es zweckmäßig, die Darstellung (3.13) zu verwenden.

4. Eigenschaften des neuen Verfahrens

Satz 1. *Ist $f(x, y) \in C^m(U)$ in einer Umgebung $U \subseteqq V \times \mathbb{R}^n$ des Graphen $\big(x, y(x)\big)$, $x \in V$, von $y(x)$, hat das r-stufige explizite Runge-Kutta-Verfahren die Konsistenzordnung m und gilt für den Index (j, k) der Padé-Approximation $R^0_{jk}(z)$ von $\exp(z)$, $j + k \geqq 1$, dann besitzt das neue Einschrittverfahren die Konsistenzordnung $p = \min(m, j + k)$.*

Beweis. Nach (2.8) und (3.11) ist

$$\begin{aligned}
y(x_1) - y_h(x_1) = u(x_1) - u_h(x_1) &+ H(x_1)\big(w(x_1) - w_h(x_1)\big) \\
&+ \big(H(x_1) - H_h(x_1)\big)\big(w_h(x_1) - w(x_1)\big) \\
&+ \big(H(x_1) - H_h(x_1)\big)\, w(x_1),
\end{aligned}$$

so daß man die Abschätzung

$$\begin{aligned}
\|y(x_1) - y_h(x_1)\| \leqq \|u(x_1) - u_h(x_1)\| &+ \|H(x_1)\| \cdot \|w(x_1) - w_h(x_1)\| \\
&+ \|H(x_1) - H_h(x_1)\| \cdot \|w(x_1) - w_h(x_1)\| \\
&+ \|H(x_1) - H_h(x_1)\| \cdot \|w(x_1)\|
\end{aligned}$$

bekommt, aus der mit (3.7), (3.9) und der Voraussetzung unmittelbar die Behauptung folgt.

Im folgenden soll das Stabilitätsverhalten des neuen Verfahrens bezüglich des von PROTHERO und ROBINSON [4] eingeführten skalaren Testanfangswertproblems

$$\begin{aligned} y' &= v'(x) + \lambda\big(y(x) - v(x)\big), \qquad \lambda \in \mathbb{C} \quad \text{mit} \quad \operatorname{Re}(\lambda) < 0, \\ y(x_0) &= y_0 \end{aligned} \tag{4.1}$$

untersucht werden, wobei $v(x)$ eine für $x \geqq x_0$ beliebig stetig differenzierbare Funktion mit beschränkter Ableitung sei. Die Lösung von (4.1) ist durch

$$y(x) = e_0\big(\lambda(x - x_0)\big)\,[y_0 - v(x_0)] + v(x),$$

gegeben. Für sie gilt — unabhängig von der Anfangsbedingung —

$$\lim_{x \to \infty} y(x) = v(x),$$

so daß es genügt, die Stabilität der Näherungslösung bezüglich der Funktion $y \equiv v(x)$ zu untersuchen.

Für die Stabilitätsbetrachtungen wird zunächst das neue Einschrittverfahren in der Gestalt (3.13) in der rekursiven Form

$$\begin{aligned} y_{\nu+1}^{(1)} &:= y_h(x_\nu), \\ y_{\nu+1}^{(i)} &:= y_{\nu+1}^{(1)} + h_\nu \Big\{ c_i R_{jk}^1(J_\nu c_i h_\nu)\, f_\nu \\ &\qquad + \sum_{l=1}^{i-1} a_{il} R_{jk}^0\big(J_\nu \cdot (c_i - c_l)\, h_\nu\big) \\ &\qquad \times \big[f(x_\nu + c_l h_\nu, y_{\nu+1}^{(l)}) - J_\nu \cdot (y_{\nu+1}^{(l)} - y_{\nu+1}^{(1)}) - f_\nu\big]\Big\}, \\ y_h(x_{\nu+1}) &:= y_{\nu+1}^{(r+1)}, \qquad \nu = 0, 1, \ldots, N; \quad i = 2, 3, \ldots, r+1, \end{aligned} \tag{4.2}$$

mit

$$c_{r+1} := 1, \qquad f_\nu := f(x_\nu, y_{\nu+1}^{(1)}), \qquad J_\nu := f_y(x_\nu, y_{\nu+1}^{(1)})$$

geschrieben. Bei Anwendung auf das Testanfangswertproblem (4.1) erhält man aus (4.2)

$$\begin{aligned} y_{\nu+1}^{(i)} &= R_{jk}^0(c_i z)\, y_{\nu+1}^{(1)} + h_\nu \\ &\quad \times \Big[R_{jk}^1(c_i z)\, c_i \delta(x_\nu) + \sum_{l=1}^{i-1} a_{il} R_{jk}^0\big((c_i - c_l)\, z\big)\,\big(\delta(x_\nu + c_l h_\nu) - \delta(x_\nu)\big)\Big], \end{aligned}$$

wobei

$$z = h_\nu \lambda, \qquad \delta(x) = v'(x) - \lambda v(x)$$

ist. Für den globalen (asymptotischen) Diskretisierungsfehler

$$\varepsilon_{\nu+1}^{(i)} := y_{\nu+1}^{(i)} - v(x_\nu + c_i h_\nu), \qquad i = 1, 2, \ldots, r+1,$$

bekommt man in der i-ten Stufe, $i = 2, 3, \ldots, r + 1$, die Differenzengleichung

$$\varepsilon_{\nu+1}^{(i)} = R_{jk}^0(c_i z)\, \varepsilon_{\nu+1}^{(1)} + h_\nu t_\nu^{(i)}, \qquad i = 2, 3, \ldots, r+1, \tag{4.3}$$

wobei der lokale (asymptotische) Diskretisierungsfehler der i-ten Stufe $t_\nu^{(i)}$ durch die Beziehung

$$t_\nu^{(i)} = R^1_{jk}(c_i z)\, c_i v'(x_\nu) + \sum_{l=1}^{i-1} a_{il} R^0_{jk}\big((c_i - c_l)\, z\big)\, \big(\delta(x_\nu + c_l h_\nu) - \delta(x_\nu)\big)$$

$$+ \frac{1}{h_\nu} [v(x_\nu) - v(x_\nu + c_i h_\nu)]$$

gegeben ist. Das Einschrittverfahren besitzt nach (4.3) in jeder Stufe die Stabilitätsfunktion

$$g^{(i)}(z) := R^0_{jk}(c_i z), \qquad i = 2, 3, \ldots, r + 1.$$

Die Anwendung des Mittelwertsatzes der Differentialrechnung auf die lokalen Diskretisierungsfehler $t_\nu^{(i)}$, $i = 2, 3, \ldots, r + 1$, liefert

$$t_\nu^{(i)} = R^1_{jk}(c_i z)\, c_i v'(x) + \sum_{l=1}^{i-1} a_{il} R^0_{jk}\big((c_i - c_l)\, z\big)$$

$$\times [v'(x_\nu + c_l h_\nu) - v'(x_\nu) - z c_l v'(x_\nu + \theta_l c_l h_\nu)] - c_i v'(x_\nu + \theta_i c_i h_\nu) \qquad (4.4)$$

mit

$$0 < \theta_j < 1, \qquad j = 1, 2, \ldots, r + 1.$$

Ist nun die Stabilitätsfunktion $R^0_{jk}(z)$ L-akzeptabel und genügen die Schrittparameter c_μ, $\mu = 2, 3, \ldots, r$, des verwendeten expliziten Runge-Kutta-Verfahrens der Bedingung

$$0 < c_2 < \cdots < c_r < 1, \qquad (4.5)$$

dann sind die Funktionen $R^1_{jk}(c_i z)$ und $z \cdot R^0_{jk}\big((c_i - c_l)\, z\big)$, $i = 2, 3, \ldots, r + 1$, $l = 1, 2, \ldots, i - 1$, auf $\{z \mid \mathrm{Re}(z) < 0\}$ gleichmäßig beschränkt. Aus (4.4) folgt dann, daß für jedes feste $\bar{h} > 0$ die lokalen Diskretisierungsfehler $t_\nu^{(i)}$, $i = 2, 3, \ldots, r + 1$, auf $\{(h_\nu, z) \mid h_\nu \in (0, \bar{h}], \mathrm{Re}(z) < 0\}$ gleichmäßig beschränkt sind. Das neue Einschrittverfahren (3.12) ist damit gemäß Verwer [6] „stiff"-konsistent. Für alle (h_ν, z) mit $h_\nu \in (0, \bar{h}]$ und $\mathrm{Re}\,(z) \leqq \sigma < 0$ folgt

$$\frac{|t_\nu^{(i)}|}{1 - |R^0_{jk}(c_i z)|} < K_i, \qquad i = 2, 3, \ldots, r + 1; \qquad \nu = 0, 1, \ldots,$$

mit $K_i > 0$. Aus (4.3) ergibt sich

$$|\varepsilon^{(i)}_{\nu+1}| \leqq |R^0_{jk}(c_i z)|\, |\varepsilon^{(1)}_{\nu+1}| + h_\nu\, |t_\nu^{(i)}|, \qquad i = 2, 3, \ldots, r + 1.$$

Daraus folgt

$$|\varepsilon^{(i)}_{\nu+1}| \leqq |\varepsilon^{(1)}_{\nu+1}| - \{1 - |R^0_{jk}(c_i z)|\} \left\{|\varepsilon^{(1)}_{\nu+1}| - h_\nu \frac{|t_\nu^{(i)}|}{1 - |R^0_{jk}(c_i z)|}\right\}$$

bzw.

$$|\varepsilon^{(i)}_{\nu+1}| \leqq h_\nu \frac{|t_\nu^{(i)}|}{1 - |R^0_{jk}(c_i z)|} - |R^0_{jk}(c_i z)| \left\{h_\nu \frac{|t_\nu^{(i)}|}{1 - |R^0_{jk}(c_i z)|} - |\varepsilon^{(1)}_{\nu+1}|\right\},$$

so daß

$$|\varepsilon^{(i)}_{\nu+1}| \leqq \max \left(|\varepsilon^{(1)}_{\nu+1}|,\, h_\nu \frac{|t_\nu^{(i)}|}{1 - |R^0_{jk}(c_i z)|}\right)$$

gilt. Die globalen (asymptotischen) Diskretisierungsfehler $\varepsilon_\nu^{(i)}$, $i = 2, 3, \ldots, r+1$, sind in ν für alle $h_\nu \in (0, \bar{h}]$ und alle λ mit $\mathrm{Re}(\lambda) \leqq \lambda_0 < 0$ gleichmäßig beschränkt. Das Einschrittverfahren ist damit gemäß VERWER [6] intern S-stabil.

Wir fassen die vorstehenden Ergebnisse zusammen in dem

Satz 2. *Das Einschrittverfahren* (3.13) *ist intern S-stabil, wenn*
(a) $R_{jk}^0(z)$ *L-akzeptabel ist und*
(b) *die Parameter* c_μ *des r-stufigen expliziten Runge-Kutta-Verfahrens der Bedingung* $0 < c_2 < \cdots < c_r < 1$ *genügen.*

Bemerkungen.

1. Ist $R_{jk}^0(z)$ L-akzeptabel, so sind die globalen Diskretisierungsfehler $\varepsilon_{\nu+1} := \varepsilon_\nu^{(r+1)}$ in ν für alle $h_\nu \in (0, \bar{h}]$ und alle λ mit $\mathrm{Re}(\lambda) \leqq \lambda_0 < 0$ gleichmäßig beschränkt, wenn die Parameter c_μ des r-stufigen expliziten Runge-Kutta-Verfahrens der Bedingung

$$0 \leqq c_\mu < 1, \qquad \mu = 2, 3, \ldots, r, \tag{4.6}$$

genügen. Das Verfahren ist gemäß VERWER [6] S-stabil.

2. Das zweistufige Verfahren von HEUN mit den Schrittparametern $c_1 = 0$, $c_2 = \frac{2}{3}$ und der Konsistenzordnung 2 sowie das dreistufige Verfahren von HEUN mit den Parametern $c_1 = 0$, $c_2 = \frac{1}{3}$, $c_3 = \frac{2}{3}$ und der Konsistenzordnung 3 erfüllen die Bedingung (4.5). Das Nyström-Verfahren 3. Ordnung mit den Parametern $c_1 = 0$, $c_2 = c_3 = \frac{2}{3}$ erfüllt die Bedingung (4.6).

3. Es existiert kein explizites Runge-Kutta-Verfahren 4. Ordnung, bei dem die Parameter c_μ der Bedingung (4.6) genügen (vgl. RALSTON [5], S. 199).

4. Für homogene lineare Anfangswertaufgaben mit konstanten Koeffizienten geht das Verfahren (3.12) bzw. (3.13) in das bekannte Lawson-Verfahren über.

5. Numerische Resultate

Das neue Einschrittverfahren „NESV(R_{jk}^0; r)“ wurde an einer großen Anzahl von steifen Anfangswertaufgaben erprobt. Einige typische Beispiele, die mit den Verfahren NESV(R_{21}^0; 3), NESV(R_{21}^0; 4) und NESV(R_{22}^0; 4) gelöst wurden, seien hier wiedergegeben. Die numerischen Ergebnisse werden dabei verglichen mit denen, die sich nach den Lawson-Verfahren „LAW(R_{21}^0; 4)“ und „LAW(R_{22}^0; 4)“ sowie nach dem zweistufigen Verfahren von ROSENBROCK dritter Ordnung „ROS(3)“ (vgl. LAPIDUS/SEINFELD [3]) ergeben. Bei dem Verfahren NESV(R_{21}^0; 3) wurde die Runge-Kutta-Formel dritter Ordnung mit den Parametern

$$c_2 = a_{21} = \frac{1}{3}, \quad c_3 = a_{32} = \frac{2}{3}, \quad a_{41} = \frac{1}{4}, \quad a_{42} = a_{31} = 0, \quad a_{43} = \frac{3}{4}$$

verwendet (Heun-Verfahren). Für die Verfahren NESV(R_{21}^0; 4), NESV(R_{22}^0; 4) sowie für die beiden Lawson-Verfahren LAW(R_{jk}^0; 4), LAW(R_{22}^0; 4) ist das klassische

Runge-Kutta-Verfahren vierter Ordnung, das durch die Parameter

$$c_2 = c_3 = a_{21} = a_{32} = \frac{1}{2}, \qquad c_4 = a_{43} = 1, \qquad a_{31} = a_{41} = a_{42} = 0,$$

$$a_{51} = a_{54} = \frac{1}{6}, \qquad a_{52} = a_{53} = \frac{1}{3}$$

definiert ist, benutzt worden. In den betrachteten Beispielen wurden Näherungen $y_h(x)$ der exakten Lösung $y(x)$ an der Stelle x_e für verschiedene Schrittweiten $h = 2^{-k}$ mit $k = 0, 1, \ldots$ berechnet. Sowohl bei dem neuen Verfahren als auch beim Lawson-Verfahren wurde die Jacobi-Matrix für Schrittweiten $h < \frac{1}{4}$ nur nach $\frac{1}{4h}$ Schritten, für $h \geqq \frac{1}{4}$ dagegen in jedem Schritt neu berechnet. Sämtliche Rechnungen sind auf einer EDVA R 300 mit einer Mantissenlänge von 8 Dezimalstellen durchgeführt worden.

Beispiel 1 (vgl. Lapidus/Seinfeld [3]):

$$y' = v'(x) + \lambda\big(y - v(x)\big), \qquad y(0) = 10$$

mit

$$v(x) = 10 - (10 + x) \exp(-x), \qquad \lambda = -200.$$

Exakte Lösung: $y(x) = 10 - (10 + x) \exp(-x) + 10 \exp(-200x)$,

$$y(10) = .99990920 +01.$$

Numerische Ergebnisse an der Stelle $x_e = 10$ s. Tabelle A, S. 164.

Diskussion. Das Lawson-Verfahren — sowohl mit der A-akzeptablen Padé-Approximation R_{22}^0 als auch mit der L-akzeptablen Padé-Approximation R_{21}^0 — liefert auch bei kleinen Schrittweiten noch keine brauchbaren Ergebnisse. Die nicht S-stabilen Verfahren NESV(R_{21}^0; 4) und NESV(R_{22}^0; 4) ergeben ab $h \leqq \frac{1}{16}$ bzw. $h \leqq \frac{1}{32}$ brauchbare Näherungswerte (vier gültige Ziffern). Dagegen führt das intern S-stabile Verfahren NESV(R_{21}^0; 3) bereits bei der Schrittweite $h = 1$ zu drei gültigen Ziffern, während das intern S-stabile Verfahren ROS(3) erst ab $h \leqq \frac{1}{4}$ gültige Ziffern liefert.

Beispiel 2 (vgl. Enright/Hull/Lindberg [1]):

$$\begin{aligned}
y_1' &= -y_1 + 2, & y_1(0) &= 1,\\
y_2' &= -10y_2 + \beta y_1^2, & y_2(0) &= 1,\\
y_3' &= -40y_3 + 4\beta(y_1^2 + y_2^2), & y_3(0) &= 1,\\
y_4' &= -100y_4 + 10\beta(y_1^2 + y_2^2 + y_3^2), & y_4(0) &= 1.
\end{aligned}$$

Fall 1. $\beta = 0.1$

Exakte Lösung:

$$y_1(10) = .19999546\ +01, \qquad y_3(10) = .40014136\ -01,$$

$$y_2(10) = .39997982\ -01, \qquad y_4(10) = .40030176\ -01.$$

Numerische Ergebnisse an der Stelle $x_e = 10$ s. Tabelle B, S. 164.

Fall 2. $\beta = 20$

Exakte Lösung:

$$y_1(10) = .19999546\ +01, \qquad y_3(10) = .13598638\ +03,$$

$$y_2(10) = .79995964\ +01, \qquad y_4(10) = .37120504\ +05.$$

Numerische Ergebnisse an der Stelle $x_e = 10$ s. Tabelle C, S. 165.

Diskussion. Die Verfahren LAW(R_{21}^0; 4) und LAW(R_{22}^0; 4) geben für die betrachteten Schrittweiten keine brauchbaren Näherungen. Weitere Rechnungen zeigen, daß LAW(R_{21}^0; 4) erst bei der Schrittweite $h = \frac{1}{8}$ für die vierte Komponente im Fall $\beta = 0.1$ das richtige Vorzeichen liefert und im Fall $\beta = 20$ das richtige Vorzeichen und den richtigen Exponenten ergibt. Außerdem besitzt für $\beta = 20$ die mit $h = \frac{1}{32}$ ermittelte vierte Komponente noch keine gültige Ziffer. Die Rechnung mit NESV(R_{21}^0; 4) dagegen liefert schon bei der Schrittweite $h = 1$ im Fall $\beta = 0.1$ mindestens fünf gültige Ziffern in jeder Näherungskomponente und im Fall $\beta = 20$ mindestens vier gültige Ziffern. Das Rosenbrock-Verfahren ROS(3) ergibt dagegen bei der Schrittweite $h = 1$ für $\beta = 0.1$ in der vierten Komponente noch einen falschen Exponenten und für $\beta = 20$ in der zweiten Komponente noch keine gültige Ziffer. Bei $h = \frac{1}{2}$ liefert NESV(R_{22}^0; 4) im Fall $\beta = 0.1$ für die ersten drei Komponenten und im Fall $\beta = 20$ für die ersten zwei Komponenten bessere Näherungen als ROS (3).

Beispiel 3 (vgl. Enright/Hull/Lindberg [1]):

$$y_1' = y_2, \qquad y_1(0) = 0,$$

$$y_2' = y_3, \qquad y_2(0) = 0,$$

$$y_3' = y_4, \qquad y_3(0) = 0,$$

$$y_4' = \left(y_1^2 - \sin(y_1) - 10^8\right) y_1 + \left(\frac{y_2 y_3}{y_1^2 + 1} - 4 \cdot 10^6\right) y_2 + (1 - 6 \cdot 10^4)\, y_3$$
$$+ \left(10 \exp(-y_4^2) - 4 \cdot 10^2\right) y_4 + 1, \qquad y_4(0) = 0.$$

Für die Eigenwerte der Jacobi-Matrix in $V := [0, 1]$ gilt

$$(\lambda_1, \lambda_2) \approx (-130 \pm 69i), \qquad (\lambda_3, \lambda_4) \approx (-64 \pm 22i).$$

Numerische Ergebnisse an der Stelle $x_e = 1$ s. Tabelle D, S. 166.

Tabelle A

h	NESV(R^0_{21}; 3)	NESV(R^0_{21}; 4)	NESV(R^0_{22}; 4)	ROS(3)	LAW(R^0_{21}; 4)	LAW(R^0_{22}; 4)
1	.99932392 +01	.10103578 +02	.73452093 +02	.11035387 +02	.30231311 +03	.12967888 +05
1/2	.99971144 +01	.10018095 +02	.85930161 +02	−.10060705 +02	.13781985 +03	.65423396 +04
1/4	.99993629 +01	.10003168 +02	.10255061 +02	.99998353 +01	.58342893 +02	.16630759 +04
1/8	.99991404 +01	.10000048 +02	.10005475 +02	.99994265 +01	.22861067 +02	.34451246 +03
1/16	.99990203 +01	.99993573 +01	.10000180 +02	.99992570 +01	.10313030 +02	.67424869 +02
1/32	.99990777 +01	.99996575 +01	.99992399 +01	.99991737 +01	.83099726 +01	.17844513 +02

Tabelle B

h	NESV(R^0_{21}; 4)	NESV(R^0_{22}; 4)	ROS(3)	LAW(R^0_{21}; 4)	LAW(R^0_{22}; 4)
1	.19999596 +01	.19999539 +01	.19999741 +01	.19840872 +01	.20026860 +01
	.39998203 −01	.40005548 −01	.41861288 −01	.32913880 −01	−.12104560 +00
	.40014381 −01	.11861318 +00	.80261803 −01	−.10947837 +00	−.37854564 +01
	.40030376 −01	.88854444 +00	.11318304 +00	−.47446805 +00	−.55602369 +02
1/2	.19999553 +01	.19999546 +01	.19999585 +01	.19973458 +01	.20001465 +01
	.39998012 −01	.39997981 −01	.39998155 −01	.43074807 −01	.16744844 −01
	.40014160 −01	.40023125 −01	.40233202 −01	.62528120 −02	−.77772428 +00
	.40030240 −01	.57350500 −01	.42439917 −01	−.16011754 +00	−.74618991 +01
1/4	.19999547 +01	.19999546 +01	.19999552 +01	.19995789 +01	.19999675 +01
	.39997986 −01	.39997982 −01	.39998008 −01	.41633223 −01	.36918805 −01
	.40014134 −01	.40014123 −01	.40014158 −01	.42997426 −01	−.92148146 −01
	.40030177 −01	.40030176 −01	.40030435 −01	−.13764678 −01	−.13281795 +01

Tabelle C

h	NESV(R^0_{21}; 4)	NESV(R^0_{22}; 4)	ROS(3)	LAW(R^0_{21}; 4)	LAW(R^0_{22}; 4)
1	.19999596 +01	.20000245 +01	.19999469 +01	.19840803 +01	.20027189 +01
	.79996359 +01	.80054825 +01	.80000257 +01	.65827378 +01	−.24208853 +02
	.13598782 +03	.48034669 +03	.13670033 +03	.21657838 +04	−.46436626 +05
	.37121285 +05	.56611162 +09	.36039620 +05	.18847016 +10	−.43925003 +12
1/2	.19999553 +01	.19999548 +01	.19999585 +01	.19973428 +01	.20001577 +01
	.79996003 +01	.79995972 +01	.79996314 +01	.86149200 +01	.33490406 +01
	.13598644 +03	.13599047 +03	.13598998 +03	.23589029 +03	.28655030 +04
	.37120517 +05	.67991960 +05	.37106565 +05	.21853643 +07	−.23642117 +10
1/4	.19999547 +01	.19999546 +01	.19999553 +01	.19995763 +01	.19999658 +01
	.79995973 +01	.79995966 +01	.79996023 +01	.83266259 +01	.73837417 +01
	.13598649 +03	.13598676 +03	.13598660 +03	.25635504 +03	.85626709 +02
	.37120545 +05	.37120768 +05	.37120614 +05	−.21061542 +06	.13703100 +07

Tabelle D

h	NESV(R^0_{21}; 4)	NESV(R^0_{22}; 4)	ROS(3)	LAW(R^0_{21}; 4)	LAW(R^0_{22}; 4)
1/4	.99980156 −08	.10603430 −07	.10813205 −07	.49808507 −08	−.36982830 −07
	.82126430 −10	.84634810 −07	−.63156770 −07	−.55039291 −06	−.23307250 −04
	−.18288913 −08	−.98739031 −05	−.33994748 −05	−.24467614 −04	−.26970158 −02
	−.77725600 −07	−.17370836 −02	−.84286355 −04	.40614937 −01	.21927024 +01
1/8	.99999994 −08	.10039494 −07	.99486867 −08	.11627459 −07	.34157077 −07
	−.13682490 −13	−.12049914 −07	.17002476 −07	−.37030043 −06	.52074520 −06
	.24418210 −11	.22901168 −05	−.77378980 −06	−.34842960 −04	−.18389958 −02
	−.21064630 −09	−.33572115 −03	−.36984937 −03	.17663275 −01	.39740865 +00
1/16	.10000000 −07	.10000000 −07	.10000672 −07	.10808194 −07	.98652230 −08
	.20860720 −19	−.35236120 −14	−.97572610 −10	−.69058588 −07	.37190030 −06
	.10655810 −17	.63992020 −12	.10854361 −07	−.28963755 −04	−.21905475 −03
	.30339890 −15	−.20341442 −09	−.70916060 −06	.48824919 −02	.43076509 −01
1/32	.10000000 −07	.10000000 −07	.10000000 −07	.86512266 −08	.77500308 −08
	.18278785 −27	−.15829672 −21	.59954077 −14	.39270480 −07	.11672884 −06
	−.18012846 −25	−.49949060 −20	−.93070120 −13	−.11914773 −04	−.45058357 −04
	.10627528 −23	−.23543011 −17	−.10653135 −10	−.39417020 −03	.68785358 −02

Diskussion. Die Lawson-Verfahren LAW(R_{21}^0; 4) und LAW(R_{22}^0; 4) liefern für alle vier Schrittweiten keine brauchbaren Näherungen. Weitere numerische Rechnungen ergeben, daß auch bei der Schrittweite $h = 1/256$ die erste Komponente noch keine gültige Ziffer aufweist und die vierte Komponente einen viel zu großen Exponenten hat. Dagegen führt die Rechnung mit NESV(R_{21}^0; 4) bereits ab $h \leqq \frac{1}{8}$, mit NESV(R_{22}^0; 4) ab $h \leqq \frac{1}{16}$ und mit ROS(3) erst ab $h \leqq \frac{1}{32}$ zu brauchbaren Näherungen.

Tabelle 1. Rechenaufwand pro Integrationsschritt

Verfahren	$f(x, y)$	$f_x(x, y)$	$f_y(x, y)$	Matrizen-inversionen
LAW(R_{jk}^0; 3)	3	—	1	3
LAW(R_{jk}^0; 4)	4	—	1	2
ROS(3)	2	2	2	2
NESV(R_{jk}^0; 3)	3	—	1	3
NESV(R_{jk}^0; 4)	4	—	1	2

Zum Vergleich dieser Ergebnisse muß auch deren Rechenaufwand mit in Betracht gezogen werden. Die Tabelle 1 zeigt für die hier betrachteten Verfahren die Anzahl der Funktionsauswertungen $f(x, y)$, die Jacobi-Matrix-Aufrufe $f_y(x, y)$, die Auswertungen der partiellen Ableitung $f_x(x, y)$ und die Anzahl der Matrizen-Inversionen pro Integrationsschritt. Dabei haben wir die Verfahren in bezug auf die in jedem Schritt zu lösenden linearen Gleichungssysteme der Dimension n — ebenso wie Enright/Hull/Lindberg [1] — vereinheitlicht, indem sie in der weniger effektiven Form von Invertierung der Koeffizientenmatrix mit anschließender Vektormultiplikation gelöst wurden. Für rechenaufwendige Funktionen entspricht folglich der esamtrechenaufwand des neuen Einschrittverfahrens dem des Lawson-Verfahrens.

Literatur

[1] Enright, W. H., T. E. Hull and B. Lindberg, Comparing numerical methods for stiff systems of ODEs. BIT **15** (1975), 10—48.

[2] Grigorieff, R. D., Numerik gewöhnlicher Differentialgleichungen, Band 1. B. G. Teubner, Stuttgart 1972.

[3] Lapidus, L., and J. H. Seinfeld, Numerical Solution of Differential Equations. New York 1971.

[4] Prothero, A., and A. Robinson, On the stability and accuracy of one-step methods for solving stiff systems of ordinary differential equations. Math. Comp. **28** (1974), 145—162.

[5] RALSTON, A., A First Course in Numerical Analysis. McGraw-Hill Book Company, New York 1965.
[6] VERWER, J. G., S-stability properties for generalized Runge-Kutta methods. Numer. Math. 27 (1977), 359–370.

Manuskripteingang: 24. 8. 1979

VERFASSER:

Doz. Dr. sc. nat. KARL STREHMEL, Sektion Mathematik der Martin-Luther-Universität Halle–Wittenberg

Beiträge zur Numerischen Mathematik
10 (1981), 169–179

Zur numerischen Lösung eines Zwei-Phasen-Problems vom Stefan-Typ mit Differenzenmethoden

UWE STREIT

0. Einleitung

Wärmeleitvorgänge in Festkörpern sind häufig mit Phasenumwandlungen verbunden. Dabei wird an den Phasengrenzen Umwandlungswärme freigesetzt bzw. absorbiert, je nachdem, ob die „neue" Phase gegenüber der „alten" einen Zustand niederer oder höherer Energie repräsentiert. Die mathematische Beschreibung dieser Erscheinung führt auf parabolische Randwertprobleme vom Stefan-Typ. Das hier formulierte eindimensionale Zwei-Phasen-Problem ist eine Verallgemeinerung klassischer Aufgabenstellungen, die z. B. das Schmelzen und Erstarren reiner Substanzen modellieren. Während bei letzteren die Temperatur längs der Phasengrenze eine konstante Größe ist (Schmelz- bzw. Erstarrungstemperatur), besteht im betrachteten Fall eine Abhängigkeit der Umwandlungstemperatur von der Ortskoordinate x. Außerdem tritt die Existenz von Wärmequellen im Innern des Gebietes hinzu.

Zur näherungsweisen Lösung von Aufgaben des genannten Typs werden in der Literatur für den Fall der homogenen Wärmeleitgleichung und konstanter Umwandlungstemperatur Differenzenmethoden diskutiert, die die Lage der Phasengrenze explizit bestimmen. Ausgehend von einem fest gegebenen Gitter in x-Richtung wird das Gitter in t-Richtung als Bestandteil der Lösung so bestimmt, daß die Phasengrenze $x = s(t)$ auf jeder Zeitschicht in einem Punkt des Ortsgitters „eingefangen" wird. Verfahren, die auf diesem Prinzip beruhen, sind effektiv für räumlich eindimensionale Probleme mit a priori bekanntem monotonen Verhalten der Phasengrenze. In der vorliegenden Arbeit wird, in Anlehnung an [1–4], eine solche Methode für die in Abschnitt 1 gestellte Aufgabe (1.1)–(1.3) entwickelt. In Abschnitt 2 wird das Differenzenschema sowie eine Möglichkeit zu seiner iterativen Lösung angegeben. Abschnitt 3 enthält Untersuchungen zur Konvergenz des Iterationsverfahrens sowie zur Konvergenz der Näherungslösung gegen die klassische Lösung von Aufgabe (1.1)–(1.3). Einige numerische Ergebnisse mit dem vorgeschlagenen Näherungsverfahren werden in Abschnitt 4 dargelegt.

1. Aufgabenstellung

Gegeben sei in der x-t-Ebene das Gebiet $\Omega = \{(x, t): 0 < x < 1, t > 0\}$. Gesucht sind Funktionen $s(t)$, $u(x, t)$, $\bar{u}(x, t)$, die den folgenden Bedingungen genügen:

i) *Es existiert eine Zahl $T > 0$, so daß die Funktion $s(t)$ für $0 \leqq t \leqq T$ stetig ist mit $s(0) = s_0$, $0 < s_0 < 1$, $s(T) = 1$. Ferner existiert $s'(t) > 0$ für $0 < t < T$.*

ii) *Die Funktion $u(x, t)$ ist zusammen mit $\frac{\partial u}{\partial x}$ in $\bar{\Omega}_1$ definiert und stetig. Dabei ist $\Omega_1 = \{(x, t) \in \Omega: 0 < x < s(t), 0 < t \leqq T\}$. Die Ableitungen $\frac{\partial u}{\partial t}$, $\frac{\partial^2 u}{\partial x^2}$ sind in Ω_1 stetig und beschränkt. Folgende Gleichungen werden von der Funktion $u(x, t)$ in $\bar{\Omega}_1$ erfüllt:*

$$\left.\begin{aligned} \frac{\partial u}{\partial t} - a\,\frac{\partial^2 u}{\partial x^2} &= f(x, t) && \text{in} \quad \Omega_1, \\ \frac{\partial u}{\partial x} &= -q(t) && \text{für} \quad x = 0,\ t > 0, \\ u &= \psi(x) && \text{für} \quad x = s(t),\ t > 0, \\ u &= \varphi(x) && \text{für} \quad 0 \leqq x \leqq s_0,\ t = 0. \end{aligned}\right\} \tag{1.1}$$

iii) *Die Funktion $\bar{u}(x, t)$ ist mit ihrer ersten Ableitung $\frac{\partial \bar{u}}{\partial x}$ in $\bar{\Omega}_2$ definiert und stetig, wobei $\Omega_2 = \{(x, t) \in \Omega: s(t) < x < 1,\ 0 < t < T\}$. Die Ableitungen $\frac{\partial \bar{u}}{\partial t}$, $\frac{\partial^2 \bar{u}}{\partial x^2}$ sind in Ω_2 stetig und beschränkt. Die Funktion $\bar{u}(x, t)$ ist Lösung des folgenden Randwertproblems auf $\bar{\Omega}_2$:*

$$\left.\begin{aligned} \frac{\partial \bar{u}}{\partial t} - \bar{a}\,\frac{\partial^2 \bar{u}}{\partial x^2} &= \bar{f}(x, t) && \text{in} \quad \Omega_2, \\ \frac{\partial \bar{u}}{\partial x} &= -\bar{q}(t) && \text{für} \quad x = 1,\ t > 0, \\ \bar{u} &= \psi(x) && \text{für} \quad x = s(t),\ t > 0, \\ \bar{u} &= \bar{\varphi}(x) && \text{für} \quad s_0 \leqq x \leqq 1,\ t = 0. \end{aligned}\right\} \tag{1.2}$$

iv) *Die Funktionen s, u, $\bar{u}$ genügen der Stefan-Bedingung*

$$\gamma\,\frac{ds}{dt} = \bar{k}\,\frac{\partial \bar{u}}{\partial x}\bigg|_{x=s(t)+0} - k\,\frac{\partial u}{\partial x}\bigg|_{x=s(t)-0} \quad \text{für} \quad t > 0. \tag{1.3}$$

Dabei sind die Funktionen f, $\bar{f}$, φ, $\bar{\varphi}$, q, $\bar{q}$ und ψ stetig in ihren Argumenten. Die Größen a, $\bar{a}$, k, $\bar{k}$ und γ werden als positive Konstanten vorausgesetzt. Weitere Voraussetzungen an die Daten werden in Abschnitt 3 formuliert.

2. Differenzenverfahren

Das Intervall [0, 1] wird mit der Schrittweite $h > 0$, $Nh = 1$, äquidistant diskretisiert. Es gelte $s_0 = N_1 h$. Dabei sind N und N_1 natürliche Zahlen. Falls kein N_1 mit den verlangten Eigenschaften existiert, ist s_0 geeignet abzuändern. Ferner sei h so klein gewählt, daß zwischen $x = 0$ und $x = s_0$ sowie $x = s_0$ und $x = 1$ hinreichend viele Gitterpunkte liegen, um die Durchführbarkeit des Verfahrens zu gewährleisten. Die Schrittweiten τ_n in t-Richtung sind als Teil der Näherungslösung zu bestimmen, und zwar so, daß während der Zeiten $\tau_n = t_n - t_{n-1}$, $n = 1, 2, \ldots, t_0 = 0$, die Phasengrenze jeweils um h nach rechts wandert. Damit ist die Phasengrenze nach $N - N_1$ Zeitschritten im Punkt $x = 1$ „angelangt". Aus dieser Vorgehensweise ist ersichtlich, daß die in Abschnitt 1 unter i) geforderte Monotonie der Phasengrenze eine wesentliche Voraussetzung für die Anwendbarkeit des Verfahrens in dieser Form ist.

Es werden folgende Gitterpunktmengen definiert:

$$\overline{\omega}_h = \{x_i = ih,\ i = 0, 1, \ldots, N,\ Nh = 1\},$$

$$\omega_{1,h}^n = \{x_i \in \overline{\omega}_h,\ i = 1, \ldots, N_1 + n - 1\}, \qquad n = 0, \ldots, N - N_1,$$

$$\omega_{2,h}^n = \{x_i \in \overline{\omega}_h,\ i = N_1 + n + 1, \ldots, N - 1\}, \qquad n = 0, \ldots, N - N_1 - 2,$$

$$\overline{\omega}_{1,h}^n = \omega_{1,h}^n \cup \{x_0, x_{N_1+n}\}, \qquad n = 0, \ldots, N - N_1,$$

$$\overline{\omega}_{2,h}^n = \omega_{2,h}^n \cup \{x_{N-1}, x_N\}, \qquad n = 0, \ldots, N - N_1 - 2,$$

$$\overline{\omega}_{2,h}^{N-N_1-1} = \{x_{N-N_1}, x_N\}, \qquad \overline{\omega}_{2,h}^{N-N_1} = \{x_N\}.$$

Im weiteren seien y^n, $\overline{y}^n$ Gitterfunktionen auf $\overline{\omega}_{1,h}^n$ bzw. $\overline{\omega}_{2\cdot h}^n$:

$$y^n = (y_{0,n}, \ldots, y_{N_1+n,n})^{\mathsf{T}}, \qquad \overline{y}^n = (\overline{y}_{N_1+n,n}, \ldots, y_{N,n})^{\mathsf{T}}.$$

Die Funktionswerte von f, $\overline{f}$, q, $\overline{q}$, φ, $\overline{\varphi}$, ψ auf den entsprechenden Gitterpunktmengen werden durch Indizes i, n gekennzeichnet: $f_{i,n}$, q_n, φ_i usw. Falls keine Mißverständnisse möglich sind, wird der Index n gemäß folgender Konvention weggelassen: $y = y^n$, $\check{y} = y^{n-1}$, $f_i = f_{i,n}$, $\check{f}_i = f_{i,n-1}$, $\tau = \tau_n$, $\check{\tau} = \tau_{n-1}$ usw. Die Differenzenquotienten sind definiert durch

$$y_{\bar{t},i} = (y_i - \check{y}_i)/\tau, \qquad y_{x,i} = (y_{i+1} - y_i)/h,$$

$$y_{\bar{x},i} = (y_i - y_{i-1})/h, \qquad y_{\bar{x}x,i} = (y_{i+1} - 2y_i + y_{i-1})/h^2.$$

Die Aufgabe (1.1)—(1.3) wird durch folgende Aufgabe approximiert:

$$y_{i,0} = \varphi_i, \qquad x_i \in \overline{\omega}_{1,h}^0, \tag{2.1}$$

$$\overline{y}_{i,0} = \overline{\varphi}_i, \qquad x_i \in \overline{\omega}_{2,h}^0, \tag{2.2}$$

$$\left.\begin{aligned} &y_{\bar{t},i} - \Lambda_1 y_i = \check{f}_i, \qquad \Lambda_1 y_i = a y_{\bar{x}x,i}, \qquad x_i \in \omega_{1,h}^n, \\ &y_{x,0} = -\check{q}_n, \\ &y_{N_1+n} = \psi_{N_1+n}, \qquad n = 1, \ldots, N - N_1, \end{aligned}\right\} \tag{2.3}$$

$$\left.\begin{aligned} &\bar{y}_{\bar{t},i} - \Lambda_2 \bar{y}_i = \check{\bar{f}}_i, \qquad \Lambda_2 \bar{y}_i = \bar{a} \bar{y}_{\bar{x}x,i}, \qquad x_i \in \omega_{2,h}^n, \\ &\qquad\qquad\qquad\qquad\qquad\qquad n = 1, \ldots, N - N_1 - 2, \\ &\bar{y}_{\bar{x},N} = -\check{\bar{q}}, \qquad\qquad\qquad\qquad n = 1, \ldots, N - N_1 - 1, \\ &\bar{y}_{N_1+n} = \psi_{N_1+n}, \qquad\qquad\qquad n = 1, \ldots, N - N_1, \end{aligned}\right\} \tag{2.4}$$

$$\begin{aligned} &\tau_n \Lambda y_{N_1+n} = \gamma, \qquad \Lambda y_{N_1+n} = (\bar{k} \bar{y}_{x,N_1+n} - k y_{\bar{x},N_1+n})/h, \\ &\qquad\qquad\qquad\qquad n = 1, \ldots, N - N_1 - 1. \end{aligned} \tag{2.5}$$

Zum Zeitpunkt $t = t_{n-1}$ seien die gesuchten Größen $\check{y}$, $\check{\bar{y}}$ und $\check{\tau}$ bekannt. Dann sind y, $\bar{y}$ und τ als Lösung des folgenden nichtlinearen Gleichungssystems zu bestimmen:

$$\left.\begin{aligned} &B(\tau)\, y - \Phi(\tau) = 0, \\ &\bar{B}(\tau)\, \bar{y} - \bar{\Phi}(\tau) = 0, \\ &\tau \Lambda y_{N_1+n,n} - \gamma = 0. \end{aligned}\right\} \tag{2.6}$$

Dabei sind $B(\tau)$, $\bar{B}(\tau)$ Matrizen und $\Phi(\tau)$, $\bar{\Phi}(\tau)$ Vektoren der Dimension $N_1 + n + 1$ bzw. $N - N_1 - n + 1$:

$$\left.\begin{aligned} &B(\tau) = \begin{pmatrix} 1/h & -1/h & & & 0 \\ -\lambda & 2\lambda + 1 & -\lambda & & \\ & \ddots & \ddots & \ddots & \\ & & \ddots & \ddots & \ddots \\ & & -\lambda & 2\lambda + 1 & -\lambda \\ 0 & & & 0 & 1 \end{pmatrix}, \quad \lambda = a\tau/h^2, \\ &\bar{B}(\tau) = \begin{pmatrix} 1 & 0 & & & 0 \\ -\bar{\lambda} & 2\bar{\lambda} + 1 & -\bar{\lambda} & & \\ & \ddots & \ddots & \ddots & \\ & & \ddots & \ddots & \ddots \\ & & -\bar{\lambda} & 2\bar{\lambda} + 1 & -\bar{\lambda} \\ 0 & & & -1/h & 1/h \end{pmatrix}, \quad \bar{\lambda} = \bar{a}\tau/h^2, \\ &\Phi(\tau) = (\Phi_0, \Phi_1, \ldots, \Phi_{N_1+n})^{\mathsf{T}}, \\ &\bar{\Phi}(\tau) = (\Phi_{N_1+n}, \ldots, \Phi_N)^{\mathsf{T}} \\ &\text{mit} \\ &\Phi_i = \begin{cases} \check{q}, & i = 0, \\ \tau \check{f}_i + \check{y}_i, & i = 1, \ldots, N_1 + n - 1, \\ \psi_{N_1+n}, & i = N_1 + n, \\ \tau \check{\bar{f}}_i + \check{\bar{y}}_i, & i = N_1 + n + 1, \ldots, N - 1, \\ -\check{\bar{q}}, & i = N. \end{cases} \end{aligned}\right\} \tag{2.7}$$

Das System (2.6) wird iterativ gelöst. Dazu sei $\tau^{(r)} > 0$ eine bekannte Näherung für τ. Man bestimme für y und $\bar{y}$ Näherungen $y^{(r)}$ bzw. $\bar{y}^{(r)}$ als Lösung der linearen Gleichungssysteme

$$\left.\begin{aligned} B(\tau^{(r)})\, y^{(r)} &= \Phi(\tau^{(r)}), \\ \bar{B}(\tau^{(r)})\, \bar{y}^{(r)} &= \bar{\Phi}(\tau^{(r)}) \end{aligned}\right\} \tag{2.8}$$

und anschließend $\tau^{(r+1)}$ als neue Näherung für τ aus der Formel

$$\left.\begin{aligned} &\tau^{(r+1)} = \tau^{(r)} - (\tau^{(r)} \Lambda y^{(r)}_{N_1+n} - \gamma)\, h/A_{n-1} \\ \text{mit}\quad & \\ &A_{n-1} = k\left(a^{-1} \sum_{i=1}^{N_1+n-1} \check{f}_i h + \check{q}\right) + \bar{k}\left(\bar{a}^{-1} \sum_{i=N_1+n+1}^{N-1} \check{\bar{f}}_i h - \check{\bar{q}}\right). \end{aligned}\right\} \tag{2.9}$$

Zur Wahl von $\tau^{(0)}$ wird im nächsten Abschnitt etwas gesagt; naheliegend ist $\tau^{(0)} = \check{\tau}$. Falls die Differenz zweier aufeinanderfolgender Näherungen in einer geeigneten Vektornorm kleiner als eine vorgegebene Zahl $\varepsilon > 0$ ist, wird der Iterationsprozeß abgebrochen. Die zuletzt berechneten Größen werden als Lösung y, $\bar{y}$ und τ des Systems (2.6) angesehen. Nach $N - N_1 - 1$ Zeitschritten befindet sich die Phasengrenze im Punkt $x_{N-1} = 1 - h$. Die Größe τ_{N-N_1} läßt sich nicht nach Vorschrift (2.9) bestimmen. Ein möglicher Ausweg ist die Extrapolation von τ_{N-N_1} aus τ_n, $n < N - N_1$, z. B. linear $\tau_{N-N_1} = \tau_{N-N_1-1}$.

3. Zur Begründung des Verfahrens

In diesem Abschnitt soll untersucht werden, unter welchen Voraussetzungen an die Eingangsdaten der Aufgabe (1.1)—(1.3) das Iterationsverfahren (2.8), (2.9) konvergiert. Ferner werden Bedingungen dafür angegeben, daß das Problem (1.1)—(1.3 eine eindeutige Lösung (im Sinne von Abschnitt 1) hat und die Näherungslösung aus Abschnitt 2 gegen diese konvergiert. Die verwendete Methodik ist [1] entlehnt.

Im Gebiet Ω sei für $0 \leqq t \leqq T$, $T > 0$ eine stetige Kurve $x = \xi(t)$ gegeben mit

$$\left.\begin{aligned} &\xi(0) = s_0, \qquad \xi(T) = 1 \\ \text{und}\quad & \\ &0 < L_* \leqq \frac{\xi(t_1) - \xi(t_2)}{t_1 - t_2} \leqq L^*, \qquad L^* \geqq L_* > 0, \\ &\text{für}\quad t_1 \neq t_2, \qquad t_1, t_2 \in [0, T]. \end{aligned}\right\} \tag{3.1}$$

Auf den Gebieten

$$\Omega_1(\xi) = \{0 < x < \xi(t), 0 < t \leqq T\}, \quad \Omega_2(\xi) = \{\xi(t) < x < 1, 0 < t < T\}$$

werden Gitter

$$\bar{\omega}_1(\xi) = \{(x_i, t_n), x_i \in \bar{\omega}^n_{1,h} \quad \text{für} \quad t_n \in \omega_\tau(\xi), n = 0, \ldots, N - N_1\}$$

bzw.

$$\bar{\omega}_2(\xi) = \{(x_i, t_n), x_i \in \bar{\omega}^n_{2,h} \quad \text{für} \quad t_n \in \omega_\tau(\xi), n = 0, \ldots, N - N_1\}$$

konstruiert. Die Mengen $\overline{\omega}_{1,h}^n$ und $\overline{\omega}_{2,h}^n$ sind wie im vorangehenden Abschnitt definiert, und $\omega_\tau(\xi)$ ist gegeben durch $\omega_\tau(\xi) = \{t_n : \xi(t_n) = x_{N_1+n},\ n = 0, \ldots, N - N_1\}$. Die Zeitschrittweiten $\tau_n = t_n - t_{n-1}$, $n = 0, \ldots, N - N_1$, sind von $x = \xi(t)$ abhängig und im Gegensatz zu den τ_n aus Abschnitt 2 a priori bekannt. Auf den eben definierten Gittern werden die Differenzenschemata (2.3) und (2.4) mit den entsprechenden Anfangsbedingungen (2.1) bzw. (2.2) betrachtet. Es gilt folgendes Resultat:

Hilfssatz. i) *Die Funktionen* f, q, φ *und* ψ *mögen auf dem Gitter* $\overline{\omega}_1(\xi)$ *folgenden Bedingungen genügen:*

$$f_{i,0} + \Lambda_1\varphi_1 \geqq 0, \quad \varphi_{x,0} + q_0 \geqq 0, \quad \varphi_{\bar{x},N_1} \leqq 0, \quad \varphi_{N_1} = \psi_{N_1},$$
$$f_{i,n} \geqq 0, \quad f_{\bar{t},i,n} \geqq 0, \quad q_n \geqq 0, \quad q_{\bar{t},n} \geqq 0, \quad \psi_{\bar{x}x,i} \geqq 0, \quad \psi_{x,i} \geqq 0.$$

Dann ist die Aufgabe (2.1), (2.3) *auf* $\overline{\omega}_1(\xi)$ *eindeutig lösbar. Die Lösung* y^n *erfüllt die Ungleichungen*

$$\left.\begin{aligned}
&y_{\bar{t},i,n} = \Lambda_1 y_{i,n} + f_{i,n-1} \geqq 0, \qquad x_i \in \omega_{1,h}^n, \qquad n = 1, \ldots, N - N_1,\\
&-q_{n-1} - a^{-1} \max_i f_{i,n-1} \leqq y_{x,i,n} \leqq \psi_{x,N_1+n-1} + a^{-1} \max_i f_{i,n-1},\\
&\qquad\qquad x_i \in \omega_{1,h}^n \cup \{x_0\}, \qquad n = 1, \ldots, N - N_1,\\
&\psi_{N_1+n} - a^{-1} \max_i f_{i,n-1} - \psi_{x,N_1+n-1} \leqq y_{i,n} \leqq\\
&\leqq \psi_{N_1+n} + a^{-1} \max_i f_{i,n-1} + q_{n-1},\\
&\qquad\qquad x_i \in \overline{\omega}_{1,h}^n, \quad n = 1, \ldots, N - N_1.
\end{aligned}\right\} \tag{3.2}$$

ii) *Unter den Voraussetzungen*

$$\bar{f}_{i,0} + \Lambda_2\bar{\varphi}_i \geqq 0, \quad \bar{\varphi}_{\bar{x},N} + \bar{q}_0 \leqq 0, \quad \bar{\varphi}_{N_1} = \psi_{N_1}, \quad \bar{f}_{i,n} \geqq 0, \quad \bar{f}_{\bar{t},i,n} \geqq 0$$
$$\bar{q}_{\bar{t},n} \leqq 0, \quad \psi_{x,N_1+n-1} - (1 - s_0)\,\bar{a}^{-1} \max_i \bar{f}_{i,n-1} + \bar{q}_{n-1} \geqq 0$$

an die Daten der Aufgabe (2.2), (2.4), *formuliert auf dem Gitter* $\overline{\omega}_2(\xi)$, *existiert eine eindeutige Lösung* $\bar{y}^n$. *Es gelten die Abschätzungen*

$$\left.\begin{aligned}
&\bar{y}_{\bar{t},i,n} = \Lambda_2\bar{y}_{i,n} + \bar{f}_{i,n-1} \geqq 0, \quad x_i \in \omega_{2,h}^n, \quad n = 1, \ldots, N - N_1 - 2,\\
&\bar{y}_{x,i,n} \leqq (1 - s_0)\,\bar{a}^{-1} \max_i \bar{f}_{i,n-1} - \bar{q}_{n-1},\\
&\qquad\qquad x_i \in \omega_{2,h}^n \cup \{x_{N_1+n}\}, \quad n = 1, \ldots, N - N_1 - 1,\\
&\bar{\varphi}_N - (1 - s_0)^2\,\bar{a}^{-1} \max_i \bar{f}_{i,n-1} + (1 - s_0) \min\{0, \bar{q}_{n-1}\} \leqq \bar{y}_{i,n} \leqq\\
&\leqq \psi_{N_1+n} + (1 - s_0)^2\,\bar{a}^{-1} \max_i \bar{f}_{i,n-1} - (1 - s_0) \min\{0, \bar{q}_{n-1}\},\\
&\qquad\qquad x_i \in \overline{\omega}_{2,h}^n, \quad n = 1, \ldots, N - N_1.
\end{aligned}\right\} \tag{3.3}$$

Der Beweis soll an Hand von i) skizziert werden. Die Bedingung (3.1) sichert $\tau_n > 0$ für $n = 1, \ldots, N - N_1$. Es läßt sich leicht zeigen, daß dann die Matrizen $B(\tau_n)$ M-Matrizen sind. Daher sind die linearen Gleichungssysteme $B(\tau_n)\, y^n = \Phi(\tau_n)$ eindeutig lösbar, und es gilt

$$B^{-1}(\tau_n)\,\Phi \geqq 0 \quad \text{für beliebige rechte Seiten} \quad \Phi \geqq 0. \tag{3.4}$$

Die Größe $y_i^n = (y_{i,0,n}, \ldots, y_{i,N_1+n-1,n})^{\mathsf T}$ ist Lösung des linearen Gleichungssystems $B(\tau_n)\, y_i^n = \tilde\Phi(\tau_n)$ mit der durch Beziehung (2.7) definierten $(N_1 + n) \times (N_1 + n)$-Matrix $B(\tau_n)$ und der rechten Seite $\tilde\Phi = (\tilde\Phi_0, \ldots, \tilde\Phi_{N_1+n-1})^{\mathsf T}$ mit

$$\tilde\Phi_0 = (q_{n-1} - q_{n-2})/\tau_n, \qquad q_{-1} = -\varphi_{x,0},$$

$$\tilde\Phi_i = \Lambda_1 \check y_i + \check f_i, \qquad i = 1, \ldots, N_1 + n - 2; \quad n = 1, \ldots, N - N_1,$$

$$\tilde\Phi_{N_1+n-1} = (\psi_{x,N_1+n-1} - y_{x,N_1+n-1,n})\, h/\tau_n .$$

Durch Induktion nach n prüft man nach, daß unter den Voraussetzungen des Hilfssatzes $\tilde\Phi(\tau_n) \geqq 0$ für $n \geqq 1$ gilt und damit wegen Beziehung (3.4) auch $y_i^n \geqq 0$. Dies zieht $\Lambda_1 y_{i,n} + f_{i,n-1} \geqq 0$ nach sich. Unter Berücksichtigung der Definitionen der Differenzenquotienten folgen die Ungleichungen für die Größen $y_{x,i,n}$ und $y_{i,n}$.

Für die weiteren Untersuchungen seien folgende Voraussetzungen erfüllt:

(V 1) Die Funktion ψ ist zweimal stetig differenzierbar mit $\psi'' \geqq 0$ und $\psi' \geqq 0$.

(V 2) Die Funktionen f, $\bar f$ und q sind nichtnegativ. Ferner sind f, $\bar f$, q und $-\bar q$ in t monoton nichtfallend. Für alle $t > 0$ gilt

$$\psi'(s_0) - (1 - s_0)\, \bar a^{-1} \max_x \bar f(x, t) + \bar q(t) \geqq 0 .$$

(V 3) Die Differenzenquotienten von φ und $\bar\varphi$ genügen den Ungleichungen

$$\Lambda_1 \varphi_i + f_{i,0} \geqq 0 \quad \text{für} \quad x_i \in \overset{0}{\omega}_{1,h}, \quad \varphi_{x,0} + q_0 \geqq 0, \quad \varphi_{\bar x, N_1} \leqq 0,$$

$$\Lambda_2 \bar\varphi_i + \bar f_{i,0} \geqq 0 \quad \text{für} \quad x_i \in \overset{0}{\omega}_{2,h}, \quad \bar\varphi_{\bar x, N} + \bar q_0 \leqq 0, \quad \varphi_{N_1} = \bar\varphi_{N_1} = \psi_{N_1}.$$

Die Größen $\check y$, $\check{\bar y}$ und $\check\tau$ werden als bekannt vorausgesetzt. Die r-te Näherung $\tau^{(r)}$ für τ sei positiv. Wegen der Voraussetzungen (V 1) bis (V 3) übertragen sich die Resultate des Hilfssatzes auf das Differenzenschema (2.8). Speziell ist

$$A_{n-1} - h \Lambda y^{(r)}_{N_1+n} = k y^{(r)}_{x,N_1+n-1} - \bar k \bar y^{(r)}_{x,N_1+n} + A_{n-1} \geqq 0 .$$

Aus Gleichung (2.9) folgt deshalb

$$\tau^{(r+1)} \geqq \gamma h / A_{n-1} \geqq \frac{\gamma h}{\max \left\{a^{-1} k \max\limits_i \check f_i,\, \bar a^{-1} \bar k \max\limits_i \check{\bar f}_i\right\} + k \check q - \bar k \check{\bar q}} > 0,$$

wenn zusätzlich

$$(1 - 2h) \min \left\{a^{-1} k \min_i \check f_i,\, \bar a^{-1} \bar k \min_i \check{\bar f}_i\right\} + k \check q - \bar k \check{\bar q} > 0 \tag{3.5}$$

ist, da Voraussetzung (3.5) $A_{n-1} > 0$ impliziert. Wird $\tau^{(0)} > 0$ beliebig gewählt, so folgt per Induktion $\tau^{(r)} > 0$ für $r = 1, 2, \ldots$ Das System (2.8) besitzt dann für $r = 0, 1, 2, \ldots$ eindeutige Lösungen $y^{(r)}$, $\bar y^{(r)}$, für die die entsprechenden Abschätzungen des Hilfssatzes gelten. Speziell sind die Folgen $\{y^{(r)}_{i,n}\}$, $\{\bar y^{(r)}_{i,n}\}$, $r = 0, 1, \ldots$, beschränkt.

Die Gitterfunktionen $z^{(r)} = y^{(r)} - y^{(r-1)}$ und $\bar z^{(r)} = \bar y^{(r)} - \bar y^{(r-1)}$ sind Lösungen der Differenzenschemata

$$B(\tau^{(r)})\, z^{(r)} = \Phi^* \quad \text{bzw.} \quad \bar B(\tau^{(r)})\, \bar z^{(r)} = \bar\Phi^*$$

mit den rechten Seiten

$$\Phi^* = (\Phi_0^*, \ldots, \Phi^*_{N_1+n})^{\mathsf T} \quad \text{und} \quad \bar\Phi^* = (\Phi^*_{N_1+n}, \ldots, \Phi_N^*)^{\mathsf T},$$

wobei

$$\Phi_i^* = \begin{cases} 0, & i = 0, N_1 + n, N, \\ (\tau^{(r)} - \tau^{(r-1)})\,(\Lambda_1 y_i^{(r-1)} + \check{f}_i), & i = 1, \ldots, N_1 + n - 1, \\ (\tau^{(r)} - \tau^{(r-1)})\,(\Lambda_2 \bar{y}_i^{(r-1)} + \check{\bar{f}}_i), & i = N_1 + n + 1, \ldots, N - 1. \end{cases}$$

Es sei $\tau^{(1)} - \tau^{(0)} \geqq 0$. Aus $\tau^{(r)} - \tau^{(r-1)} \geqq 0$ für ein $r \geqq 1$ folgt $\Phi^* \geqq 0$ und $\bar{\Phi}^* \geqq 0$ und damit wegen Bedingung (3.4) $z^{(r)} \geqq 0$ bzw. $\bar{z}^{(r)} \geqq 0$. Da ferner Gleichung (2.9) die Identität

$$\tau^{(r+1)} - \tau^{(r)} = \left(a^{-1}k \sum_{i=1}^{N_1+n-1} z_i^{(r)}h + \bar{a}^{-1}\bar{k} \sum_{i=N_1+n+1}^{N-1} \bar{z}_i^{(r)}h\right) \Big/ A_{n-1}$$

nach sich zieht, ist $\tau^{(r+1)} - \tau^{(r)} \geqq 0$. Der Fall $\tau^{(1)} - \tau^{(0)} < 0$ liefert ein analoges Ergebnis. Damit sind die Zahlenfolgen $\{y_i^{(r)}\}$, $\{\bar{y}_i^{(r)}\}$, $\{\tau^{(r)}\}$ für beliebiges i monoton nichtfallend (nichtwachsend) in r. Aus

$$\tau^{(r+1)} = \left[\gamma h + a^{-1}k \sum_{i=1}^{N_1+n-1} (y_i^{(r)} - \check{y}_i)\,h + \bar{a}^{-1}\bar{k} \sum_{i=N_1+n+1}^{N-1} (\bar{y}_i^{(r)} - \check{\bar{y}}_i)\,h\right] \Big/ A_{n-1},$$

der Beschränktheit von $\{y_i^{(r)}\}$, $\{\bar{y}_i^{(r)}\}$ und aus $\tau^{(r)} > 0$ folgt schließlich die Beschränktheit der Folge $\{\tau^{(r)}\}$. Also konvergieren alle erwähnten Folgen für $r \to \infty$:

$$\lim_{r\to\infty} \tau^{(r)} = \tau$$

und

$$\lim_{r\to\infty} y_i^{(r)} = y_i, \quad x_i \in \overline{\omega}_{1,h}^n, \qquad \lim_{r\to\infty} \bar{y}_i^{(r)} = \bar{y}_i, \quad x_i \in \overline{\omega}_{2,h}^n.$$

Die so definierten Größen sind Lösungen des nichtlinearen Gleichungssystems (2.6) zum Zeitpunkt $t_n = t_{n-1} + \tau$. Davon überzeugt man sich durch den Grenzübergang $r \to \infty$ in den Gleichungen (2.8), (2.9). Ferner erhält man die Abschätzung

$$\left.\begin{aligned} \bar{y}_{x,i} > -\bar{k}^{-1}k\check{q} - \max\left\{(\bar{k}a)^{-1}\,k \max_i \check{f}_i, \bar{a}^{-1} \max_i \check{\bar{f}}_i\right\}, \\ x_i \in \omega_{2,h}^n \cup \{x_{N_1+n}\} \end{aligned}\right\} \tag{3.6}$$

Damit ist folgender Satz bewiesen:

Satz 1. *Die Aufgabe* (2.1)—(2.5) *möge die Voraussetzungen* (V 1), (V 2), (V 3) *und* (V 4) *erfüllen:*

(V 4) *Für* $t > 0$ *ist*

$$(1 - 2h)\min\left\{a^{-1}k \min_x f(x, t), \bar{a}^{-1}\bar{k} \min_x \bar{f}(x, t)\right\} + kq(t) - \bar{k}\bar{q}(t) > 0.$$

Dann hat das nichtlineare Gleichungssystem (2.6) *für* $n = 1, \ldots, N - N_1$ *eine eindeutige Lösung* y^n, $\bar{y}^n$ *und* τ_n. *Es gelten die Abschätzungen* (3.2), (3.3), (3.6) *und*

$$\left.\begin{aligned} &0 < h/\tau_n \leqq L_1, \\ &L_1 = \gamma^{-1}\left(\max\left\{a^{-1}k \max_i f_{i,n-1}, \bar{a}^{-1}\bar{k} \max_i \bar{f}_{i,n-1}\right\} + kq_{n-1} - \bar{k}\bar{q}_{n-1}\right). \end{aligned}\right\} \tag{3.7}$$

Die Lösung kann mit dem Iterationsverfahren (2.8), (2.9) *erhalten werden, wobei die Iterierten für beliebiges* $\tau_n^{(0)} > 0$ *monoton konvergieren.*

Aus den Lösungen y^n, $\bar{y}^n$ und τ_n von Aufgabe (2.6) werden stetige Funktionen $u_h(x, t)$, $\bar{u}_h(x, t)$, $s_h(t)$ konstruiert.

Die Aussagen über Existenz und Eindeutigkeit einer Lösung von Aufgabe (1.1)—(1.3) und über Konvergenz der Funktionen $u_h(x, t)$, $\bar{u}_h(x, t)$, $s_h(t)$ werden der Einfachheit halber nur für den Fall

$$f(x, t) = f = \text{const}, \qquad \bar{f}(x, t) = \bar{f} = \text{const},$$
$$q(t) = q = \text{const}, \qquad \bar{q}(t) = \bar{q} = \text{const}$$

formuliert.

Satz 2. i) *Die Voraussetzungen von Satz* 1 *und die Bedingungen*

$$\Lambda_1 \varphi_i \leqq C, \qquad x_i \in \omega^0_{1,h}, \qquad \varphi_{x,0} = -q,$$
$$\Lambda_2 \bar{\varphi}_i \leqq \bar{C}, \qquad x_i \in \omega^0_{2,h}, \qquad \bar{\varphi}_{\bar{x},N} = -\bar{q}, \qquad C, \bar{C} \text{ Konstanten,}$$

seien für alle hinreichend kleinen $h > 0$ erfüllt. Außerdem sei

$$L_2 = \gamma^{-1}(kq - \bar{k}\bar{q} - \max\{a^{-1}kM, \bar{a}^{-1}\bar{k}\bar{M}\}) > 0.$$

Die Konstanten M, $\bar{M}$ sind definiert durch

$$M = \max\{C, L_1(\psi'(1) + q + a^{-1}f) - f\},$$
$$\bar{M} = \max\{\bar{C}, L_1(\psi'(1) + M_1) - \bar{f}\},$$
$$M_1 = \max\{\bar{k}^{-1}k(q + a^{-1}f), \bar{q} + \bar{a}^{-1}(1 - s_0)\,\bar{C}\}.$$

ii) *Die Funktionen $\varphi(x)$, $\bar{\varphi}(x)$ seien zweimal stetig differenzierbar und mögen den Gleichungen*

$$\varphi(s_0) = \bar{\varphi}(s_0) = \psi(s_0), \qquad \varphi'(0) = -q, \qquad \bar{\varphi}'(1) = -\bar{q}$$

genügen. Schließlich sollen die Lösungen u und $\bar{u}$ der Aufgaben (1.1) *bzw.* (1.2) *für beliebige Kurven $x = \xi(t)$ mit der Eigenschaft* (3.1) *in den Gebieten*

$$\Omega_1(\xi, \delta) = \{0 < x < \xi(t) - \delta, 0 < t \leqq T\}$$

und

$$\Omega_2(\xi, \delta) = \{\xi(t) + \delta < x < 1, 0 < t < T(\delta) \text{ mit } T(\delta) \text{ aus } \xi\big(T(\delta)\big) = 1 - \delta\}$$

für beliebiges $\delta > 0$ durch eine evtl. von δ abhängige Größe beschränkte Ableitungen $\frac{\partial^4}{\partial x^4}$, $\frac{\partial^2}{\partial t^2}$ besitzen.

iii) *Es gelte*

$$a^{-1}k\big(\psi'(1) + a^{-1}f + \max\{q, \psi'(1)\}\big) +$$
$$+ \bar{a}^{-1}\bar{k}\big(\psi'(1) + \max\{\psi'(s_0), \bar{k}^{-1}k(q + a^{-1}f), \bar{k}^{-1}kq + \bar{a}^{-1}\bar{f}\}\big) < \gamma.$$

Dann existiert eine eindeutige Lösung $s(t)$, $u(x, t)$, $\bar{u}(x, t)$ der Aufgabe (1.1)—(1.3). *Folgende Ungleichungen gelten:*

$$0 \leqq \frac{\partial u}{\partial t} = a\,\frac{\partial^2 u}{\partial x^2} + f \leqq M + f,$$

$$-q - a^{-1}f \leqq \frac{\partial u}{\partial x} \leqq \psi'(1) + a^{-1}f,$$

$$\psi(s_0) - a^{-1}f - \psi'(1) \leqq u \leqq \psi(1) + a^{-1}f + q,$$

$$0 \leqq \frac{\partial \bar{u}}{\partial t} = \bar{a}\, \frac{\partial^2 \bar{u}}{\partial x^2} + \bar{f} \leqq \bar{M} + \bar{f},$$

$$-\bar{k}^{-1}kq - \max\{(\bar{k}a)^{-1}\, kf, \bar{a}^{-1}\bar{f}\} \leqq \frac{\partial \bar{u}}{\partial x} \leqq \psi'(s_0),$$

$$\bar{\varphi}(1) - (1 - s_0)\, \psi'(s_0) \leqq \bar{u} \leqq \psi(1) + (1 - s_0)\, \psi'(s_0),$$

$$0 < L_2 \leqq \frac{ds}{dt} \leqq L_1.$$

Die Funktionen $u_h(x, t)$, $\bar{u}_h(x, t)$ und $s_h(t)$ konvergieren für eine beliebige Nullfolge $\{h_\nu\}$ gleichmäßig gegen die Lösung $u(x, t)$, $\bar{u}(x, t)$, $s(t)$.

Die Beweisschritte von Satz 2 werden nachstehend kurz angedeutet. Unter den Voraussetzungen i) läßt sich die Ungleichung (3.7) zu $0 < L_2 \leqq h/\tau_n \leqq L_1$ verschärfen, d. h. $\tau_n = O(h)$. Zusammen mit der Kompaktheit der Menge $\{s_h(t)\}$ für eine Nullfolge $\{h_\nu\}$ sichert dies die Existenz einer Zahl $T > 0$ und einer stetigen Funktion $s(t)$, die den Bedingungen $s(0) = s_0$, $s(T) = 1$,

$$0 < L_2 \leqq \frac{s(t_1) - s(t_2)}{t_1 - t_2} \leqq L_1, \qquad t_1 \neq t_2, \qquad t_1, t_2 \in [0, T],$$

genügt. In den Gebieten $\bar{\Omega}_1 = \{0 \leqq x \leqq s(t), 0 \leqq t \leqq T\}$ und $\bar{\Omega}_2 = \{s(t) \leqq x \leqq 1, 0 \leqq t \leqq T\}$ besitzen die Randwertprobleme (1.1) bzw. (1.2) eindeutige Lösungen $u(x, t)$ bzw. $\bar{u}(x, t)$. Dies kann mit der Methodik aus [5], S. 273ff., und den Voraussetzungen ii) gezeigt werden. Die Funktionen $u_h(x, t)$ und $\bar{u}_h(x, t)$ konvergieren gleichmäßig gegen die Lösungen $u(x, t)$ bzw. $\bar{u}(x, t)$. Über eine Integralidentität läßt sich beweisen, daß $s(t)$ differenzierbar ist und zusammen mit u und $\bar{u}$ die Stefan-Bedingung (1.3) erfüllt. Punkt iii) sichert die Eindeutigkeit der Lösung und damit die Konvergenz der Funktionen u_h, $\bar{u}_h$, s_h für beliebige Nullfolgen $\{h_\nu\}$.

4. Numerische Resultate

Das in Abschnitt 2 beschriebene Verfahren wurde in einem FORTRAN-Programm realisiert und an verschiedenen Beispielen getestet. Die theoretisch erhaltene monotone Konvergenz der Folge $\{\tau_n^{(r)}\}$ konnte praktisch nur bei Verwendung doppelter Mantissenlängen gesichert werden. Bei Verwendung einfacher Mantissenlängen geht diese Eigenschaft nach wenigen Schritten verloren: Die Folge der $\tau_n^{(r)}$ oszilliert um einen gewissen Wert und verbessert sich nicht.

Die folgenden Ergebnisse wurden für eine Testaufgabe mit der exakten Lösung

$$u(x, t) = -1{,}5x^2 - x + 4{,}5 \exp(2t) - 1{,}5 \exp t,$$

$$\bar{u}(x, t) = -0{,}5x^2 + 2{,}25 \exp(2t),$$

$$s(t) = 1{,}5 \exp t - 1 \quad \text{bzw.} \quad t(s) = \ln(s + 1) - \ln 1{,}5$$

erhalten. In der folgenden Tabelle sind die relativen Fehler $[t_N(s) - t(s)]/t(s)$ für ausgewählte Werte s und N aufgeführt. Dabei bezeichnet $t_N(s)$ die mit einer relativen Genauigkeit von 0,1 E-5 ermittelte Näherung von $t(s)$ mit $h = N^{-1}$. Die Resultate lassen auf lineare Konvergenz der Differenzenmethode für die betrachtete Aufgabe schließen.

s	.6	.7	.8	.9	1.
$t(s)$	.064539	.125163	.182322	.236389	.287682
$N =$ 10	.115 E 0	.108 E 0	.102 E 0	.980 E-1	.959 E-1
20	.503 E-1	.473 E-1	.448 E-1	.429 E-1	.417 E-1
50	.186 E-1	.176 E-1	.167 E-1	.160 E-1	.155 E-1
100	.908 E-2	.861 E-2	.817 E-2	.783 E-2	.758 E-2
200	.446 E-2	.426 E-2	.404 E-2	.387 E-2	.375 E-2
400	.223 E-2	.213 E-2	.202 E-2	.193 E-2	.187 E-2

Literatur

[1] Будак, Б. М., Ф. П. Васильев и А. Б. Успенский, Разностные методы решения некоторых краевых задачах типа Стефана, в сб. ,,Численные методы в газовой динамике'', вып. 4, Изд. МГУ, Москва 1965, стр. 139—183.

[2] Васильев, Ф. П., и А. Б. Успенский, Разностный метод решения двухфазной задачи Стефана, ЖВМиМФ 3 (1963), 874—883.

[3] Васильев, Ф. П., и А. Б. Успенский, О методе конечных разностей для решения двухфазной задачи Стефана для квазилинейного уравнения, ДАН СССР 152 (1964), 1034—1037.

[4] Павлов, А. Р., Разностный метод решения первой краевой задачи типа Стефана, в сб. ,,Некоторые вопросы дифференциальных и интегральных уравнений и их приложений'', вып. 1, Якутск 1975, стр. 92—98.

[5] Petrowski, I. G., Vorlesungen über partielle Differentialgleichungen, B. G. Teubner Verlagsgesellschaft, Leipzig 1955 (Übersetzung aus dem Russischen).

Manuskripteingang: 29. 7. 1979

VERFASSER:

Dipl.-Math. Uwe Streit, Sektion Mathematik der Technischen Hochschule Karl-Marx-Stadt

Beiträge zur Numerischen Mathematik
10 (1981), 181–189

Zur Auswahl glatter Lösungen über der Lösungsmannigfaltigkeit unterbestimmter schlechtkonditionierter Systeme

ULRICH TAUTENHAHN

1. Einleitung

Unterbestimmte lineare und nichtlineare Gleichungssysteme

$$Ax = b \quad \text{bzw.} \quad Fx = b \tag{1}$$

mit (m,n)-Matrizen A bzw. frechétdifferenzierbaren Operatoren $F: [R^n \to R^m]$, wobei $Fx = \{f_i(x)\}_{i=1}^m$ sowie $x \in R^n$ und $b \in R^m$ gilt, entstehen beispielsweise bei der Diskretisierung einer endlichen Zahl von Funktionalen

$$\int_a^b k_i(t, x(t))\, dt = b_i, \qquad i = 1, \ldots, m, \tag{2}$$

über einer gesuchten Funktion $x(t)$. Die Gleichung (1) heiße unterbestimmt, falls A einen nichttrivialen Nullraum $N(A) = \{x \in R^n : Ax = 0\}$ bzw. falls F einen nichttrivialen Nullraum $N(F) = \{x \in R^n : Fx = 0\}$ besitzt. Wird aus der Vielzahl der Funktionen $x(t)$, die die Bedingung (2) erfüllen, eine bestimmte durch Minimierung eines quadratischen Funktionals ausgewählt — durch Betrachtung des Funktionals

$$\sum_{s=k}^{r} \int_a^b p_s(t)\, [x^{(s)}(t) - \bar{x}^{(s)}(t)]^2\, dt \tag{3}$$

mit Gewichtsfunktionen $p_s(t) > 0$ und vorgegebener Funktion $\bar{x}(t)$ können beispielsweise oszillierende Anteile in der Funktion $[x(t) - \bar{x}(t)]$ klein gehalten und somit glatte Lösungen hervorgehoben werden —, so sind im diskreten Analogon quadratische Formen $(x - \bar{x})^{\mathrm{T}} B(x - \bar{x})$ für symmetrische nichtnegative (n,n)-Matrizen B über den Lösungsmannigfaltigkeiten $N(A, b)$ bzw. $N(F, b)$ von (1) zu minimieren. Im weiteren heiße der Vektor $x \in R^n$ $(B,\bar{x})$-verallgemeinerte normale Lösung von (1), wenn er das Funktional $(x - \bar{x})^{\mathrm{T}} B(x - \bar{x})$ über der Lösungsmannigfaltigkeit von (1) minimiert.

Aus der Gesamtheit der Lösungen eines sich aus der Approximation von (2) ergebenden unterbestimmten Gleichungssystems können somit über die $(B,\bar{x})$-verallgemeinerte normale Lösung ausreichend glatte Näherungen für (2) bestimmt werden, solange die verallgemeinerte normale Lösung des approximierenden Gleichungssystems (1) ausreichend stabil bezüglich Änderungen der rechten Seite und damit gegenüber Meßfehlern und dem Quadraturfehler bleibt.

Eindeutigkeitsfragen zur Bestimmung der $(B,\bar{x})$-verallgemeinerten normalen Lösung von (1) sowie die Untersuchung von Algorithmen für deren Bestimmung hinsichtlich Rechenaufwand und Kondition bilden den Gegenstand der folgenden Untersuchungen. Dabei erweist sich bei singulären Matrizen B die Bestimmung der $(B,\bar{x})$-verallgemeinerten normalen Lösung unter Nichtbenutzung der zum Nullraum von B orthogonalen Basis als günstig. Zusätzlich werden numerische Vorteile der Golub-Technik sowie der Hermite-Transformation diskutiert. Dabei bezeichne im weiteren W eine (n,k)-Matrix aus linear unabhängigen Vektoren von $N(B)$ und V eine $(n,n-k)$-Matrix mit der Eigenschaft rang $(V \vdots W) = n$. Des weiteren gelte rang $(A) = m$.

2. Zur Berechnung verallgemeinerter normaler Lösungen linearer Systeme

Bekanntlich kann die $(B,\bar{x})$-verallgemeinerte normale Lösung des linearen Gleichungssystems (1) für invertierbare Matrizen B über

$$x^* = \bar{x} - B^{-1}A^{\mathsf{T}}(AB^{-1}A^{\mathsf{T}})^{-1}(A\bar{x} - b) \tag{4}$$

erhalten werden [2]. Enthält das Funktional (3) nur Ableitungen, so ist die durch Diskretisierung entstehende Matrix B nicht mehr invertierbar. In diesem Falle sind aber die Lösungen der homogenen Gleichung $Bx = 0$ elementar bekannt und erlauben eine Transformation des Problems.

Satz 1. *Unter der Voraussetzung* rang AW = rang $W = k$ *berechnet sich die* $(B,\bar{x})$-*verallgemeinerte normale Lösung unter Benutzung der Bezeichnung* $D = V(V^{\mathsf{T}}BV)^{-1}V^{\mathsf{T}}$ *eindeutig über*

$$x^* = \bar{x} - DA^{\mathsf{T}}\lambda + Wz_2, \tag{5}$$

wobei λ *und* z_2 *eindeutige Lösung des Gleichungssystems*

$$\begin{pmatrix} -ADA^{\mathsf{T}} & AW \\ W^{\mathsf{T}}A^{\mathsf{T}} & 0 \end{pmatrix} \begin{pmatrix} \lambda \\ z_2 \end{pmatrix} = \begin{pmatrix} b - A\bar{x} \\ 0 \end{pmatrix} \tag{6}$$

sind. Unter der zusätzlichen Voraussetzung rang $AV = m$ *kann die Lösung von* (6) *über*

$$\begin{aligned} \lambda &= (ADA^{\mathsf{T}})^{-1}(AWz_2 + A\bar{x} - b), \\ z_2 &= \{W^{\mathsf{T}}A^{\mathsf{T}}(ADA^{\mathsf{T}})^{-1}AW\}^{-1}W^{\mathsf{T}}A^{\mathsf{T}}(ADA^{\mathsf{T}})^{-1}(b - A\bar{x}) \end{aligned} \tag{7}$$

erhalten werden.

Beweis. Für die Lagrangegleichungen der Aufgabe

$$(x - \bar{x})^{\mathsf{T}} B(x - \bar{x}) \xrightarrow{x} \min, \qquad \text{NB.: } Ax = b,$$

erhalten wir unter Benutzung des möglichen Ansatzes $x = \bar{x} + Vz_1 + Wz_2$ das zu lösende Gleichungssystem

$$\begin{aligned} BVz_1 + \qquad\quad A^{\mathsf{T}}\lambda &= 0, \\ AVz_1 + AWz_2 \qquad &= b - A\bar{x} \end{aligned}$$

mit λ als Hilfsvektor der Dimension m. Wegen $W^{\mathsf{T}}B = 0$ und rang $(V \vdots W) = n$ erhalten wir hieraus nach Multiplikation der ersten Zeile mit $(V \vdots W)$ das lineare Gleichungssystem

$$\begin{pmatrix} V^{\mathsf{T}}BV & 0 & V^{\mathsf{T}}A^{\mathsf{T}} \\ 0 & 0 & W^{\mathsf{T}}A^{\mathsf{T}} \\ AV & AW & 0 \end{pmatrix} \begin{pmatrix} z_1 \\ z_2 \\ \lambda \end{pmatrix} = \begin{pmatrix} 0 \\ 0 \\ b - A\bar{x} \end{pmatrix},$$

dessen eindeutige Lösbarkeit nachzuweisen ist. Da $V^{\mathsf{T}}BV$ invertierbar ist, ergeben sich hieraus sofort die Formeln (5) und (6). Um jetzt die eindeutige Lösbarkeit von (6) zu zeigen, kann unter Benutzung der Regularität von $V^{\mathsf{T}}BV$ und der Voraussetzung $\operatorname{rang} A = m$ sowie $\operatorname{rang}(V \vdots W) = n$ gezeigt werden, daß das homogene System von (6) lediglich trivial lösbar ist. Die Gültigkeit von (7) zeigt man durch Einsetzen in (6). Da unter der Voraussetzung $\operatorname{rang} AV = m$ die Matrix ADA^{T} regulär ist, sind folglich alle in (7) vorkommenden Inversionen ausführbar.

Bemerkung 1. Für den Fall $\dim N(B) = 0$ ist (5) äquivalent zu (4).

Bemerkung 2. Für den Fall $\dim N(B) > 0$ sind die in Formel (5) auftretenden Matrizen V und W nicht eindeutig bestimmt. Für deren günstige Wahl können numerische Gesichtspunkte herangezogen werden.

Bemerkung 3. Bei fester Wahl von V und W können zur Berechnung von (5) im Interesse des Einflusses von Rundungsfehlern numerische Vorteile der Golub-Technik sowie der Hermite-Transformation genutzt werden.

Es gelte im weiteren $\dim N(B) = k$. Dann bieten sich zwei Möglichkeiten der Wahl von V an:

a) $V = (0 \vdots I_{n-k} \vdots 0)^{\mathsf{T}}$ mit I_{n-k} als Einheitsmatrix des R^{n-k}.

b) Die Spalten der Matrix V seien die Eigenvektoren der Matrix B zu den Eigenwerten, die ungleich null sind.

Da die durch Diskretisierung des Funktionals (3) entstehenden Matrizen B Bandstruktur besitzen, bleibt diese bei Benutzung der Variante a) für die Matrix $V^{\mathsf{T}}BV$ erhalten, so daß folglich bei der Lösung der m Gleichungssysteme $(V^{\mathsf{T}}BV)\,X = V^{\mathsf{T}}A^{\mathsf{T}}$ spezielle Eliminationsalgorithmen benutzt werden können. Die Benutzung der Variante b) erfordert wegen $V(V^{\mathsf{T}}BV)^{-1}V^{\mathsf{T}} = B^{+}$ nicht die Kenntnis der Matrix V; B^{+} bezeichne dabei die zu B pseudoinverse Matrix, für deren Berechnung eine Vielzahl von Verfahren existieren [7]. Eine Möglichkeit der Ermittlung von B^{+} ist deren Berechnung über die Formel

$$B^{+} = (B^{\mathsf{T}}B + WW^{\mathsf{T}})^{-1}B^{\mathsf{T}}, \tag{8}$$

die die Kenntnis der Matrix W erfordert [4]. Für symmetrische Matrizen B kann die Berechnung von (8) durch

$$B^{+} = (B + WW^{\mathsf{T}})^{-1}\,P = P(B + WW^{\mathsf{T}})^{-1}, \tag{9}$$

wobei $P = I - W(W^{\mathsf{T}}W)^{-1}W^{\mathsf{T}}$ gilt, ersetzt werden, deren Äquivalenz zu (8) durch Multiplikation von rechts mit $(B + WW^{\mathsf{T}})$ und von links mit $(B^{\mathsf{T}}B + WW^{\mathsf{T}})$ wegen $BP = PB = B$ und $PW = 0$ erhalten werden kann. Die Nutzung von (8) bzw. (9) zur für (5) erforderlichen Berechnung von DA^{T} besitzt gegenüber der Nutzung von Variante a) jedoch den Nachteil, daß die Bandstruktur von B verlorengeht.

Ein weiterer Gesichtspunkt bei der Auswahl einer Variante der Wahl von V muß die Genauigkeit des Verfahrens sein. Da die Genauigkeit der Ergebnisse von der Kondition der zu invertierenden Matrizen abhängig ist, basieren weitere Untersuchungen auf einem Vergleich der Kondition der Matrizen $(B + WW^{\mathsf{T}})$ und $V^{\mathsf{T}}BV$ für spezielle V in Abhängigkeit von der Anzahl der Stützstellen, die bei der Diskretisierung von (3) verwendet werden. Ein Vergleich mit der Kondition der Matrix $(B^{\mathsf{T}}B + WW^{\mathsf{T}})$ ist insofern sinnlos, als die Kondition dieser Matrix gleich dem Quadrat der Kondition der Matrix $(B + WW^{\mathsf{T}})$ ist. Bei der Untersuchung von $(B + WW^{\mathsf{T}})$ genügt es, die Matrix B zu untersuchen, da die Matrix $(B + WW^{\mathsf{T}})$ die gleichen Eigenwerte wie B besitzt bis auf die Eigenwerte null, die für orthogonale w_j (w_j, $j = 1, \ldots, k$, bezeichne die j-te Spalte von W) zu $\|w_j\|^2$ werden.

Ist aus der Lösungsmannigfaltigkeit von (1) diejenige Lösung auszuwählen, deren Differenz zu einer vorgegebenen Näherung $\bar{x}$ minimalen Anstieg besitzt, dann ist B aus der Diskretisierung des Funktionals

$$\int_a^b [x'(t) - \bar{x}'(t)]^2 \, dt$$

zu bestimmen. Werden n äquidistante Stützstellen vorausgesetzt, so entsteht die (n,n)-Matrix

$$B = \begin{bmatrix} 1 & -1 & & & & \\ -1 & 2 & -1 & & & 0 \\ & \cdot & \cdot & \cdot & & \\ & & \cdot & \cdot & \cdot & \\ & & & \cdot & \cdot & \cdot \\ & & & -1 & 2 & -1 \\ 0 & & & & -1 & 1 \end{bmatrix}. \tag{10}$$

Die Matrix B besitzt einen Eigenwert null mit dem dazugehörigen Eigenvektor $w_1{}^{\mathsf{T}} = (1 \ldots 1)^{\mathsf{T}}$.

Satz 2. *Für die Kondition der Matrizen* $(B + WW^{\mathsf{T}})$ *und* $V^{\mathsf{T}}BV$ *mit* $V^{\mathsf{T}} = (I_{n-1} \vdots 0)$, *wobei sich die Matrix B über* (10) *ergibt, gilt*

$$\operatorname{cond}(B + WW^{\mathsf{T}}) = 4n^2/\pi^2 + O(1), \tag{11}$$

$$\operatorname{cond}(V^{\mathsf{T}}BV) = 16(n^2 - n)/\pi^2 + O(1). \tag{12}$$

Beweis. Die Matrix B besitzt einen Eigenwert null; die restlichen Eigenwerte berechnen sich über

$$b_k = 2 - 2\cos(k\pi/n), \qquad k = 1, \ldots, n-1$$

[1]. Bezeichnet abkürzend $x = \pi/n$, dann erhalten wir

$$\operatorname{cond}(B + WW^{\mathsf{T}}) = (1 + \cos x)/(1 - \cos x),$$

woraus die zu beweisende Beziehung (11) folgt. Die Matrix $V^{\mathsf{T}}BV$ besitzt die Eigenwerte

$$\tilde{b}_k = 2 - 2\cos[(2k + 1)\pi/(2n - 1)], \qquad k = 0, \ldots, n - 2$$

[1]. Bezeichnet abkürzend $\tilde{x} = \pi/(2n - 1)$, dann gilt

$$\operatorname{cond}(V^{\mathsf{T}}BV) = (1 + \cos 2\tilde{x})/(1 - \cos \tilde{x}),$$

woraus die zu beweisende Beziehung (12) folgt.

Ist aus der Lösungsmannigfaltigkeit von (1) diejenige Lösung auszuwählen, deren Differenz zu einer vorgegebenen Näherung x minimale Krümmung besitzt, dann ist B aus der Diskretisierung des Funktionals

$$\int_a^b [x''(t) - \bar{x}''(t)]^2 \, dt$$

zu bestimmen. Werden n äquidistante Stützstellen vorausgesetzt, so entsteht die (n,n)-Matrix

$$B = \begin{pmatrix} 1 & -2 & 1 & & & & & \\ -2 & 5 & -4 & 1 & & & & \mathbf{0} \\ 1 & -4 & 6 & -4 & 1 & & & \\ & \cdot & \cdot & \cdot & \cdot & \cdot & & \\ & & \cdot & \cdot & \cdot & \cdot & \cdot & \\ & & & \cdot & \cdot & \cdot & \cdot & \cdot \\ & & & 1 & -4 & 6 & -4 & 1 \\ \mathbf{0} & & & & 1 & -4 & 5 & -2 \\ & & & & & 1 & -2 & 1 \end{pmatrix}. \tag{13}$$

Diese Matrix besitzt zwei Eigenwerte null mit den dazugehörigen Eigenvektoren $w_1^{\mathsf{T}} = (1 \ldots 1)^{\mathsf{T}}$ und $w_2^{\mathsf{T}} = (1\,2 \ldots n)^{\mathsf{T}}$.

Satz 3. *Für die Kondition der Matrizen* $(B + WW^{\mathsf{T}})$ *und* $V^{\mathsf{T}}BV$ *mit* $V^{\mathsf{T}} = (0 \vdots I_{n-2} \vdots 0)$, *wobei sich die Matrix B über* (13) *ergibt, gilt*

$$\operatorname{cond}(V^{\mathsf{T}}BV) = 16(n - 1)^4/\pi^4 + O(n^2), \tag{14}$$

$$\operatorname{cond}(B + WW^{\mathsf{T}}) = 16(n - 1)^4/\pi^4 + O(n^2). \tag{15}$$

Beweis. Analog zu Satz 2 weist man nach, daß sich die Eigenwerte der Matrix $V^{\mathsf{T}}BV$ über

$$b_k = 4[\cos k\pi/(n - 1) - 1]^2, \qquad k = 1, \ldots, n - 2,$$

berechnen lassen [6]. Folglich gilt unter Benutzung der Akbürzung $x = \pi/(n-1)$

$$\operatorname{cond}(V^{\mathsf T}BV) = (\cos x + 1)^2/(\cos x - 1)^2,$$

woraus die zu beweisende Beziehung (14) folgt. Unter Benutzung der Kenntnis der Eigenwerte von $V^{\mathsf T}BV$ ist weiterhin der Nachweis von Abschätzungen der Eigenwerte $0 = \tilde b_1 = \tilde b_2 < \tilde b_3 < \cdots < \tilde b_n$ der Matrix B nachweisbar. Insbesondere gilt [6]

$$b_j < \tilde b_{j+2} < b_{j+2}, \qquad j = 1, \ldots, n-4,$$

sowie $b_{n-3} < \tilde b_{n-1} \leqq 16$ und $b_{n-2} < \tilde b_n \leqq 16$. Somit erhalten wir

$$b_{n-2}/b_2 \leqq \operatorname{cond}(B + WW^{\mathsf T}) \leqq 16/b_1,$$

woraus die zu beweisende Beziehung (15) folgt.

Die über Satz 2 und Satz 3 durchgeführten Konditionsuntersuchungen zeigen keinen wesentlichen Unterschied der Konditionszahlen von $(B + WW^{\mathsf T})$ und $V^{\mathsf T}BV$. Somit erweist sich die Berechnung der $(B,\bar x)$-verallgemeinerten normalen Lösung unter Nichtbenutzung der zum Nullraum von B orthogonalen Basis als vorteilhaft, da dem geringeren Aufwand durch Ausnutzen der Bandgestalt von B kein wesentlicher Konditionsverlust gegenübersteht.

Im Interesse der Verringerung des Einflusses von Rundungsfehlern bei der Berechnung von (5) können numerische Vorteile der Golub-Technik sowie der Hermite-Transformation genutzt werden. Analog zum Vorgehen von GOLUB [3] kann nach der Cholesky-Zerlegung von $V^{\mathsf T}BV = S^{\mathsf T}S$ die Matrix $\tilde A = AVS^{-1}$ der Householder-Transformation unterworfen werden. Die Zerlegungen $A = (L \,\vdots\, 0)\, Q_1$ und $L^{-1}AW = Q_2(R^{\mathsf T} \,\vdots\, 0)^{\mathsf T}$ mit L als unterer (m,m)-Dreiecksmatrix sowie R als oberer (k,k)-Dreiecksmatrix erlauben die Berechnung von (5) über

$$x^* = \bar x + VS^{-1}\tilde Q_1{}^{\mathsf T}(I - \tilde Q_2\tilde Q_2{}^{\mathsf T})\, L^{-1}(b - A\bar x) + WR^{-1}\tilde Q_2{}^{\mathsf T}L^{-1}(b - A\bar x). \quad (16)$$

Dabei ist $\tilde Q_1$ eine $(m,n-k)$-Matrix, die aus der unitären $(n-k, n-k)$-Matrix Q_1 durch Streichen der letzten $n-m-k$ Zeilen entsteht, und $\tilde Q_2$ eine (m,k)-Matrix, die aus der unitären (m,m)-Matrix Q_2 durch Streichen der letzten $m-k$ Spalten entsteht. Bei der Realisierung von (16) ist ein Gleichungssystem mit der Systemmatrix L zu lösen, deren Konditionszahl wegen $ADA^{\mathsf T} = LL^{\mathsf T}$ gleich der Wurzel der Konditionszahl der Matrix $ADA^{\mathsf T}$ ist. Des weiteren ist ein Gleichungssystem mit der Systemmatrix R zu lösen, deren Konditionszahl wegen $W^{\mathsf T}A^{\mathsf T}(ADA^{\mathsf T})^{-1}AW = R^{\mathsf T}R$ gleich der Wurzel der Konditionszahl der Matrix $W^{\mathsf T}A^{\mathsf T}(ADA^{\mathsf T})^{-1}AW$ ist.

Bei der Nutzung der Hermite-Transformation [7] zur numerischen Berechnung von (5) kann nach der Cholesky-Zerlegung von $V^{\mathsf T}BV = S_1{}^{\mathsf T}S_1$ die $(m,n-k)$-Matrix $\tilde A_1 = AVS_1{}^{-1}$ der Hermite-Transformation unterworfen werden. Die Zerlegung $P_1\tilde A_1T_1 = (I_m \,\vdots\, K_1)$ mit P_1 als nichtsingulärer (m,m)-Matrix, T_1 als Permutationsmatrix der Dimension $(n-k, n-k)$ und K_1 als Matrix der Dimension $(m, n-m-k)$ erlaubt einen Übergang von (5) in die Gestalt

$$x^* = \bar x + VS_1{}^{-1}T_1(I_m \,\vdots\, K_1)^{\mathsf T}\,(I_m + K_1K_1{}^{\mathsf T})^{-1}\, P_1(b - A\bar x - AWz_2) + Wz_2, \quad (17)$$

wobei z_2 Lösung des Gleichungssystems

$$W^{\mathsf{T}}A^{\mathsf{T}}P_1^{\mathsf{T}}(I_m + K_1K_1^{\mathsf{T}})^{-1} P_1AWz_2 = W^{\mathsf{T}}A^{\mathsf{T}}P_1(I_m + K_1K_1^{\mathsf{T}})^{-1} P_1(b - A\bar{x}) \tag{18}$$

ist. Zur Lösung des Gleichungssystems (18) ist nochmals die Anwendung der Hermite-Transformation möglich. Nach der Cholesky-Zerlegung $(I_m + K_1K_1^{\mathsf{T}}) = S_2S_2^{\mathsf{T}}$ kann die (k,m)-Matrix $\tilde{A}_2 = W^{\mathsf{T}}A^{\mathsf{T}}P_1^{\mathsf{T}}S_2^{\mathsf{T}-1}$ der Hermite-Transformation unterworfen werden. Dabei erhalten wir aus der Zerlegung $P_2\tilde{A}_2T_2 = (I_k \vdots K_2)$, daß (18) äquivalent ist zu

$$z_2 = P_2^{\mathsf{T}}(I_k + K_2K_2^{\mathsf{T}})^{-1} (I_k \vdots K_2)\, T_2^{\mathsf{T}}S_2^{-1}P_1(b - A\bar{x})$$

und folglich (17) äquivalent ist zu

$$\begin{aligned} x^* = \bar{x} + VS_1^{-1}T_1(I_m \vdots K_1)^{\mathsf{T}}\, S_2^{\mathsf{T}-1} \\ \times \{I_m - T_2(I_k \vdots K_2)^{\mathsf{T}}\, (I_k + K_2K_2^{\mathsf{T}})^{-1}\, (I_k \vdots K_2)\, T_2^{\mathsf{T}}\}\, S_2^{-1}P_1(b - A\bar{x}). \end{aligned} \tag{19}$$

Bei der Realisierung von (19) ist anstelle eines Gleichungssystems mit der Systemmatrix $W^{\mathsf{T}}A^{\mathsf{T}}(ADA^{\mathsf{T}})^{-1}AW$ ein Gleichungssystem mit der besser konditionierten Matrix $(I_k + K_2K_2^{\mathsf{T}})$ und anstelle eines Gleichungssystems mit der Systemmatrix ADA^{T} ein Gleichungssystem mit der besser konditionierten Matrix S_2 zu lösen. Somit können auch durch Anwendung der Hermite-Transformation numerische Schwierigkeiten umgangen werden, falls die in Formel (5) vorkommenden zu invertierenden Matrizen schlechte Kondition besitzen.

3. Verallgemeinerte normale Lösungen nichtlinearer Systeme

Zur Konstruktion von Verfahren für die Berechnung $(B,\bar{x})$-verallgemeinerten normaler Lösungen nichtlinearer unterbestimmter Systeme eignet sich der Ansatz

$$(x - \bar{x})^{\mathsf{T}}\, B(x - \bar{x}) \xrightarrow{x} \min, \qquad \text{NB.: } Fx - b = 0. \tag{20}$$

Die Anwendung der Lagrangeschen Multiplikatorenmethode ergibt hieraus das nichtlineare Gleichungssystem

$$\left.\begin{aligned} B(x - \bar{x}) + F'(x)^{\mathsf{T}}\, \lambda &= 0, \\ Fx - b &= 0 \end{aligned}\right\} \tag{21}$$

mit λ als Hilfsvektor der Dimension m. Die Lösung dieses Gleichungssystems ist iterativ möglich. Ungeeignet erweist sich jedoch die Anwendung des Newton-Verfahrens [5], da bei dessen Anwendung in jedem Iterationsschritt zweite partielle Ableitungen von F zu berechnen wären sowie ein Gleichungssystem der Ordnung $n + m$ zu lösen wäre. Vorteile aus der Sicht des Aufwands zur Lösung von (21) bietet die vereinfachte Linearisierung

$$\left.\begin{aligned} B(x - \bar{x}) + F'(x_k)^{\mathsf{T}} \lambda &= \mathbf{0}, \\ Fx_k + F'(x_k)(x - x_k) - b &= \mathbf{0}, \end{aligned}\right\} \tag{22}$$

die keine Berechnung zweiter partieller Ableitungen von F erfordert. Des weiteren entfällt für invertierbare Matrizen B infolge der möglichen Transformation von (22) auf die Gestalt

$$x_{k+1} = \bar{x} - B^{-1}F_k'^{\mathsf{T}}(F_k'B^{-1}F_k'^{\mathsf{T}})^{-1}[Fx_k + F_k'(\bar{x} - x_k) - b] \tag{23}$$

auch die Berechnung der Lagrangeschen Multiplikatoren. F_k' stehe dabei hier und im weiteren abkürzend für $F'(x_k)$. Ein Iterationsschritt des Verfahrens (23) entspricht dem Lösen der bedingten Extremwertaufgabe

$$(x - \bar{x})^{\mathsf{T}} B(x - \bar{x}) \xrightarrow{x} \min, \quad \text{NB.: } Fx_k + F_k'(x - x_k) - b = \mathbf{0}.$$

Für singuläre Matrizen B mit bekanntem Nullraum $N(B)$ ist analog zu Satz 1 eine Transformation von (23) in einen Ausdruck mit invertierbaren Matrizen möglich. Dazu wird in (5) x^* durch x_{k+1} ersetzt, A durch $F'(x_k)$ ersetzt und b durch $b + F_k'x_k - Fx_k$ ersetzt. Im Interesse der Verringerung des Einflusses von Rundungsfehlern können dabei analog zu Abschnitt 2 numerische Vorteile der Golub-Technik sowie der Hermite-Transformation genutzt werden.

Für Aufgaben mit solchen großen Konditionszahlen von $F_k'B^{-1}F_k'^{\mathsf{T}}$, die deren Invertierung praktisch unmöglich machen, bzw. für Aufgaben mit rang $F'(x) < m$ sind regularisierte Verfahren erforderlich. Durch Regularisierung der Iterationsvorschrift (23) entsteht das Verfahren

$$x_{k+1} = \bar{x} - B^{-1}F_k'^{\mathsf{T}}(F_k'B^{-1}F_k'^{\mathsf{T}} + \alpha I)^{-1}[Fx_k + F_k'(\bar{x} - x_k) - b], \tag{24}$$

dessen Grenzwert x_α nicht zur Lösungsmannigfaltigkeit von $Fx = b$ gehört, dessen Anwendbarkeit jedoch die Konvergenz $x_\alpha \to x^*$ für $\alpha \to 0$ rechtfertigt. Jeder Schritt des Verfahrens (24) entspricht der Minimierung des quadratischen Funktionals

$$\|Fx_k + F_k'(x - x_k) - b\|^2 + \alpha(x - \bar{x})^{\mathsf{T}} B(x - \bar{x}).$$

Der Grenzwert von (24) ist Lösung der Eulergleichung

$$F'(x)^{\mathsf{T}}(Fx - b) + \alpha B(x - \bar{x}) = \mathbf{0},$$

die man durch partielle Differentiation des Tichonowschen Funktionals

$$\|Fx - b\|^2 + \alpha(x - \bar{x})^{\mathsf{T}} B(x - \bar{x})$$

nach allen Komponenten des Vektors x erhält. Sowohl für Verfahren (23) als auch für Verfahren (24) ist unter newtonähnlichen Voraussetzungen lokal lineare Konvergenz nachweisbar [6]. Das Verfahren (23) erweist sich in einem gewissen Unterraum des R^n sogar als lokal quadratisch konvergent. Für die Wahl des Regularisierungsparameters α können dabei sowohl deterministische als auch stochastische Begründungen herangezogen werden [6].

Literatur

[1] Elliott, J. F., The characteristic roots of certain real symmetric matrices, Master's thesis, Univ. of Tennessee 1953.

[2] Friedrich, V., Zur iterativen Behandlung unterbestimmter und nichtkorrekter linearer Aufgaben, Beitr. Numer. Math. **3** (1975), 11–20.

[3] Golub, G., Numerical methods for solving linear least squares problems, Numer. Math. **7** (1965), 206–216.

[4] Kuhnert, F., Pseudoinverse Matrizen und die Methode der Regularisierung, Teubner-Texte zur Mathematik, Leipzig 1976.

[5] Ortega, J. M., and W. C. Rheinboldt, Iterative Solution of Nonlinear Equations in Several Variables, Academic Press, New York–London 1970.

[6] Tautenhahn, U., Zur näherungsweisen Lösung schlecht konditionierter nichtlinearer Aufgaben, Dissertation, Technische Hochschule Karl-Marx-Stadt 1980.

[7] Zielke, G., Beiträge zur Theorie und Berechnung von verallgemeinerten inversen Matrizen, Dissertation, Martin-Luther-Universität Halle–Wittenberg 1977.

[8] Тихонов, А. Н., и В. Б. Гласко, О применении метода регуляризации в нелинейных задачах, ЖВМиМФ **5** (1965), 463–473.

Manuskripteingang: 30. 1. 1980

VERFASSER:

Dr. rer. nat. Ulrich Tautenhahn, Sektion Mathematik der Technischen Hochschule Karl-Marx-Stadt

Beiträge zur Numerischen Mathematik
10 (1981), 191–202

Coupled finite difference equation solvers based on the cyclic odd-even reduction approaches

Marián Vajteršic

1. Introduction

The problem of solving a coupled system of difference equations often arises in numerical solving elliptic boundary value problems of the fourth order. An effective solving of the Dirichlet problem for the biharmonic equation plays an important role there. At present the method frequently applied for solving the biharmonic boundary value problem on a rectangle is the semidirect one [4–10]. In this process the biharmonic equation is splitted into two coupled Poisson equations which need to be solved numerically in one iteration. For this reason a regular grid of mesh points with a mesh size $h > 0$ is constructed and an effective Poisson solver (whether direct or iterative) is applied for solving these equations.

The SOR method applied to each Poisson equation of the coupled pair separately has been suggested by Greenspan and Schultz [5]. The improved approach where both discrete Poisson equations were solved by SOR method simultaneously has been proposed by these authors in [6]. Considering the complexity estimations for the model Dirichlet problem given in [3], the use of the matrix decomposition algorithm (without the Fast Fourier Transform) and of the cyclic odd-even reduction algorithm, as proposed by Buzbee and Dorr in [1], result in a need to perform for N^2 interior grid points, respectively, $4N^3$ and $9N^2 \log_2 N$ operations in one iteration. Ehrlich [4] has applied the effective Hockney algorithm which needs $5N^2 \log_2 N$ operations per iteration. (The complexity estimations given in this paper are assumed always for a grid which contains N^2 interior grid points.) Since the semidirect process, under optimal smoothing parameters, converges for an accuracy $O(h^2)$ in $O(h^{-1/2} \log_2 h)$ iterations, the most effective algorithms of the mentioned ones compute the solution of the biharmonic problem in $O\left(N^{5/2}(\log_2 N)^2\right)$ operations. The first algorithm which achieves a complexity $O(N^2)$ per iteration is published in [9]. This algorithm performes the iterative process for transformed iteration vectors by evaluating a three-term recurence formula in one iteration.

The second section of this paper presents the finite-difference approximations of the problem with the analysis of the semidirect process, while the modifications of this original process is explained in the third section. In the fourth section we suggest a computation of one iteration by the algoritm FC, proposed here, which is based on an effective application of the cyclic odd-even reduction algorithm (the algorithm CORF in [2]) for evaluating the recurrence formula. The stable version of the algorithm CORF was proposed by Buneman and an application of its first variant [2,

p. 650] to our iterative process is given in the fifth section. The second algorithm developed in this paper, the algorithm FB, is based on the last approach. The block programming structure of the developed algorithms is outlined in the sixth section.

Both the algorithms require $11N^2$ multiplications and $O(N^2)$ additions per iteration. The numbers of additions are $15N^2$ and $23N^2$ for the algorithms FC and FB, respectively. Hence, the complete solution of the biharmonic boundary value problem terminated by the accuracy $O(h^2)$ requires $O(N^{5/2} \log_2 N)$ operations. Together with the algorithm FV [9], these algorithms compute one iteration vector, which consists of N^2 elements, in $O(N^2)$ operations only. In contrast to the efficient algorithms proposed by the authors mentioned above, these three of our algorithms represent an $O(\log_2 N)$ saving in arithmetic operations.

2. The finite-difference approximation of the problem

We shall illustrate the improved approach for solving a coupled set of difference equations on a numerical finite-difference solving the Dirichlet problem for the biharmonic equation

$$\Delta^2 u(x, y) = f(x, y), \qquad (x, y) \in R, \tag{1a}$$

$$u(x, y) = r(x, y), \qquad (x, y) \in \bar{R}, \tag{1b}$$

$$\frac{\partial u}{\partial n}(x, y) = g(x, y), \qquad (x, y) \in \bar{R}, \tag{1c}$$

on a two-dimensional rectangular region $R = (0, a) \times (0, b)$ with boundary $\bar{R}$. There, setting $\Delta u(x, y) = v(x, y)$, the biharmonic equation (1a) can be written as the coupled system of Poisson equations

$$\Delta u(x, y) = v(x, y), \qquad (x, y) \in R, \tag{2a}$$

$$\Delta v(x, y) = f(x, y), \qquad (x, y) \in R. \tag{2b}$$

In order to replace the original problem (1a)—(1c) by the system (2a), (2b) with the boundary conditions (1b), (1c), there arises a problem with the definition of the boundary conditions. The values of the function u are overprescribed on $\bar{R}$, so the equation (2a) with the condition (1b) is easy to solve. For the equation (2b), the boundary conditions for v are undefined and have to be approximated from the given conditions (1b), (1c).

Let us cover the region $R \cup \bar{R}$ with a square grid of mesh size $h > 0$, where $h = \dfrac{a}{M+1} = \dfrac{b}{N+1}$ for some positive integers M, N, and $N = 2^{m+1} - 1$ for some positive integer m. The mesh functions corresponding to u and v will be denoted by subscript h. The sets of interior and boundary grid points are R_h and $\bar{R}_h$, correspondingly. The Laplace operator Δ will be approximated by the five-point difference operator Δ_h

$$\Delta_h u_h(x, y) = h^{-2}[u_h(x + h, y) + u_h(x - h, y) + u_h(x, y + h) + u_h(x, y - h) - 4u_h(x, y)]. \tag{3}$$

We shall discretize the outward normal derivative (1c) by

$$\frac{\partial u}{\partial n}(x, y) = -\frac{\partial u}{\partial x}(x, y)$$
$$\approx -\frac{q}{2h}[2q^{-2}u(x+qh, y) - u(x+h, y)$$
$$- u(x-h, y) + (2 - 2q^{-2})\,u(x, y)], \qquad q \geqq 1, \tag{4}$$

in the point (x, y) on the left boundary [7]. Then the unknown values $v_h(x, y)$ on the left segment of $\bar{R}$ can be obtained from $u_h(x, y)$ by applying the operator $\bar{\Delta}_h$:

$$v_h(x, y) = \bar{\Delta}_h u_h(x, y)$$
$$= h^{-2}[2q^{-2}u_h(x+qh, y) - 2q^{-1}hu_x(x, y)$$
$$+ r(x, y+h) + r(x, y-h) - 2(1+q^{-2})\,r(x, y)], \qquad q \geqq 1.$$

Using the boundary condition (1c), we get for a point $(0, y)$

$$v_h(0, y) = \bar{\Delta}_h u_h(0, y)$$
$$= h^{-2}[2q^{-2}u_h(qh, y) - 2q^{-1}hg(0, y)$$
$$+ r(0, y+h) + r(0, y-h) - 2(1+q^{-2})\,r(0, y)], \quad q \geqq 1. \tag{5}$$

Considering the approximations (3), (5), the finite-difference analogue of the coupled approach for solving the problem (1a)—(1c) is defined for $(x, y) \equiv Q$ by

$$\begin{aligned} \Delta_h u_h(Q) &= v_h(Q), & Q &\in R_h, \\ u_h(Q) &= r(Q), & Q &\in \bar{R}_h, \\ \Delta_h v_h(Q) &= f(Q), & Q &\in R_h, \\ v_h(Q) &= \bar{\Delta}_h u_h(Q), & Q &\in \bar{R}_h. \end{aligned} \tag{6}$$

The system (6) is solved by the semidirect method [4], which is expressed as follows

$$\begin{aligned} u_h^{(k+1)}(Q) &= r(Q), & Q &\in \bar{R}_h, \\ \Delta_h u_h^{(k+1)}(Q) &= V_h^{(k)}(Q), & Q &\in R_h, \\ U_h^{(k+1)}(Q) &= \omega_1 U_h^{(k)}(Q) + (1-\omega_1)\,u_h^{(k+1)}(Q), & Q &\in R_h, \\ v_h^{(k+1)}(Q) &= \bar{\Delta}_h U_h^{(k+1)}(Q), & Q &\in \bar{R}_h, \\ \Delta v_h^{(k+1)}(Q) &= f(Q), & Q &\in R_h, \\ V_h^{(k+1)}(Q) &= \omega_2 V_h^{(k)}(Q) + (1-\omega_2)\,v_h^{(k+1)}(Q), & Q &\in R_h \end{aligned} \tag{7}$$

$(k = 0, 1, \ldots)$, where $U_h^{(0)}(x, y) = V_h^{(0)}(x, y) = 0$ and the smoothing parameters $\omega_1, \omega_2 \in (0, 1)$. Ordering the values of the above discrete functions into corresponding vectors forms, the matrix-vector expression of the procedure (7) is

$$\begin{aligned} Gu^{(k+1)} &= h^2 V^{(k)} + \alpha, \\ U^{(k+1)} &= \omega_1 U^{(k)} + (1-\omega_1)\,u^{(k+1)}, \end{aligned} \tag{8a}$$

$$Gv^{(k+1)} = -\frac{2}{h^2q^2} LU^{(k)} + \beta,$$
$$V^{(k+1)} = \omega_2 V^{(k)} + (1 - \omega_2)\, v^{(k+1)} \tag{8b}$$

($k = 0, 1, \ldots$), where $G = (-I, A, -I)_{MN}$ is the blocktridiagonal matrix of order MN, the matrix $A = (-1, 4, -1)_M$ and the identity matrix I are of the order M. For a given $q \geqq 1$, the matrix L is of the form

$$L = D + P \tag{9}$$

where $D = \operatorname{diag}(D_q, D_q, \ldots, D_q)_{MN}$ with

$$D_q = \Big(\underbrace{0, \ldots, 0}_{q-1}, 1, 0, \ldots, 0, 1, \underbrace{0, \ldots, 0}_{q-1}\Big)_M$$

and

$$P = \operatorname{diag}\Big(\underbrace{0, \ldots, 0}_{q-1}, I, 0, \ldots, 0, I, \underbrace{0, \ldots, 0}_{q-1}\Big)_{MN}.$$

The process (8a, b) terminates for a given accuracy $\varepsilon > 0$, when

$$\|U^{(k+1)} - U^{(k)}\|_\infty = \max_{\substack{i=1,\ldots,M\\ j=1,\ldots,N}} |U_{ij}^{(k+1)} - U_{ij}^{(k)}| < \varepsilon. \tag{10}$$

The analysis of the iterative process (8a, b) was made carefully in [4]. The optimal convergence occurs for smoothing parameters

$$\omega_1 = \omega_2 = \omega = \frac{1}{1 + \sqrt{1 + \bar{\mu}}}$$

where $\bar{\mu}$ is the spectral radius of $G^{-2}L$. The spectral radius of the iterative process (8a, b) is

$$\bar{\lambda} = 1 - \omega = \frac{\sqrt{1 + \tau_h\gamma_h} - 1}{\sqrt{1 + \tau_h\gamma_h} + 1} \tag{11}$$

with

$$\tau_h = \sup_{z \neq 0} \frac{(L^{(1)}z, z)}{(Gz, Gz)}, \qquad \gamma_h = \sup_{z \neq 0} \frac{(Lz, z)}{(L^{(1)}z, z)},$$

where $L^{(1)}$ is the matrix (9) for $q = 1$ [7]. Using the result of SMITH [8], $\tau_h = 2(h\sigma_h)^{-1}$ where [4]

$$2\,(.677 - h)^{-1} \leqq \sigma_h \leqq 4 + 8h.$$

It gives for τ_h

$$(1 - h)^2/2h \leqq \tau_h \leqq (.677/h) - 1.$$

Since $\gamma_h \to \gamma = \dfrac{1}{q}$ as $h \to 0$ [7], the spectral radius $\bar{\lambda}$ given in (11) can be estimated by

$$\bar{\lambda} \approx 1 - \sqrt{\frac{2h\sigma_h}{\gamma_h}}.$$

As seen, the rate of convergence can be improved by γ_h small, i.e. for q large. The asymptotic number of iterations, for the accuracy $\varepsilon = O(h^2)$, is $O(h^{-1/2} \log_2 h)$.

In calculating one iteration of (8a, b) it is necessary to solve two discrete Poisson equations. There are several fast Poisson solvers suitable for executing these calculations. The corresponding requirements of arithmetic operations are mentioned in the previous section. Hence, the most effective approaches require $O\left(N^{5/2}(\log_2 N)^2\right)$ operations for satisfying the criterion (10) with $\varepsilon = O(h^2)$. Our approach, for reducing this number, is oriented to get one iteration vector of (8a, b) in $O(N^2)$ operations only.

3. The semidirect process for transformed values

The vectors V can be eliminated from the semidirect process (8a, b). The resulting formula for U vectors is

$$U^{(k+1)} = [2\omega I - 2(1-\omega)^2 G^{-2}L]\, U^{(k)} - \omega^2 U^{(k-1)} + (1-\omega)^2 d \tag{12}$$

($k = 1, 2, \ldots$) with

$$U^{(0)} = 0, \quad U^{(1)} = (1-\omega)\, G^{-1}\alpha \quad \text{and} \quad d = G^{-1}\alpha + h^2 G^{-2}\beta . \tag{13}$$

This process can be effectively executed for transformed vectors $\overline{U} = FU$ where the transformation matrix F is

$$F = \operatorname{diag}(V, \ldots, V)_{NM} \tag{14}$$

with

$$V_{ij} = \sqrt{\frac{2}{M+1}} \sin \frac{ij\pi}{M+1}, \qquad i, j = 1, \ldots, M. \tag{15}$$

The corresponding recurrence formula for the $\overline{U}$ vectors is [9]

$$\overline{U}^{(k+1)} = 2(1-\omega)\, \omega \overline{U}^{(k)} - (1-\omega)^2\, \overline{U}^{(k-1)} - 2(1-\omega)^2\, \bar{u}^{(k+1)} + (1-\omega)^2 \bar{d} \tag{16}$$

with initial vectors $\overline{U}^{(0)} = 0$, $\overline{U}^{(1)} = (1-\omega)\, FG^{-1}\alpha$. Here,

$$\bar{u}^{(k+1)} = F(G^{-2}LF\overline{U}^{(k)}), \tag{17}$$

and the constant vector

$$\bar{d} = Fd. \tag{18}$$

As shown in [10], the iteration matrices of both the processes (12) and (16) are similar. As analyzed in [9], the sufficient condition to satisfy the criterion (10) with $\varepsilon > 0$ for the process (16) is

$$\|U^{(k+1)} - U^{(k)}\|_\infty < \varepsilon \sqrt{\frac{2}{M+1}} \tan \frac{\pi}{2(M+1)} < \varepsilon M^{-1/2}. \tag{19}$$

The number of iterations of the process (16) for satisfying (19) with $\varepsilon = O(h^2)$ is $O(h^{-1/2} \log_2 h)$, so as for the original process (8a, b) terminated by ε the same. Hence, the original semidirect process (8a, b), (10) can be replaced by the process (16), (19), for transformed values, without increasing the asymptotic number of iterations. There, the calculation of the vector $\overline{u}^{(k+1)}$ in each iterations causes a difficulty. Our suggestion for doing it advantageously is to solve the equations

$$\overline{x} = FG^{-1}LU^{(k)}, \tag{20}$$

$$\overline{u}^{(k+1)} = FG^{-1}F\overline{x}. \tag{21}$$

In two following sections, we give effective applications of fast cyclic odd-even approaches for solving the coupled system (20), (21)).

4. The application of the cyclic odd-even approach

For further explanation purposes, let us first illustrate the algorithm CORF, as presented in [2], for solving a blocktridiagonal system

$$Gz = w \tag{22}$$

with general vectors z and w which are composed from N blocks z_i and w_i, $i = 1,\ldots,N$, respectively, and with the matrix G given in the previous section.

At the first stage of the reduction, the original system (22) is decomposed into the systems

$$\begin{bmatrix} A & 0 & & & \\ 0 & A & & & 0 \\ & \cdot & \cdot & \cdot & \\ & & \cdot & \cdot & \cdot \\ 0 & & & & 0 \\ & & & 0 & A \end{bmatrix} \begin{bmatrix} z_1 \\ z_3 \\ \cdot \\ \cdot \\ \cdot \\ z_N \end{bmatrix} = \begin{bmatrix} w_1 + z_2 \\ w_3 + z_2 + z_4 \\ \cdot \\ \cdot \\ \cdot \\ w_N + z_{N-1} \end{bmatrix}, \tag{23}$$

$$\begin{bmatrix} (2I - A^2) & I & & & \\ I & (2I - A^3) & & & 0 \\ & \cdot & \cdot & \cdot & \\ & & \cdot & \cdot & \cdot \\ 0 & & & & I \\ & & & I & (2I - A^2) \end{bmatrix} \begin{bmatrix} z_2 \\ z_4 \\ \cdot \\ \cdot \\ \cdot \\ z_{N-1} \end{bmatrix} = \begin{bmatrix} -w_1 - w_3 - Aw_2 \\ -w_3 - w_5 - Aw_4 \\ \cdot \\ \cdot \\ \cdot \\ -w_N - w_{N-2} - Aw_{N-1} \end{bmatrix} \tag{24}$$

by simple arrangements. Since the last system (24) is of the same blocktridiagonal form as the original one, the elimination can be repeated. For each $r = 1, \ldots, m$ there are two systems of equations

$$E^{(r)}s^{(r)} = e^{(r)}, \tag{25}$$

$$B^{(r)}t^{(r)} = b^{(r)} \tag{26}$$

to solve. There,

$$E^{(r)} = \begin{bmatrix} A^{(r-1)} & 0 & & & \\ 0 & A^{(r-1)} & & & 0 \\ & \cdot & \cdot & \cdot & \\ & & \cdot & \cdot & \cdot \\ & & \cdot & \cdot & \cdot \\ 0 & & & & 0 \\ & & & 0 & A^{(r-1)} \end{bmatrix}, \qquad B^{(r)} = \begin{bmatrix} A^{(r)} & I & & & \\ I & A^{(r)} & & & 0 \\ & \cdot & \cdot & \cdot & \\ & & \cdot & \cdot & \cdot \\ & & & \cdot & \cdot \\ 0 & & & & I \\ & & & I & A^{(r)} \end{bmatrix},$$

and

$$s^{(r)} = \begin{bmatrix} z_{2^r - 2^{r-1}} \\ z_{2^{r+1} - 2^{r-1}} \\ \vdots \\ z_{j2^r - 2^{r-1}} \\ \vdots \end{bmatrix}, \qquad t^{(r)} = \begin{bmatrix} z_{2^r} \\ z_{2^{r+1}} \\ \vdots \\ z_{j2^r} \\ \vdots \end{bmatrix},$$

$$e^{(r)} = \begin{bmatrix} w^{(r-1)}_{2^r - 2^{r-1}} - z_{2^r} \\ w^{(r-1)}_{2^{r+1} - 2^{r-1}} - (z_{2^{r+1}} + z_{2^r}) \\ \vdots \\ w^{(r-1)}_{j2^r - 2^{r-1}} - (z_{j2^r} + z_{(j-1)2^r}) \\ \vdots \end{bmatrix}, \qquad b^{(r)} = \begin{bmatrix} w^{(r)}_{2^r} \\ w^{(r)}_{2^{r+1}} \\ \vdots \\ w^{(r)}_{j2^r} \\ \vdots \end{bmatrix}.$$

Eliminating half of the unknowns at each stage, this process can be executed until the final system

$$A^{(m)} z_{2^m} = w^{(m)}_{2^m} \tag{27}$$

is obtained. The matrices $A^{(r)}$ are expressed by the recurrence

$$A^{(r)} = 2I - (A^{(r-1)})^2, \qquad r = 1, \ldots, m, \tag{28}$$

where $A^{(0)} = A$. For small r already, these matrices become to be full. Then the right-hand side vectors $w_j^{(r)}$, $j = i2^r$, $i = 1, 2, \ldots, 2^{m+1-r} - 1$, are computed for $r = 1, \ldots, m$ recurrently from $w_j^{(0)} = w_j$, $j = 1, \ldots, N$, by

$$w_j^{(r)} = -w^{(r-1)}_{j-2^{r-1}} - w^{(r-1)}_{j+2^{r-1}} - A^{(r-1)} w_j^{(r-1)}. \tag{29}$$

The solution vectors z_j, $j = i2^r$, $i = 1, 3, \ldots, 2^{m+1-r} - 1$, are computed from the blockdiagonal systems (25) successively for $r = m, \ldots, 1$ whereas the first system to be solved is that for z_{2^m}, given in (27). At last, the system (23) for the unknown vectors with odd indices is solved.

Since the matrices $A^{(r)}$ are positive definite and commute for each $r = 0, \ldots, m$, there exist such diagonal matrices $\Phi^{(r)} = \operatorname{diag} \Phi_i^{(r)}$ of order M that

$$A^{(r)} = V \Phi^{(r)} V, \qquad r = 0, 1, \ldots, m. \tag{30}$$

There, the elements of $\Phi^{(r)}$ can be evaluated easily by

$$\Phi_i^{(r)} = 2 - (\Phi_i^{(r-1)})^2, \qquad i = 1, \ldots, M, \tag{31}$$

for each $r = 1, \ldots, m$, because the values

$$\Phi_i^{(0)} = 4 - 2\cos\frac{i\pi}{M+1}, \qquad i = 1, \ldots, M,$$

are explicitly known [3].

Our effective application of the above algorithm for solving the systems (20) and (21) will require the right-hand side vectors (29) transformed by V. Denoting for notational simplicity $FLU^{(k)} = \bar{y}^{(0)}$, we get, in solving the system (20), the transformed vectors $\bar{y}_j^{(r)}$ from (29) as follows

$$\begin{aligned} y_j^{(r)} &= Vy_j^{(r)} = -V(y_{j-2^{r-1}}^{(r-1)} + y_{j+2^{r-1}}^{(r-1)}) - VA^{(r-1)}y_j^{(r-1)} \\ &= -(\bar{y}_{j-2^{r-1}}^{(r-1)} + \bar{y}_{j+2^{r-1}}^{(r-1)}) - V(V\Phi^{(r-1)}V)\, y_j^{(r-1)} \\ &= -(\bar{y}_{j-2^{r-1}}^{(r-1)} + \bar{y}_{j+2^{r-1}}^{(r-1)}) - \Phi^{(r-1)}\bar{y}_j^{(r-1)}, \end{aligned} \tag{32}$$

for $r = 1, \ldots, m$ and $j = i2^r$; $i = 1, 2, \ldots, 2^{m+1-r} - 1$. Then, the solution vectors x_j of (20) can be computed from (25) by

$$\begin{aligned} \bar{x}_j = Vx_j &= V(A^{(r)})^{-1}\,(y_j^{(r)} + x_{j+2^r} + x_{j-2^r}) \\ &= VV(\Phi^{(r)})^{-1}\,V(y_j^{(r)} + x_{j+2^r} + x_{j-2^r}) \\ &= (\Phi^{(r)})^{-1}\,(\bar{y}_j^{(r)} + \bar{x}_{j+2^r} + \bar{x}_{j-2^r}) \end{aligned} \tag{33}$$

for $r = m, \ldots, 1, 0$ and $j = i2^r$; $i = 1, 3, \ldots, 2^{m+1-r} - 1$, whereas $\bar{x}_0 = \bar{x}_{2^{m+1}} = 0$.

The intermediate solution vector $\bar{x}$ of the system (20) can be obtained from the vector $\bar{y}^{(0)}$ by calculating the formulas (32) and (33).

The solution of the system (21) will be performed in a similar manner, as suggested above. The right-hand side vectors $\bar{x}_j^{(r)} = Vx_j^{(r)}$ are computed from the vectors $\bar{x}_j$ of (33), just as in (32)

$$\begin{aligned} \bar{x}_j^{(r)} = Vx_j^{(r)} &= -V(x_{j-2^{r-1}}^{(r-1)} + x_{j+2^{r-1}}^{(r-1)}) - VA^{(r-1)}y_j^{(r-1)} \\ &= -(\bar{x}_{j-2^{r-1}}^{(r-1)} + \bar{x}_{j+2^{r-1}}^{(r-1)}) - \Phi^{(r-1)}\bar{x}_j^{(r-1)} \end{aligned} \tag{34}$$

for $r = 1, \ldots, m$ and $j = i2^r$; $i = 1, 2, \ldots, 2^{m+1-r} - 1$.

The resulting solution vectors $\bar{u}_j^{(k+1)}$, $j = 1, \ldots, N$, are computed in the same way as in (33),

$$\bar{u}_j^{(k+1)} = Vu_j^{(k+1)} + (\Phi^{(r)})^{-1}\,(\bar{x}_j^{(r)} + \bar{u}_{j+2^r}^{(k+1)} + \bar{u}_{j-2^r}^{(k+1)}) \tag{35}$$

for $r = m, \ldots, 1, 0$ and $j = i2^r$; $i = 1, 3, \ldots, 2^{m+1-r} - 1$, where $\bar{u}_0^{(k+1)} = \bar{u}_{2^{m+1}}^{(k+1)} = 0$.

As seen from the above constructions, the operations with the full matrices $A^{(r)}$ are deleted. Instead, the operations with the diagonal matrices $\Phi^{(r)}$ are needed only. The right-hand side formulas (32) and (34) require $2N^2$ multiplications and $4N^2$ additions together. The evaluation of (33) require $1N^2$ multiplications and $2N^2$ additions. The same is true for (35). Henceforth, the above application (32)—(35) of the CORF algorithm for computing the vector $u^{(k+1)}$ requires $4N^2$ multiplications and $8N^2$ additions.

5. The application of the Buneman approach

We shall briefly present the first BUNEMAN's variant of the algorithm CORF [2, p. 650]. In the first phase of solving the system (22), the vectors

$$p_j^{(r)} = p_j^{(r-1)} - (A^{(r-1)})^{-1} (p_{j-2^{r-1}}^{(r-1)} + p_{j+2^{r-1}}^{(r-1)} - q_j^{(r-1)}), \tag{36a}$$

$$q_j^{(r)} = q_{j-2^{r-1}}^{(r-1)} + q_{j+2^{r-1}}^{(r-1)} - 2p_j^{(r)} \tag{36b}$$

($r = 1, \ldots, m$ and $j = i2^r$; $i = 1, \ldots, 2^{m+1-r} - 1$) are computed from $p_j^{(0)} = 0$, $q_j^{(0)} = w_j$, $j = 1, \ldots, N$. Assuming $z_0 = z_{2^{m+1}} = 0$, then from solutions of linear systems

$$A^{(r)}(z_j - p_j^{(r)}) = q_j^{(r)} - (z_{j-2^r} + z_{j+2^r}) \tag{37a}$$

($r = m, \ldots, 1, 0$ and $j = 2^r, 3 \cdot 2^r, \ldots, 2^{m+1} - 2^r$) we get the required solutions z_j of (22), as

$$z_j = p_j^{(r)} + (z_j - p_j^{(r)}). \tag{37b}$$

This algorithm can be applied to the evaluation of the vector $\bar{u}^{(k+1)}$ with a great advantage. In the first stage of solving the systems (20) and (21) we shall compute the vectors $\bar{p}_j^{(r)} = Vp_j^{(r)}$, $\bar{q}_j^{(r)} = Vq_j^{(r)}$ and $\hat{\bar{p}}_j^{(r)} = V\hat{p}_j^{(r)}$, $\hat{\bar{q}}_j^{(r)} = V\hat{q}_j^{(r)}$, respectively. Using the decomposition property (30) again, it brings the possibility to delete the awkward matrix inversions in (36a) and (37a).

In the solution of the system (20), the evaluation of $\bar{p}_j^{(r)}$ can proceed by

$$\begin{aligned}\bar{p}_j^{(r)} &= Vp_j^{(r)} = Vp_j^{(r-1)} - V(V\Phi^{(r-1)}V)^{-1} (p_{j-2^{r-1}}^{(r-1)} + p_{j+2^{r-1}}^{(r-1)} - q_j^{(r-1)}) \\ &= \bar{p}_j^{(r-1)} - (\Phi^{(r-1)})^{-1} (\bar{p}_{j-2^{r-1}}^{(r-1)} + \bar{p}_{j+2^{r-1}}^{(r-1)} - \bar{q}_j^{(r-1)})\end{aligned} \tag{38a}$$

($r = 1, \ldots, m$ and $j = i2^r$; $i = 1, 2, \ldots, 2^{m+1-r} - 1$) where $\bar{p}_j^{(0)} = 0$, $j = 1, \ldots, N$.

According to (36b), we get

$$\begin{aligned}\bar{q}_j^{(r)} &= Vq_j^{(r)} = V(q_{j-2^{r-1}}^{(r-1)} + q_{j+2^{r-1}}^{(r-1)} - 2p_j^{(r)}) \\ &= \bar{q}_{j-2^{r-1}}^{(r-1)} + \bar{q}_{j+2^{r-1}}^{(r-1)} - 2\bar{p}_j^{(r)}\end{aligned} \tag{38b}$$

($r = 1, \ldots, m$ and $j = i2^r$; $i = 1, 2, \ldots, 2^{m+1-r} - 1$), where $\bar{q}_j^{(0)} = \bar{y}_j^{(0)} = (FLU^{(k)})_j$, $j = 1, \ldots, N$.

Multiplying the formula (37a) with V, the calculation of the vectors $(\bar{x}_j - \bar{p}_j^{(r)})$ can be performed by

$$\begin{aligned}(\bar{x}_j - \bar{p}_j^{(r)}) = V(x_j - p_j^{(r)}) &= V(A^{(r)})^{-1} (q_j^{(r)} - x_{j-2^r} + x_{j+2^r}) \\ &= (\Phi^{(r)})^{-1} (\bar{q}_j^{(r)} - \bar{x}_{j-2^r} + \bar{x}_{j+2^r})\end{aligned} \tag{39a}$$

($r = m, \ldots, 1, 0$; $j = 2^r, 3 \cdot 2^r, \ldots, 2^{m+1} - 2^r$; $\bar{x}_0 = \bar{x}_{2^{m+1}} = 0$). Henceforth,

$$\bar{x}_j = \bar{p}_j^{(r)} + (\bar{x}_j - \bar{p}_j^{(r)}). \tag{39b}$$

The computation of the solution of (20) consists in successive evaluating the formulas (38a)—(39b) without using the operations with the matrices $A^{(r)}$. In contrast, the operations with the diagonal matrices are to be needed only.

In solving (21), the calculation of the vectors $\hat{\bar{p}}_j^{(r)}$, $\hat{\bar{q}}_j^{(r)}$, $r = 1, \ldots, m$, can be executed similarly as in (38a) and (38b):

$$\hat{\bar{p}}_j^{(r)} = V\hat{p}_j^{(r)} = \hat{\bar{p}}_j^{(r-1)} - (\Phi^{(r-1)})^{-1} (\hat{\bar{p}}_{j-2^{r-1}}^{(r-1)} + \hat{\bar{p}}_{j+2^{r-1}}^{(r-1)} - \hat{\bar{q}}_j^{(r-1)}) \tag{40a}$$

$(j = i2^r;\ i = 1, 2, \ldots, 2^{m+1-r} - 1)$,

$$\hat{\bar{q}}_j^{(r)} = Vq_j^{(r)} = \hat{\bar{q}}_{j-2^{r-1}}^{(r-1)} + \hat{\bar{q}}_{j+2^{r-1}}^{(r-1)} - 2\hat{\bar{p}}_j^{(r)} \tag{40b}$$

$(j = i2^r;\ i = 1, 2, \ldots, 2^{m+1-r} - 1)$,

whereas by the calculation of $\hat{\bar{p}}_j^{(1)} = \Phi^{-1}\bar{x}_j$ and $\hat{\bar{q}}_j^{(1)} = \bar{x}_{j-1} + \bar{x}_{j+1} - 2\hat{\bar{p}}_j^{(1)}$, $j = 1, \ldots, N$, the vectors $\bar{x}_j$ are not to be computed because they are known from the preceding phase (39b). Similarly to (39a) and (39b), the solutions of the following systems

$$V(u_j^{(k+1)} - \hat{p}_j^{(r)}) = (\bar{u}_j^{(k+1)} - \hat{\bar{p}}_j^{(r)})$$
$$= (\Phi^{(r)})^{-1} (\hat{\bar{q}}_j^{(r)} - \bar{u}_{j-2^r}^{(k+1)} + \bar{u}_{j+2^r}^{(k+1)}) \tag{41a}$$

form the resulting solutions of (21)

$$\bar{u}_j^{(k+1)} = \hat{\bar{p}}_j^{(r)} + (\bar{u}_j^{(k+1)} - \hat{\bar{p}}_j^{(r)}) \tag{41b}$$

$(r = m, \ldots, 1, 0;\ j = 2^r, 3 \cdot 2^r, \ldots, 2^{m+1} - 2^r)$ whereas $\bar{u}_0^{(k+1)} = \bar{u}_{2^{m+1}}^{(k+1)} = 0$.

The above approach, expressed by the formulas (38a)—(41b), allows to get the vector $\bar{u}^{(k+1)}$ in $O(N^2)$ operations only. In opposit to the straightforward application of the Buneman algorithm, the $O(\log_2 N)$ improvement is achieved by replacing the complicated operations with the full matrices $A^{(r)}$ by operations with the diagonal matrices $\Phi^{(r)}$. The formulas (38a), (38b) and (40a), (40b) require $2N^2$ multiplications and $10N^2$ additions together. The formulas (39a), (39b) and (41a), (41b) can be evaluated in $2N^2$ multiplications and $6N^2$ additions. The total cost of solving the systems (20) and (21) by the formulas (38a)—(41b) is $4N^2$ multiplications and $16N^2$ additions.

6. The algorithms FC and FB

We outline the programming schema of the algorithms FC and FB for solving the coupled system procedure (8a, b), proposed for solving the Dirichlet problem (1a)—(1c). As mentioned before, the most important part of the arithmetic operations, required per iteration, is needed for solving the coupled system of equations (20), (21). In solving these systems, both the algorithms differ one from another. The basis of the FC algorithm is the effective evaluation of the vector $\bar{u}^{(k+1)}$ by the formulas (32)—(35). The formulas (38a)—(41b) are proposed for solving these systems by the FB algorithm. The programming schema is as follows:

Precalculation

Step 1. Choose $\varepsilon > 0$, $q \geqq 1$ and $h = \dfrac{a}{M+1} = \dfrac{b}{N+1}$ where $N = 2^{m+1} - 1$.

Calculate the matrix V, (15), and the matrices $\Phi^{(r)}$, $r = 0, 1, \ldots, m$, (31).
Estimate the parameter ω, (11), in dependence on q and h.
Compute $\bar{d}$, (18), by using the Fast Fourier Transform algorithm. Set $k = 0$ and $\bar{U}^{(0)} = 0$, $\bar{U}^{(1)} = (1 - \omega)\, FG^{-1}\alpha$.

Iterative part

Step 2. Do $k \leftarrow k + 1$. On the ground of the orthogonality of V and of the sparsity of matrix L, (9), compute the vector $FLU^{(k)}$ by $FLU^{(k)} = P\overline{U}^{(k)} + F[(DF)\overline{U}^{(k)}]$.

Step 3. Compute the vector $\overline{u}^{(k+1)}$ by ⟨ (32)—(35) (the algorithm FC), (38a)—(41b) (the algorithm FB).

Step 4. Evaluate formula (16) for $\overline{U}^{(k+1)}$.

Step 5. Test the values $\overline{U}_{ij}^{(k+1)}$ by (19). If there exists a grid point that (19) does not hold, repeat the iterative process from Step 2.

Postcalculation

Step 6. The resulting solution $U^{(k+1)}$, terminated by the given ε, is obtained from $\overline{U}^{(k+1)}$ by multiplying with the matrix F, using the FFT algorithm.

Assuming $M = N$ again, the precalculation and the postcalculation steps require $O(N^2 \log_2 N)$ operations. Step 2 can be realized in $4N^2$ multiplications and $3N^2$ additions. The evaluation of the formula (16) is performed in $3N^2$ multiplications and in the same number of additions. The executing of test (19) is made in $1N^2$ additions mostly. Counting the corresponding operations requirements for Step 3, as estimated in the previous two sections, the cost of the calculation of one iteration by the algorithm FC is $11N^2$ multiplications and $15N^2$ additions. The requirement of the algorithm FB is also $11N^2$ multiplications but $23N^2$ additions per iteration. Recalling the unstability of the CORF algorithm [2], the algorithm FB is suited for using in the computational practice. We note that the second variant of the Buneman algorithm [2, p. 650] may be applied for our $O(N^2)$-strategy in a similar manner.

References

[1] Buzbee, B. L., and F. W. Dorr, The direct solution of the biharmonic equation on rectangular regions and the Poisson equation on irregular regions, SIAM J. Numer. Anal. **11** (1974), 753—762.

[2] Buzbee, B. L., G. H. Golub and G. W. Nielson, On direct methods for solving Poisson equations, SIAM J. Numer. Anal. **7** (1970), 627—656.

[3] Dorr, F. W., The direct solution of the discrete Poisson equation on a rectangle, SIAM Rev. **12** (1970), 248—263.

[4] Ehrlich, L. W., Solving the biharmonic equation as coupled finite difference equations, SIAM J. Numer. Anal. **8** (1971), 278—287.

[5] Greenspan, D., and D. Schultz, Fast finite-difference solution of biharmonic problems, Comm. ACM **15** (1972), 347—350.

[6] Greenspan, D., and D. Schultz, Simplification and improvement of a numerical method for Navier-Stokes problems, Colloquia Mathematica Societatis Janos Bolyai, 15. Differential Equations, Keszthély (1975), p. 201—222.

[7] Gupta, M. M., and R. Manohar, On numerical solution of biharmonic equation by splitting, Proceedings of the Manitoba Conference on Numerical Mathematics, Winnipeg (1971), p. 345—359.

[8] SMITH, J., The coupled equation approach to the numerical solution of the biharmonic equation by finite differences, SIAM J. Numer. Anal. **5** (1968), 323—339.
[9] VAJTERŠIC, M., A fast algorithm for solving the first biharmonic boundary value problem, Computing **23** (1979), 171—178.
[10] VAJTERŠIC, M., A fast parallel solving the biharmonic boundary value problem on a rectangle, Proceedings of 1st European Conference on Parallel and Distributed Processing, Toulouse (1979), p. 136—141.

Manuskripteingang: 17. 1. 1980

VERFASSER:

Dr. MARIÁN VAJTERŠIC, Institute of Technical Cybernetics, Slovak Academy of Sciences Bratislava

Hinweise für Autoren

Zur Veröffentlichung vorgesehene Manuskripte (in deutscher, englischer, französischer und russischer Sprache) sind in einwandfrei leserlicher und druckfertiger Form (Schreibmaschinenoriginal mit einer Kopie, zweizeilig, Formeln gut leserlich) einzureichen an Prof. Dr. F. Kuhnert, Sektion Mathematik der Technischen Hochschule Karl-Marx-Stadt, DDR - 9010 Karl-Marx-Stadt, Straße der Nationen 62, PSF 964, oder Prof. Dr. J. W. Schmidt, Sektion Mathematik der Technischen Universität Dresden, DDR - 8027 Dresden, Zellescher Weg 12–14.

Herausgeber und Verlag bitten, unbedingt die folgenden Auszeichnungsregeln zu beachten: Kursive (schräge) Buchstaben (und nur diese!) sind blau zu unterstreichen, halbfett kursive zweimal blau; griechische Buchstaben rot; Fraktur grün; Schreibschrift gelb; Grotesk braun; kursiver Text blaue Wellenlinie; Sperrung gestrichelt; Kleindruck ist durch grünen Strich am linken Rand zu kennzeichnen.

Formelzähler sind an den rechten Rand zu stellen. Die Autoren werden gebeten, durch Benutzung geeigneter Abkürzungen komplizierte Formelausdrücke zu vermeiden. Abbildungen sind dem Manuskript gesondert beizufügen. Der Literaturnachweis ist in eckiger Klammer durchzunumerieren. Im Text ist auf die Literatur mit der Ziffer in eckiger Klammer zu verweisen. Je nachdem, ob Literaturhinweise aus Büchern, Zeitschriften oder Sammelwerken erfolgen, ist nach folgenden Mustern zu verfahren:

[1] Faddejew, D. K., und W. N. Faddejewa, Numerische Methoden der linearen Algebra, 4. Aufl., VEB Deutscher Verlag der Wissenschaften, Berlin / R. Oldenbourg Verlag, München—Wien 1976 (Übersetzung aus dem Russischen).

[2] Schmidt, J. W., Defektabschätzungen bei Differenzenverfahren. ZAMM **46** (1966), 17—39.

[3] Temple, G., Linearization and delinearization. In: Proceedings of the International Congress of Mathematicians 1958, Cambridge 1960, p. 233—247.

[4] Ульм, С., Принцип мажорант и метод хорд, Изв. АН ЭстССР, Физ.-матем., **13** (1964), 217—227.

Die Korrekturen sind spätestens 5 Tage nach Eingang an Prof. Dr. F. Kuhnert (Anschrift s. o.) zu senden. Durch nachträgliche Änderungen entstehende zusätzliche Korrekturkosten sind vom Autor zu tragen.

Die Verfasser erhalten von ihren Arbeiten 50 Sonderdrucke sowie ein Exemplar des gesamten Heftes unentgeltlich. Bei zwei und mehr Autoren einer Arbeit erhält jeder Autor ein Belegexemplar des Heftes; die 50 Sonderdrucke sind nach eigenem Ermessen unter die Autoren zu verteilen.

Bei Fragen zur Produktsicherheit wenden Sie sich bitte an:
If you have any questions regarding product safety,
please contact:

Walter de Gruyter GmbH
Genthiner Straße 13
10785 Berlin
productsafety@degruyterbrill.com